深水天然气水合物钻探取样关键技术初探

许俊良　任　红　王智锋　薄万顺　朱杰然　著

石油工业出版社

内 容 提 要

本书是以“十一五”国家863课题“天然气水合物钻探取心关键技术”的研究成果并结合国内外调研资料撰写而成。书中简要介绍了天然气水合物的基本知识、勘探开发相关技术、国外钻探取样方法及南海地理概况等，系统论述了钻探取样必要设备的研制过程与相关理论基础，较全面反映了近年来我国深水天然气水合物钻探取样技术的最新进展，对该领域的技术发展具有指导和借鉴作用。

本书可供从事海域天然气水合物勘查工作、特别是从事海域深水天然气水合物钻探取样的技术人员参考，也是一本地质勘查相关专业师生的有益参考书。

图书在版编目（CIP）数据

深水天然气水合物钻探取样关键技术初探/许俊良等著.
北京：石油工业出版社，2014.4
ISBN 978-7-5021-9725-4

Ⅰ.深…
Ⅱ.许…
Ⅲ.天然气水合物-钻探-采样-研究
Ⅳ.P618.130.8

中国版本图书馆CIP数据核字（2013）第188908号

出版发行：石油工业出版社
（北京安定门外安华里2区1号　100011）
网　址：www.petropub.com.cn
发行部：（010）64523620
经　销：全国新华书店
印　刷：保定彩虹印刷有限公司

2014年4月第1版　2014年4月第1次印刷
787×1092毫米　开本：1/16　印张：13.5
字数：220千字

定价：90.00元
（如出现印装质量问题，我社发行部负责调换）

前　言

天然气水合物是在较低的温度与较高的压力条件下由天然气体与水形成的类冰非化学计量的笼形冰结晶体化合物，为固态结晶物质，类似冰雪，具有清洁、能量密度高、分布广、规模大、埋深浅、成藏物化条件好等特点，是迄今所知的最具有价值的海底能源和矿产资源。其巨大的资源量和诱人的开发前景使之很有可能在21世纪成为煤、石油和天然气的替代能源，故引起许多国家、有关组织及科学家的高度关注。

据专家估算，世界上天然气水合物总资源量相当于全球已知煤、石油和天然气的两倍，可满足人类千年的能源需求。天然气水合物在海底储量丰富，研究与开发这种新能源迫在眉睫，这不仅是国家建设的需要，也是前瞻性、战略性的研究方向。我国从1999年开始对天然气水合物进行资源调查和评估，随后开展了相关的研究工作。实践研究充分证实我国海域存在天然气水合物，并且储量丰富，仅在南海北部的天然气水合物储量估计就相当于中国陆上石油总量的50%左右。

《深水天然气水合物钻探取样关键技术初探》由中国石化胜利石油工程有限公司钻井工艺研究院科研人员撰写完成。该书沉淀了“十一五”期间国家863课题“天然气水合物钻探取心关键技术”的研究成果，结合现场试用情况，提出了天然气水合物钻探取样的思路与方法。该书的出版必将为加快天然气水合物的勘探与开发提供积极帮助，也会给该领域的科研人员提供宝贵资料。

该书共分10章，前4章是根据收集到的国内外调研资料，简要介绍了天然气水合物的基本知识、勘探开发相关技术、国外钻探取样方法及南海地理概况等。第5章至第10章，主要介绍了海洋钻探取样必要设备的研制过程与相关理论基础，目的是给科研人员提供一种水合物钻探取样研究方法，以起到抛砖引玉的作用。

国家863课题“天然气水合物钻探取心关键技术”在“十一五”期间是由胜利石油管理局、上海交通大学、中国石油大学（华东）和四川海洋特种技术研究所合作完成，经过课题组人员的共同努力，于2010年12月顺利通过了国家的课题验收。该书在编写过程中得到上海交通大学王建华教授、徐云峰，中国石油大学（华东）仇性启教授、王媛、胡志良，四川海洋特种技术研究所俞祖英、姜正陆、徐著华等同志的热情帮助和指导，在此表示诚挚的谢意。

由于作者水平有限，书中难免有不当和错误之处，诚恳欢迎广大读者批评指正。

目　　录

1 绪　　论

从1810年英国的Davy在实验室首次发现气水合物和1888年Villard人工合成天然气水合物后，人类就再没有停止过对天然气水合物的研究和探索。在这将近200年的时间内，全世界对天然气水合物的研究大致经历了3个阶段。

第一阶段是从1810年Davy合成氯气水合物和次年对气水合物正式命名并著书立说到20世纪30年代初。在这120年中，对气水合物的研究仅停留在实验室，且争议颇多。

自1934年美国的Hammerschmidt发表了关于水合物造成输气管道堵塞的有关数据后，人们开始注意到气水合物的工业重要性，从负面加深了对气水合物及其性质的研究。这就是气水合物研究史上的第二个阶段。在这个阶段，研究主题是工业条件下水合物的预报和清除、水合物生成阻化剂的研究和应用。

20世纪60年代特罗费姆克等发现了天然气具有这样一个特性，即它可以以固态形式存在于地壳中。特罗费姆克等的研究工作为世界上第一座天然气水合物矿田——麦索亚哈气田的发现、勘探与开发前期的准备工作提供了重要的理论依据，大大拓宽了天然气地质学的研究领域。1971年前后，美国学者开始重视气水合物研究。1972年在阿拉斯加获得世界上首次确认的冰胶结永冻层中的气水合物实物。对气水合物藏成功的理论预测、气水合物形成带内样品的成功检出和测试，被认为是20世纪最重大发现之一。可以说，从20世纪60年代至今，全球气水合物研究跨入了一个崭新的第三个阶段——把气水合物作为一种能源进行全面研究和实践开发。世界各地科学家对气水合物的类型和物化性质、自然赋存和成藏条件、资源评价、勘探开发手段，以及气水合物与全球变化和海洋地质灾害的关系等进行了广泛而卓有成效的研究。

天然产出的水合物矿藏首次在1965年发现于俄罗斯西西伯利亚永久冻土带麦索亚哈气田。1972—1974年，美国、加拿大也在阿拉斯加、马更些三角洲冻土带的油气田区发现了大规模的水合物矿藏。同期，美国科学家在布莱克海岭所进行的地震探测中发现了“似海底反射层（Bottom Similating Reflector,

简称 BSR)”。1979 年，国际深海钻探计划（DSDP）第 66 和第 67 航次在中美洲海槽危地马拉的钻孔岩心中首次发现了海底水合物，此后，水合物的研究便成为 DSDP 和后续的大洋钻探计划（ODP）的一项重要任务，并相继在布莱克海岭、墨西哥湾、秘鲁—智利海沟、日本海东北部奥尻脊、南海海槽、北美洲西部近海—喀斯喀迪亚陆缘等地发现了 BSR 或水合物。前苏联资源部与科学院从 1980 年以来也先后在黑海、里海、鄂霍茨克海贝加尔湖等水域开展了调查。德国在 20 世纪 80 年代中后期以联邦地学与资源研究中心、海洋地学研究中心为首的一些单位，结合大陆边缘等研究项目，利用“太阳”号调查船在阿拉斯加近海、喀斯喀迪亚陆缘、苏禄海、苏拉威西海、南海、莫克兰陆缘、挪威陆缘和巴伦支等海域开展了水合物的地震地球物理、气体地球化学调查。在各国科学家的努力下，海底水合物物化异常或矿点的发现与日俱增，迄今已达 80 处。

20 世纪中后期，特别是进入 21 世纪以来，世界天然气水合物研发取得了一系列新进展和技术进步，主要是：①一些国家相继完成第一轮国家水合物研究计划，开始执行新一轮国家计划；以 ODP 水合物调查为代表的国际合作项目完成，其他国际合作项目亦成绩斐然，水合物国际学术交流活动日益频繁，水合物文献量逐年增多，正式启动了“综合大洋钻探计划”的水合物调查项目，水合物研发趋于国际化；②加拿大马更些三角洲 Mallik3L－38、Mallik4L－38 和 Mallik5L－38 井组完成了永久冻土带水合物的试验性开采。除技术问题外，试验井还旨在解决每口井的水合物气采收率、每口井的产量、开采成本和水合物气价格等问题；日本和美国制定了明确的商业开采时间表，并着手进行海洋水合物试验性开采；③在陆上和海上水合物普遍调查基础上，国际性一“陆”二“海”三“湾”的水合物研究和开发试验区雏形显现，一是加拿大马更些三角洲和美国阿拉斯加北部斜坡永久冻土区，二是日本南海海槽，三是美国墨西哥湾；④水合物地质学和地球化学研究在气源、运移和成藏模式上有新发现和新见地，高分辨率 2D 和 3D 地震勘探和其他新的地球物理调查技术确定井位的成功率提高，钻井取样技术趋于成熟；⑤在室内实验模拟和陆上永冻区开采试验（包括钻井、试井、测井和完井试验）基础上的海洋水合物工业开采技术将接受海底条件的检验和进一步积累。

有关海洋天然气水合物的地质研究工作，在我国起步较晚。20 世纪 80—90 年代，国土资源部、中国科学院、教育部等有关单位的科学家先后在中国大洋协会、原地质矿产部的支持下，先期实施了“西太平洋天然气水合物找矿前景与方法的调研”和“中国海域天然气水合物勘测研究调研”等关于天然气水合物的国外情报调研软科学课题研究，为配合我国水合物的调查做好技术准备。国家高技术研究发展计划（863 计划）海洋领域于 1998 年启动了“海底天然气水合物资源探查的关键技术”课题，经在南海北部示范区的实践试验，初步探索了 BSR 的处理技术和在我国当前技术条件下的地球化学、地热学研究方法。从 1999 年 10 月起，广州海洋地质调查局率先在南海北部陆坡区开展了水合物的实际调查，经试验、调查和远景评价的初步研究，取得了一批重要的物化探成果，预测出了有意义的找矿远景区。与此同时，863 计划进一步组织了“海洋天然气水合物地震识别技术”的研究课题，以期提高实际调查资料的处理技术，保证成果质量。同期，台湾大学等有关单位也相继发表了台湾西南部海域水合物地震调查的新成果，为加强南海水合物的认识提供了宝贵资料。几年来，各有关方面的专家对东海深水海域——冲绳海槽的水合物成矿条件普遍看好。通过对该区地震、地热资料和沉积物样品的重新处理与分析研究，有关成矿远景的认识比较一致。

根据国土资源部中国地质调查局的安排，广州海洋地质调查局于 1999 年 10 月首次在我国海域南海北部西沙海槽区开展海洋天然气水合物前期试验性调查。完成 3 条高分辨率地震测线共 543.3km。2000 年 9 月至 11 月，广州海洋地质调查局“探宝号”和“海洋四号”调查船在西沙海槽继续开展天然气水合物的调查。共完成高分辨率多道地震 1593.39km、多波束海底地形测量 703.5km、地球化学采样 20 个、孔隙水样品 18 个、气态烃传感器现场快速测定样品 33 个，获得突破性进展。资料表明：地震剖面上具有明显似海底反射界面（BSR）和振幅空白带。BSR 界面一般位于海底以下 300 ~ 700m，最浅处约为 180m。振幅空白带或弱振幅带厚度约为 80 ~ 600m，BSR 分布面积约为 $2400km^2$。以地震为主的多学科综合调查表明：海域天然气水合物主要赋存于活动大陆边缘和非活动大陆边缘的深水陆坡区，尤以活动陆缘俯冲带增生楔区、非活动陆缘和陆隆台地断褶区水合物十分发育。

2004 年中国科学院组建了广州天然气水合物研究中心，在我国南海对天然气水合物开采模拟实验方面进行了研究，提出了海洋天然气水合物新的分类理论：根据水合物产出特性和成藏机制的差异，将天然气水合物分为扩散型和渗漏型两类。

扩散型水合物分布广泛，水合物产出带天然气通量非常低，游离气仅发育于水合物带之下，在地震剖面上常产生指示水合物底界的强反射面（BSR)。该类水合物含量较低，一般不超过沉积物孔隙的7%；埋藏深（>20m)，海底不发育水合物，除进行钻探施工外，海底常规采样方法无法获取水合物样品；水合物产出带没有游离气存在，是水—水合物的二相热力学平衡体系，水合物的沉淀主要与沉积物孔隙流体中溶解甲烷有关，受原地生物成因甲烷与深部甲烷向上扩散作用的控制。

渗漏型水合物与海底天然气渗漏活动有关，是深部烃类气体沿通道向海底渗漏，在合适条件下部分渗漏天然气沉淀形成的天然气水合物。由于渗漏作用具有异常高的天然气渗漏量，天然气以游离气方式迁移，甚至在海底可观测到渗漏进入水体的天然气气泡，水合物发育于整个稳定带，是水—水合物—游离气的三相非平衡热力学体系。该类天然气水合物产出集中，埋藏浅，含量高，在海底可观测到出露的块状天然气水合物，并在海底和水体中形成一系列特殊的地质、地球物理、地球化学和特异生物异常。另外，该类水合物不具有明显的似海底反射层（BSR）标志，用常规的 BSR 探测方法不易发现。科研人员针对海底天然气渗漏形成水合物的成藏过程，建立了渗漏型水合物资源的动力学评价新方法，并开展了海底天然气渗漏过程中传质和传热对水合物沉淀与分解的影响研究。

1.1 国外研究进展

自 20 世纪 60 年代开始，俄罗斯、美国、日本、德国、英国、加拿大等发达国家，甚至一些发展中国家对天然气水合物的开发也极为重视，开展了大量的工作。

俄罗斯先后在白令海、鄂霍茨克海、千岛海沟、黑海、里海等地区开展了天然气水合物调查，并发现有工业意义的矿体。位于西西伯利亚东北部的 Messoyakha 天然气水合物矿田已成功生产了 17 年。

美国科学家早在 1934 年首次在输气管道中发现了天然气水合物。随后美国、加拿大在加拉斯加北坡、马更些三角洲冻土带相继发现了大规模的水合物矿藏。20 世纪 70 年代初英国地调所科学家在美国东海岸大陆边缘所进行的地震探测中发现了 BSR。紧接着于 1974 年又在深海钻探岩心中获取天然气水合物样品，并释放出大量甲烷，证实了“似海底反射层”与天然气水合物有关。1979年美国借助深海钻探计划（DSDP）和大洋钻探计划（ODP），长期主持和组织了此项工作，最早指出天然气水合物为未来的新型能源，并绘制了全美天然气水合物矿床位置图。积极参加这项工作的还有英国、加拿大、挪威、日本和法国等。1991年美国能源部组织召开“美国国家天然气水合物学术讨论会”。最为重要的是1995年冬ODP64航次在大西洋西部布莱克海台组织了专门的天然气水合物调查，打了一系列深海钻孔，首次证明天然气水合物广泛分布，肯定其具有商业开发的价值。同时指出天然气水合物矿层之下的游离气也具有经济意义。以甲烷含量计算，初步估计该地区天然气水合物资源量多达100×10^8t，可满足美国105年的天然气消耗。在天然气水合物取得一系列研究成果的基础上，美国地质学会主席莫尔斯于1996年把天然气水合物的发现作为当今六大成就之一。因此，美国参议院于1998年通过决议，把天然气水合物作为国家发展的战略能源列入国家级长远计划，要求能源部和美国地质调查局等有关部门组织实施，其内容包括资源勘查、生产技术、全球气候变化、安全及海底稳定性等五方面的问题，拟每年投入资金2000万美元，要求2010年达到计划目标，2020年将投入商业性开发。

亚洲东北亚海域是天然气水合物又一重要富集区。20世纪80年代末，ODP127、ODP131航次在日本周缘海域进行钻探，获得了BSR异常广布的重要发现。美国能源部的Krason在1992年日本东京召开的第29届国际地质大会上表明在日本周缘海域共发现9处BSR分布区。天然气水合物矿层位于海底以下150~300m处，矿层厚度分别为3m、5m、7m，总厚度为15m。估计在日本南海海槽的BSR分布面积约为35000km^2。1995年日本通产省资源能源厅石油公司（JNOC）联合10家石油天然气私营企业制定了1995—1999年“甲烷天然气水合物研究及开发推进初步计划”，投资6400万美元。通过对日本周边海域，特别是南海海槽、日本海东北部的鄂霍茨克海的靶区展开调查，发现南海海槽水合物位于水深850~1150m，离海岸较近，易于开发。水合物赋存于砂岩和火山沉积物中，其孔隙度为35%，水合物充填率高达85%。初步评估，日本南海海槽的天然气水合物甲烷资源量为7.4×10^{12}m^3，可满足日本100年的能源消耗。

德国在20世纪80年代后期曾利用“太阳号”调查船与其他国家合作，先后对东太平洋俄勒冈海域的卡斯凯迪亚增生楔，以及西南太平洋和白令海域进行了水合物的调查。在南沙海槽、苏拉威西海、白令海等地都发现了与水合物有关的地震标志，并获取了水合物样品。

印度在1995年全国地质地球物理年会上统一了认识，认为天然气水合物已成为现今地质工作的主题。在印度科学和工业委员会的领导下制定了“全国天然气水合物研究计划”，投资5600万美元。迄今为止，印度已在其东、西地区发现了多处地球物理异常，显示出良好的找矿前景。

韩国资源研究所和海洋开发研究所于1997年开始在其东南部近海进行水合物调查，相继发现了略微变形的BSR、振幅空白带、浅气层、麻炕、海底滑坡、菱锰结核等一系列与水合物相关的标志。

新西兰在北岛东岸近海水深1～3km的地区发现面积大于$4\times10^4km^2$的BSR分布区。澳大利亚近年在其东部豪勋爵海底高原发现BSR分布面积达$8\times10^4km^2$。巴基斯坦在阿曼湾开展了水合物调查，也取得了进展。

总之，目前已调查发现并圈定有天然气水合物的地区主要分布在西太平洋海域的白令海、鄂霍茨克海、千岛海沟、冲绳海槽、日本海、南海海槽、苏拉威西海、新西兰北岛；东太平洋海域的中美海槽、北加利福尼亚—俄勒冈滨外、秘鲁海槽；大西洋海域的美国东海岸外布莱克海台、墨西哥湾、加勒比海、南美东海岸外陆缘、非洲西西海岸海域；印度洋的阿曼海湾；北极的巴伦支海和波弗特海；南极的罗斯海和威德尔海，以及黑海与里海等。目前世界这些海域内有88处直接或间接发现了天然气水合物，其中26处岩心发现了天然气水合物，62处见到了有天然气水合物地震标志的似海底反射层（BSR），还有一些区域发现了生物及碳酸盐结核标志。

据专家估算：在全世界的边缘海、深海槽区及大洋盆地中，目前已发现的水深3000m以内沉积物中天然气水合物中甲烷资源量为$2.1\times10^{16}km^3$。水合物中甲烷的碳总量相当于全世界已知煤、石油和天然气总量的2倍，可满足人类1000年的需求，其储量之大，分布面积之广，是人类未来不可多得的能源。以上储量的估算尚不包括天然气水合物层之下的游离气体。

1.2 我国研究进展

在国土资源部、科技部、财政部、国家计委等部委的领导和支持下，我国的科技工作者在天然气水合物的调查与研究方面做了大量的工作。首先是对我国管辖海域历年来做过大量的地震勘查资料进行了分析，在冲绳海槽的边坡、南海的北部陆坡、西沙海槽和西沙群岛南坡等处发现了海底天然气水合物存在的 BSR 标志。并对海底天然气水合物的成因、地球化学、地球物理特征、数据采集、资料处理解释、钻孔取样、测井分析、资源评价、海底地质灾害等方面进行了系统的研究，并取得了丰富的资料和大量的数据。

自 1984 年开始，我国地质界对国外有关水合物调查状况及其巨大的资源潜力进行了系统的资料汇集。广州海洋地质调查局的科技人员对 20 世纪 80 年代早、中期在南海北部陆坡区完成的 2 万多千米地震资料进行复查，在南海北部陆坡区发现有 BSR 显示。

西沙海槽位于南海北部陆坡区的新生代被动大陆边缘型沉积盆地。新生代最大沉积厚度超过 7000m，区内断裂活跃，水深大于 400m。应用国家 863 项目“深水多道高分辨率地震技术”成果，获得了可靠的天然气水合物存在地震标志：①在西沙海槽盆北部斜坡和南部台地深度为 200 ~ 700m 发现强 BSR 显示，在部分测线可见到明显的 BSR 与地层斜交现象；②振幅异常，BSR 上方出现弱振幅或振幅空白带，以层状和块状分布，厚度为 80 ~ 450m；③BSR 波形与海底反射波相比，出现明显的反极性；④BSR 之上的振幅空白带具有明显的速度增大的变化趋势。资料表明，南海北部西沙海槽天然气水合物存在面积大，是一个有利的天然气水合物远景区。

根据 ODP184 航次 1144 钻井资料揭示，在南海海域东沙群岛东南地区，1 百万年以来沉积速率在每百万年 400 ~ 1200m 之间，莺歌海盆地中中新世以来沉积速度很大。资料表明：南海北部和西部陆坡的沉积速率和已发现有丰富天然气水合物资源的美国东海岸外布莱克海台地区类似。南海海域水合物可能赋存的有利部位是：北部陆坡区、西部走滑剪切带、东部板块聚合边缘及南部台槽区。本区具有增生楔型双 BSR、槽缘斜坡型 BSR、台地型 BSR 及盆缘斜坡型 BSR 4 种类型的水合物地震标志 BSR 构型。从地球化学研究发现，南海北部陆坡区和南沙海域经常存在临震前的卫星热红外增温异常，其温度较周围海域升高 5 ~ 6℃，特别是南海北部陆坡区，从琼东南开始，经东沙群岛，直到台湾西南一带，多次重复出现增温异常，这可能与海底的天然气水合物及油气有关。

2000 年广州海洋地质调查局“探宝号”和“海洋四号”调查船在西沙海槽继续开展天然气水合物的调查。

2001 年，在财政部的支持下，广州海洋地质调查局继续在南海北部海域进行天然气水合物资源的调查与研究，计划在东沙群岛附近海域开展高分辨率多道地震调查 3500m，在西沙海槽区进行沉积物取样及配套的地球化学异常探测 35 个站位及其他多波束海底地形探测、海底电视摄像与浅层剖面测量等。另据台湾大学海洋所及台湾中油股份有限公司资料，在台西南增生楔水深为 500 ~ 2000m 处广泛存在 BSR，其面积为 $2 \times 10^4 km^2$。并在台湾东南海底发现大面积分布的白色天然气水合物赋存区。

综合资料表明：南海陆坡和陆隆区可能含有丰富的天然气水合物矿藏，估算其总资源量达（643.5 ~ 772.2） $\times 10^8 t$ 油当量，大约相当于我国陆上和近海石油天然气总资源量的 1/2。

2007 年，在我国南海北部利用荷兰辉固国际集团公司钻探船成功钻获天然气水合物实物样品。

2 天然气水合物相关知识

2.1 天然气水合物概念

天然气水合物（Natural Gas Hydrate，简称 Gas Hydrate），也称为可燃冰或固体甲烷，笼形包合物，分子式为 M_nH_2O（M 代表天然气水合物中的气体分子，n 为水分子数）。它是在较低的温度与较高的压力条件下，由天然气与水形成的类冰非化学计量的笼形冰结晶体化合物，是一种固态结晶物质，类似冰雪。由于天然气水合物中含甲烷分子超过 99%，遇火即可以像固体酒精一样被点燃，因此具有非常高的使用价值。按照理论计算，在标准条件下，1 体积饱和天然气水合物可释放出 164 体积的甲烷气体，是其他非常规气源岩（如煤层、黑色页岩）能量密度的 10 倍，是常规天然气能量密度的 2～5 倍。同时天然气水合物具有能量密度高、分布广、规模大、埋藏浅等特点，是迄今所知的最具有价值的海底能源和矿产资源，故引起许多国家及有关组织与科学家的高度关注。其巨大的资源量和诱人的开发前景使其很有可能在 21 世纪成为煤、石油和天然气的替代能源。

据估算，世界上天然气水合物总资源量相当于全球已知煤、石油和天然气的两倍，可满足人类千年的能源需求。天然气水合物在海底储量丰富，研究与开发天然气水合物这种新能源迫在眉睫，这不仅是国家建设的急需，也是前瞻性、战略性的研究方向。我国从 1999 年开始对天然气水合物进行资源调查和评估，随后开展了对天然气水合物的研究工作。实践研究充分证实我国海域存在天然气水合物，并且储量丰富，仅在南海北部的天然气水合物储量估计就相当于中国陆上石油总量的 50% 左右。

2.2 天然气水合物形成的温压条件

天然气水合物作为一种冰状固体化合物，受自然界环境及气体组分、孔隙液体的含盐度等影响，有其稳定的温压条件。目前对纯甲烷—纯水体系、纯甲烷—海水体系和自然体系等水合物温压条件的研究较多。

关于水合物温压场的研究，最初是在纯甲烷—纯水体系中进行的。实验表明，尽管形成水合物的分子间并没有真正意义上的化学键，但由于气体分子和水分子间氢键的作用，在多数情况下，水合物比冰具有更好的稳定性。纯甲烷—纯水体系中甲烷水合物稳定存在的温压条件，不仅取决于气体混合物的组分，而且还取决于水中的其他气体组分和离子杂质。在甲烷中加入二氧化碳、硫化氢、乙烷和丙烷等组分，水合物平衡曲线向右移动，水合物稳定域的面积随之扩大；相反，在水中加入氯化钠等盐分，水合物平衡曲线向左移动，水合物稳定域的面积缩小。研究表明，离子杂质和其他气体组分对纯甲烷—纯水体系相平衡曲线的影响显著。

Kobayashi 等（1951）进行了纯甲烷—海水体系的温压条件研究，在 10% 和 20% 浓度的氯化钠水溶液中生成甲烷水合物，发现随着盐分浓度的增加，甲烷水合物的稳定条件向低温、高压方向移动，这表明氯化钠抑制了甲烷水合物的形成。Hyndman 等（1992）进行的实验、Dickens 和 Quinby - Hunt（1994）利用纯水和天然海水进行的甲烷水合物实验，均证实了上述结论。

对比纯甲烷—纯水体系和纯甲烷—海水体系中水合物的温压条件，结果显示在压力相同的条件下，纯甲烷—海水体系中水合物的温度要比纯甲烷—纯水体系中低。自然体系下甲烷水合物的形成与海水或纯水条件下相比更为复杂。因为在自然条件下，水合物的稳定性还要受到离子杂质、水合物赋存的围岩性质等多种因素的影响。

2.3 天然气水合物的稳定区域

天然气水合物形成于海底沉积物或永久冻土带中。研究表明，在世界上 90% 的海洋中某一深度以下均有适宜水合物存在的温压条件。只要沉积物中有充足的粒间孔隙为水合物提供赋存空间，并且有充足的甲烷和水即可能有水合物生成。年轻的、欠压实的海洋碎屑沉积层内一般都具有充足的孔隙和大量的孔隙水，当源于沉积物自身的生物成因的浅成气和热成因的深成气，在向上迁移过程中进入该温压场中并充满沉积物的孔隙，就可以形成水合物稳定域（HSZ）。HSZ 中发育的水合物充填在沉积层孔隙中，形成了一个渗透率较低的盖层，其下可以持续捕获大量游离气。HSZ 的基底（BHSZ）代表了游离气—水合物和游离气—水之间的准稳定相边界，它主要受压力和温度的控制（图 2－1），同时也受到地球化学条件等因素的影响。

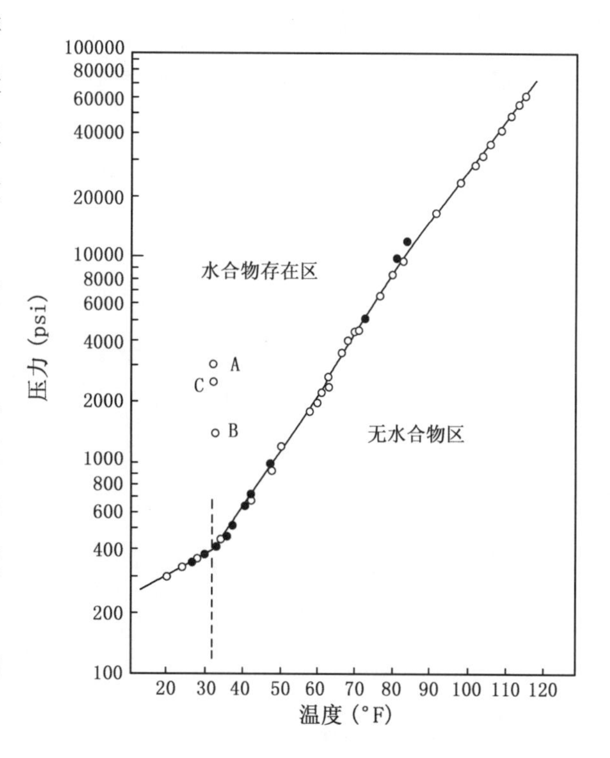

图 2－1　天然气水合物的相平衡条件

地震剖面上的 BSR 深度与水合物稳定域的理论底界一致，因此 BSR 是识别水合物最有意义的标志之一，它暗示着水合物稳定域底界（BHSZ）的存在。

根据对获取的水合物样品和周围沉积物的研究分析表明：

（1）水合物的沉积物大多为新生代（从始新世到全新世）沉积，沉积速率一般较快，而且富含有机碳；

（2）在水合物稳定域之上，往往分布白云石等自生碳酸盐，而其下的沉积物中自生的菱铁矿逐渐增多；

（3）水合物沉积层（HDZ）在地球物理方面表现为电阻率较高、地震传播速度较大、声波时差小和自然电位幅度低等特征；

（4）水合物沉积层在地球化学方面主要表现出氯异常现象，水合物的存在使得沉积物的 Cl^- 浓度降低，并伴随有 $\delta^{18}O$ 异常。

一般情况下，人们认为水合物稳定域的底界就是游离气的顶界，即地震剖面上的 BSR 所处的位置，但事实并非完全如此。如果水合物稳定域下方甲烷的供给率超过某一临界值，那么水合物沉积层的底界就可以达到游离气体的顶部，HSZ 底界与 HDZ 底界及游离气顶界确实是一致的。但是在某些情况下，游离气带的顶界与 HSZ 的底界并不一致，其间可能存在一层既无水合物也无游离气的沉积层。如 ODP64 航次的 995 站位和 997 站位在地震剖面上显示有很强的 BSR。这里的游离气带的顶界与 HSZ 的底界是一致的，而 994 站位处无 BSR 显示；但钻探的结果表明，该处也蕴藏有丰富的水合物。进一步的分析表明，这里的游离气顶界深于水合物沉积层底界，这主要是由于甲烷的供给速率低于某一临界值而导致的。

当甲烷的含量和流体的运移速率小于某一临界值，则含水合物沉积层的厚度要小于水合物稳定域的厚度，其底部游离气要么缺失，要么远位于水合物稳定域底界之下；如果甲烷的含量和流体的运移速率等于某一临界值，则 HDZ 的底界与 HSZ 的底界一致，游离气则刚好分布于水合物稳定域之下；如果甲烷的含量和流体的运移速率大于某一临界值，则 HDZ 的底界与 HSZ 的底界一致，并且大量游离气分布于水合物稳定域之下。与水合物稳定域底界类似，水合物稳定域的顶界从理论上说可以到海底，但只有当底层水中含有大量的甲烷且有高的甲烷流体运移速率时，水合物才能在海底保持稳定。

2.4　天然气水合物形成及其分布特征

天然气水合物是一种由主分子和客分子组成晶格骨架的格子状复合物。主分子是水；客分子包括氩、亚硝酸氮、二氧化碳、硫化氢、甲烷、乙烯、卤素及其他小分子，其中甲烷在数量上占据主要地位。

海洋沉积物中的天然气有 4 方面来源：一是大气中的气溶解于海水，然后进入沉积物；二是沉积物中的有机质在细菌的降解作用下产生的气体；三是深部有机物在热裂解作用下产生并向上发散的气体；四是由火山作用或热过程产生的气体。在海洋沉积中，由微生物对有机质的降解作用所产生的气体是天然气水合物中之天然气最主要来源。

一般来讲，天然气水合物是水和气体在高压低温条件下形成的。如果海洋沉积物中的甲烷气达到 20mmol/kg 的浓度，那么在 500m 水柱压力、沉积物—水界面温度为 5℃的条件下即可形成水合物。海洋沉积物中，天然气水合物的形成深度与静水压力（水深）、沉积物表面温度、地温梯度和气体浓度条件直接相关。甲烷气体在沉积物中形成水合物的水深为 600 ~ 3000m。由于沉积物中存在地温梯度，因此，随着深度的增加，虽然压力增加了，但温度也增加了，因此到一定深度后，由于温度增高而使水合物不稳定。研究表明，如果海底温度为 2℃，沉积物中的地温梯度为 0.035℃/m，那么水合物在沉积物中的稳定深度为 0 ~ 1000m。天然气水合物的形成与分布主要受烃类气体来源和一定的温压条件控制。天然气水合物的形成必须有充足的天然气来源，必须有低温或高压条件，这决定了它的特殊分布。

从目前来看，天然气水合物主要分布在地球上两类地区：一类地区是水深为 300 ~ 4000m 的海底，在这里，天然气水合物基本是在高压条件下形成的，主要分布于泥质海底，赋存于海底以下 0 ~ 1500m 的松散沉积层中；另一类地区是高纬度大陆地区永冻土带及水深 100 ~ 250m 以下极地陆架海区，在这里，天然气水合物主要是在低温条件下形成。

天然气水合物所赋存的沉积物多是新生代沉积物。在沉积层中，水合物要么是以分散状，胶结尚未固结的泥质沉积物颗粒，要么是以结核状、团块状和薄层状的集合体形式赋存于沉积物中，还可能以细脉状、网脉状充填于沉积物的裂隙之中。根据研究，生成天然气水合物的烃类气体主要来自于沉积物中微生物对有机质的分解，个别地区也有部分气体来自于深部沉积层中有机质的热分解。这些气体在海底沉积物的孔隙空间中形成水合物。水合物的生成非常迅速，德国科学家在海底甲烷气体取样器和照相机上能看见有水合物生成，但海底天然气水合物矿藏的形成可能要持续数百万年时间。

从全球来看，海底天然气水合物储量占绝对优势。海底天然气水合物分布于世界各大洋边缘海域的大陆坡、陆隆（深水海台）和盆地，以及一些内陆海。如西太平洋海域的白令海、鄂霍茨克海、千岛海沟、冲绳海槽、日本海、日本四国海槽、日本南海海槽、印度尼西亚苏拉威西海、澳大利亚西北海域及新西兰北岛外海，东太平洋海域的中美海槽、美国北加利福尼亚—俄勒冈岸外海域及秘鲁海槽，大西洋西部海域的美国东海大陆边缘，布莱克海台、墨西哥湾、加勒比海及南美东海岸外陆缘海，以及非洲西海岸岸外海域、印度洋的阿曼海湾、北极的巴伦支海和波弗特海、南极的罗斯海和威德尔海、内陆的黑海和里海等。从已有的发现说明，海底天然气水合物主要分布在北半球，且以太平洋边缘海域最多，其次是大西洋。陆坡、陆隆区是形成天然气水合物的最佳地区，这里沉积物较发育，有机质丰富，以甲烷为主的烃类气体来源充足，有利于天然气水合物生成。

我国原地质矿产部第二海洋地质调查大队在 20 世纪 80 年代就已注意到南海海底沉积物中可能有天然气水合物的存在。他们分析了大量的多道地震反射剖面和近 300 个地震声纳浮标站的测量资料，结果发现在东沙群岛南部陆坡、西沙群岛以南陆坡和中沙群岛以西陆坡等海区的地震反射剖面中都有 BSR 的存在，因此推测这些海区的海底沉积层中可能有天然气水合物存在。在南海北部的 165 个声纳浮标站中有 9 个站测得的海底第一层沉积物的声速为 1.95 ~

2.45km/s，其余站的海底第一层沉积物声速为1.6～1.8km/s。据此推测这9个声纳浮标站海底第一层沉积物中，除了位于珠江口外珠江海谷出口处的一个站可能是浊积物，其余的8个站的海底第一层沉积物中都有可能存在天然气水合物。

南海北部为被动大陆边缘，南部为主动大陆边缘，西部为剪切带，东部为马尼拉海沟俯冲带。南沙大陆坡的水深范围为150～3500m，面积约为126.1×10^4km^2，其上分布有东沙群岛、西沙群岛、中沙群岛和南沙群岛，以及一些海底脊岭、海山和槽谷。水深大约300m的大陆坡和岛坡区约有（70～80）×10^4km^2，这些地区都具有形成天然气水合物的地质构造环境。

资料表明，南海北部西沙海槽天然气水合物存在面积大，是一个有利的天然气水合物远景区。综合资料表明，南海陆坡和陆隆区应有丰富的天然气水合物矿藏，估算其总资源量达（643.5～772.2）×10^8t油当量。

2.5 水合物赋存区微地貌特征

在水合物形成、分解的动态过程中，海底浅表层形成与之相关的特殊微地貌。目前，在水合物的探测过程中，也发现了水合物发育区具有特殊的微地貌特征。水合物独有的物理化学性质和自然条件下易变的动力学特征决定了其与海底微地貌有内在的因果关系。与水合物的形成、汽化、分解过程相关的微地貌种类较多，如泥丘、锥状体、梅花坑、坑陷、斗状坑等。其中较为直接的有天然气冷溢气口、梅花坑、泥火山底、海底滑坡等，以及与之伴生的生物群落、自生碳酸盐岩结壳及出露的海底水合物。这些微地貌与水合物有较为密切的关系，是寻找水合物的重要线索。

2.5.1 天然气冷溢气口

天然气冷溢气口或冷泉大多分布于水深大于500m的海底，在其周围分布有大量的如菌席、蠕虫类、双壳类等组成的以溢出天然气为营养源、适应厌氧生物化学环境的生物组合，生物分布区面积可达数平方米，形成具有鲜艳色彩的独特生物微地貌环境景观。在布莱克海台、墨西哥湾、水合物脊及日本海等地都先后发现了此类溢气口及生物群落。

2.5.2 梅花坑地貌

麻坑地形是被动陆缘区海底浅表层环境与水合物相关的一种地貌标志。在外陆架及陆坡区未固结的海底表层堆积物上常出现一些洼地地貌景观，洼地直径从几米到几十米，深几厘米到几十厘米。在世界被动陆缘的水合物探区均存在这种现象，如大西洋西海岸、印度西部大陆边缘、非洲西海岸等。分析认为“梅花坑”可能是水合物分解释放气体后，在海底遗留的地貌痕迹。

2.5.3 泥火山底辟构造地貌

具塑性的近代巨厚沉积层及高压流体活动可形成大规模的泥火山底辟构造，而且与水合物分布相关。在世界上许多地区，如布莱克洋脊泥底辟构造、巴拿马北部近海泥火山、里海泥火山或泥底辟、黑海北部克里米亚大陆边缘、挪威巴伦支海—斯瓦尔特边缘的 Hakon Mosby 泥火山等地均发现了水合物。研究认为，沉积物的负荷、塑性特质及甲烷的形成与活动促进了泥火山的发育，而甲烷的聚集又导致了水合物的形成。泥火山的大小和形状对水合物赋存形态有较强的控制作用，泥火山与水合物赋存具有明显的相关性。

2.5.4 海底滑坡

海底滑坡是识别水合物的一种重要地貌标志。通常认为，影响水合物稳定的条件发生改变后，如海平面升降、构造变动等，水合物处于欠稳定状态，从而造成气体的大量迅速排放，导致发生大范围的海底滑坡，形成海底扇及海底滑塌体。如美国东海岸、地中海西部撒丁岛、南卡罗来纳大陆隆上 Cape Fear 滑坡等，都可能是在这种条件下形成的。

2.6 南海天然气水合物甲烷量估算

在北纬 10°以北的南海海域，姚伯初等根据 10 余万千米的多道地震剖面，以及近 300 个地震声纳浮标站位资料，对这些剖面进行初步解释，发现在一些地方存在 BSR。

图 2-2 是东沙群岛南部的一段地震反射剖面。这里水深为 1718 ~ 1853m。在剖面西部的海底凸起上，水深 1718m；海底之下 0.14s（双程走时）处有一

反射波，它与海底反射波平行，但切割地层反射波，这是BSR。经计算，BSR位于海底之下165m处，该处静水压力大约为222kg/cm^2。如果假设海底温度为0，该处的温度—压力参数在图2－1中为A点，可见它落入天然气水合物存在区。一般海底温度为4℃，由正常地温梯度计算，BSR处的温度为9℃左右，它仍在水合物存在区域之内。

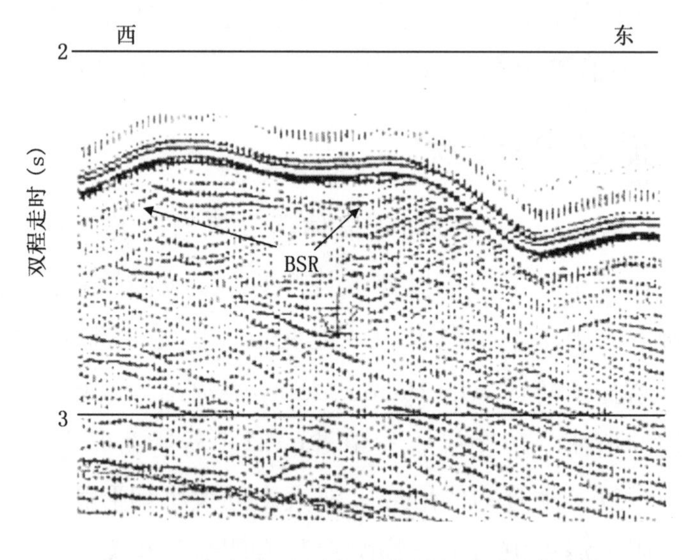

图2－2　南海东沙群岛南部地震反射剖面图

图2－3是西沙海槽北部陆坡上的地震剖面，这里的水深为730～846m。东部海底之下0.12s处存在一反射波，与海底反射波平行，与地层反射波斜交。这是典型的似海底反射波。该处的静水压力约为107kg/cm^2。从BSR到海底的

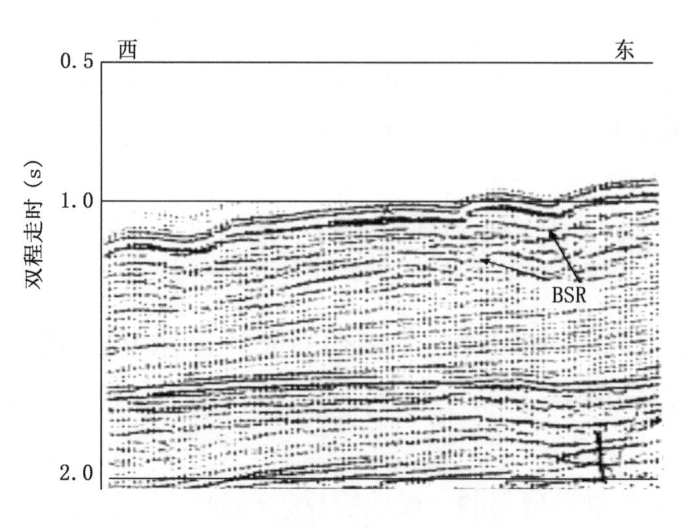

图2－3　南海西沙群岛北部地震反射剖面

厚度为140m。假设海底温度与图2－1A处相似，沉积物中的地温梯度亦相似；那么，将此处的温度—压力参数投于图2－1中为B点，它位于水合物存在区内，说明此处可能存在天然气水合物。

图2－4是西沙群岛之南、中沙群岛西部的地震反射剖面。这里水深为1350～1425m。在剖面南部海底之下0.25s处有一反射波，与海底平行，但与地层反射波斜交。这也是似海底反射波BSR。BSR处的静水压力约为167kg/cm^2。如果这里海底温度与沉积中的地温梯度和图2－1中的A、B点相似，那么，将此处的温度—压力参数投于图2－1中，它也位于水合物存在区内（图2－1中C点），说明该处可能存在天然气水合物。

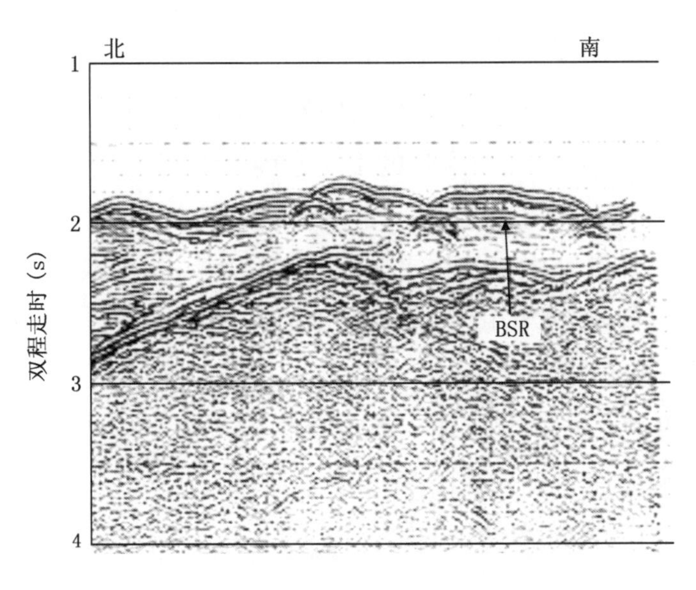

图2－4　南海西沙群岛南部地震反射剖面

海底表层沉积的地震速度一般为1.6～1.8km/s，最大不超过1.9km/s。如果表层沉积中含天然气水合物，则其层速度可达2.0～2.25km/s。1979年，中美联合调查南海海洋地质项目第一阶段时，在南海北部陆缘测量了165个地震声纳浮标站，其中152个站位得到了速度—深度函数。由这些声纳浮标站所测得海底第一层沉积物之层速度大多在1.6～1.8km/s之间；只有9个声纳浮标站位测得海底沉积速度不小于2.0km/s，这9个声纳浮标站处的水深为420～3920m，第一层沉积的层速度为1.95～2.45km/s，层厚度为200～840m。这里海底第一层沉积的层速度比正常海岸沉积的层速度大0.2～0.64km/s。这些声纳浮标站中，除229站位位于珠江海谷出口处而有可能是浊流沉积外，其他站位均可能是存在天然气水合物而使其层速度增加。

天然气水合物甲烷量的估算，一般采用类似计算石油、天然气储量的体积法。张光学等综合研究了南海北部陆坡的3个重点探区的地质、地球物理资料，初步估算出这3个探区的天然气水合物的甲烷量达$1000\times10^8m^3$。假定3个探区的天然气水合物稳定带的面积为$100km^2$，厚度为250m，含天然气水合物系数为2.5%，稳定带沉积孔隙度为40%，天然气水合物的密度为$0.92g/cm^3$。根据这些参数值，估算出上述甲烷的总量。姚伯初在分析了南海北部大陆坡可能有天然气水合物存在的情况下，进一步推断整个南海可能有天然气水合物的区域，并利用如下公式估算了整个南海天然气水合物的甲烷总量。

$$Q_s = A\Delta Z\phi HER \tag{2-1}$$

式中 Q_s——天然气水合物的甲烷总量，m^3；

A——天然气水合物分布面积，取$93\times10^4km^2$；

ΔZ——天然气水合物稳定带的平均厚度，取482m；

ϕ——天然气水合物稳定带内沉积物的孔隙度，取50%；

H——沉积物孔隙中天然气水合物的充填率，取0.5；

E——天然气水合物的容积倍率，即$1m^3$的甲烷水合物中所含的甲烷量，取$155m^3$；

R——聚集率，即聚集形成甲烷水合物矿藏的甲烷量与所有甲烷水合物的原始总甲烷量的比率，取0.005。

从而得出南海天然气水合物的甲烷量为：

$$Q_s = 93\times10^{10}\times482\times0.5\times0.5\times155\times0.005 = 6.685\times10^{13}m^3$$

姚伯初又用类似公式估算出天然气水合物稳定带沉积物中的甲烷游离气量为$4.185\times10^{13}m^3$，结果得出南海天然气水合物矿藏的总甲烷量为$1.087\times10^{14}m^3$。假定南海满足天然气水合物稳定条件的海域中有50%～60%的地区分布有天然气水合物矿藏，则其总甲烷含量约为（543.5～652.2）$\times10^8t$油当量。

2.7 天然气水合物沉淀层基本物理力学特性

沉淀物物理力学特性研究的天然气水合物资源远景区位于南海中沙海域，其取样站位如图2-5所示。

为了较全面地获得南海中部海底土的物理力学性质指标，系统采集了原状箱式样和柱状岩心样。室内试验对表层和柱状样分别进行了各项物理性质和力学性质指标测试。

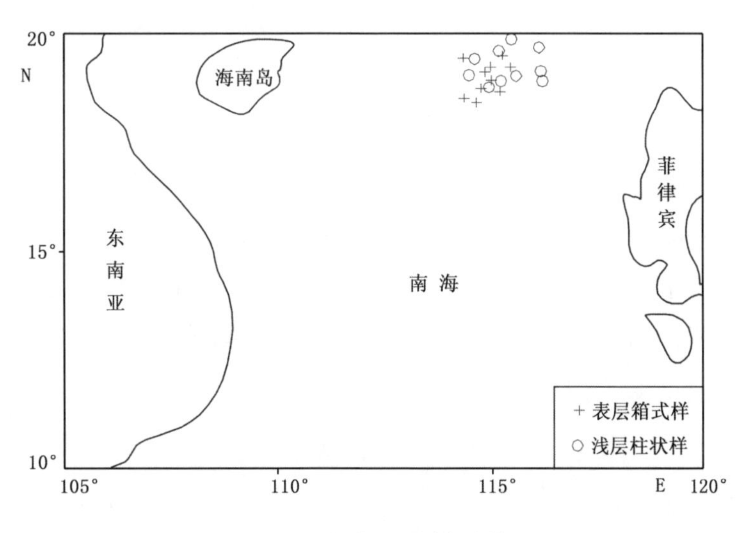

图 2-5 研究区取样站位图

2.7.1 表层土的物理力学特性

表层土深度为 0 ~0.3m。表层土室内土工试验结果表明，本研究区表层土岩性皆为淤泥。表层样品的物理性质和力学性质测试结果表明，表层土在粒度组成和物理力学性质上都较相近。总的表现为高黏粒含量（ <0.005mm）、高含水率、高孔隙比、高可塑性、低强度等特点。室内所测的压缩系数范围为 1.5 ~3.7MPa^{-1}，全部大于 0.5MPa^{-1}，为高压缩性土［图 2-6（a）］。含水率非常高，平均值为 134.7%，最小值也达到 87.1%［图 2-6（b）］。这是由于

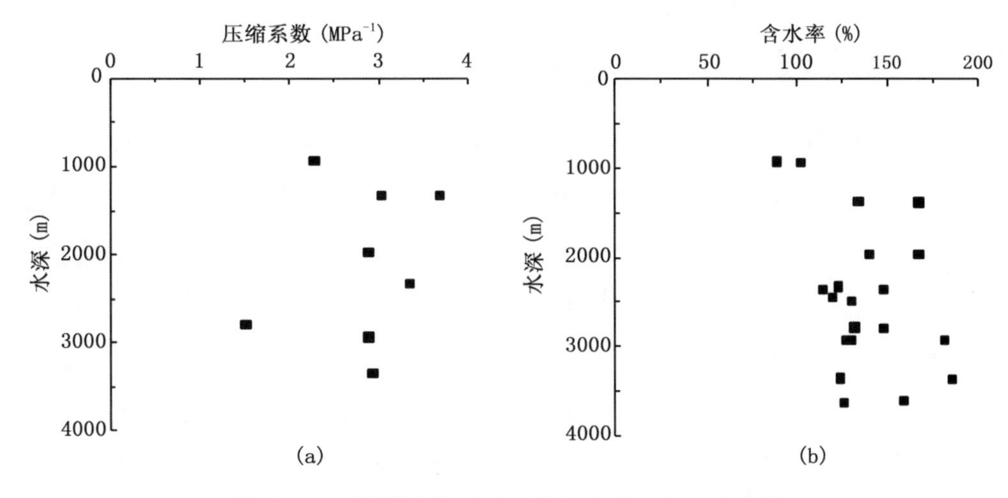

图 2-6 压缩系数（a）和含水率（b）变化图

表层沉积物在相对稳定的水体环境中形成时间不长，刚刚结束沉积阶段，尚未经历压实、脱水阶段，且黏粒含量愈高，孔隙水愈难排出，所以其含水率高、强度低，常处于软塑态，一旦受扰动，结构被破坏，将变为流塑态。

2.7.2 浅层土的工程地质特性

浅层土系指柱状岩心取样深度范围的土层。本研究区获取柱状岩心 10 个。对各分段岩心样品，分别进行了常规土工项目的试验。从已有岩心揭露的地层来看，本区浅层土全部为淤泥层。根据室内的物理性质和力学性质测试的结果，经统计整理，给出浅层土的物理力学性质指标范围及平均值（表 2－1），可说明本区土的总体工程地质特性。

表 2－1 浅层土的物理性质及力学性质表

土类及岩性		物理性质						
		天然含水率（%）	天然密度（g/cm^3）	孔隙比	塑限（%）	液限（%）	塑性指数	液性指数
黏土	范围	112.4～190.5	1.31～1.42	2.02～5.44	43.07～57.74	64.61～93.79	19.22～46.84	1.4～3.45
	平均	143.4	1.38	3.57	49.68	77.99	28.31	2.35

土类及岩性		力学性质				现场试验	
		抗剪强度		压缩强度		小十字板剪切（kPa）	微型贯入（N）
		内聚力（kPa）	内摩擦角（°）	压缩系数（MPa^{-1}）	压缩模量（MPa）		
黏土	范围	2.79～19.75	0.63～4.08	1.57～3.65	1.33～2.93	1.5～5.6	1.9～8.2
	平均	7.31	2	2.74	1.67	2.8	4.2

2.7.3 物理性质

（1）天然密度：又称天然容重、天然重度或湿容重。是天然状态下土单位体积的质量，取决于土粒密度、孔隙体积的大小及孔隙中水的多少，其值可以综合反映土的物质组成与结构特征。研究区内浅层土天然密度的平均值只有 1.38g/cm^3。表层土天然密度小于浅层土。本区土的低密度是由其疏松多孔隙和高含水率的结构所决定。

（2）含水率：含水率是土中所含水的质量与固体颗粒质量之比，也称为含水量。研究区浅层土含水率的平均值为 143.4%，略大于表层土的含水率。

图 2－7 给出了本区浅层土含水率的变化趋势，浅层土含水率值大多分布

在100% ~150%之间，整体上含水率有随深度降低的趋势。

（3）孔隙比：孔隙性是土的重要特征之一，孔隙比是土的孔隙体积与土颗粒体积之比，海底土的孔隙比与其结构、颗粒大小、排列及密实程度有关。研究区内浅层土孔隙比的平均值为3.58，最小值也达到2。可见本区浅层土孔隙体积大、结构疏松，孔隙比大于1.5更是表现出淤泥的特征。图2－8给出了本区浅层土孔隙比的变化趋势，浅层土的孔隙比极高，大部分大于3.0。

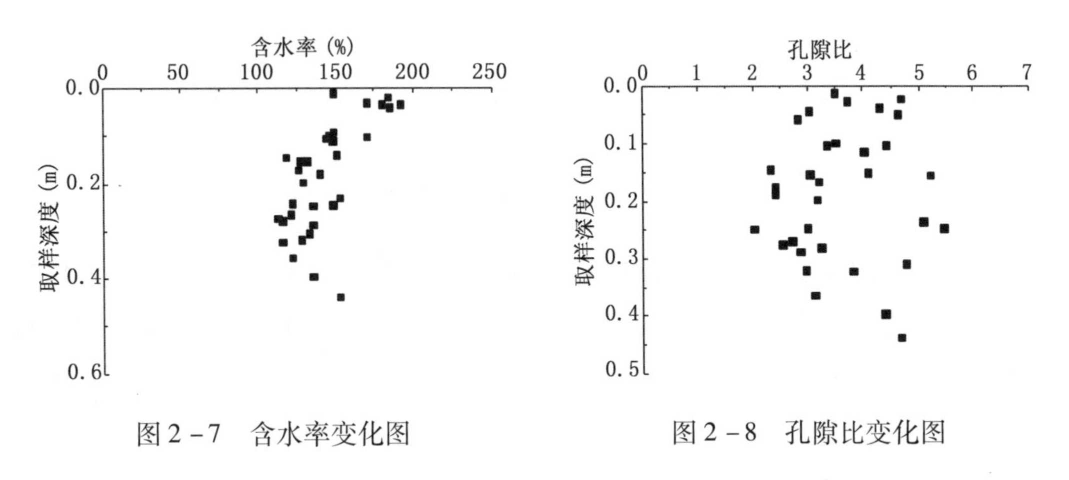

图2－7　含水率变化图

图2－8　孔隙比变化图

（4）土的可塑性指标：反映海底细粒土的含水状态和可塑性的指标包括液限、塑限、塑性指数和液性指数。研究区所有浅层土的液限、塑限、塑性指数和液性指数平均值分别为77.99%、49.68%、28.31和2.35。本区塑性指数和液性指数的平均值同以往统计的南海深海平原深海黏土的塑性指数（42.90）和液性指数值（3.01）较接近。

本区浅层土的3个可塑性指标值都很高，说明研究区内的海底土的可塑性强。液限是土从可塑状态过渡到流动状态时的界限含水率，是土中结合水达到最大值时的含水率。根据表2－1中液性指数的值均大于1，可见本区浅层土含水率都大于液限，但由于土粒间都存在天然的结构连接，因此并未全部表现出流态，而是具有一定外形和一定强度。一旦结构连接被破坏，土体强度会发生突然变化，表现出流态。此外，根据细粒土的塑性指数和液限，还可以对其进一步分类。依据各站位浅层土的这两个指标，编绘了塑性图（图2－9）。本区的浅层土淤泥属于高液限黏土（CH）和高液限粉土（MH）。

（5）颗粒组成：浅层土颗粒组成既是土类划分的主要指标，又是影响其物理力学性质的重要因素。研究区浅层土中，粉粒（0.005～0.075mm）含量占优势，为48.0% ~75.5%，平均为58.5%；黏粒（<0.005mm）含量次之，

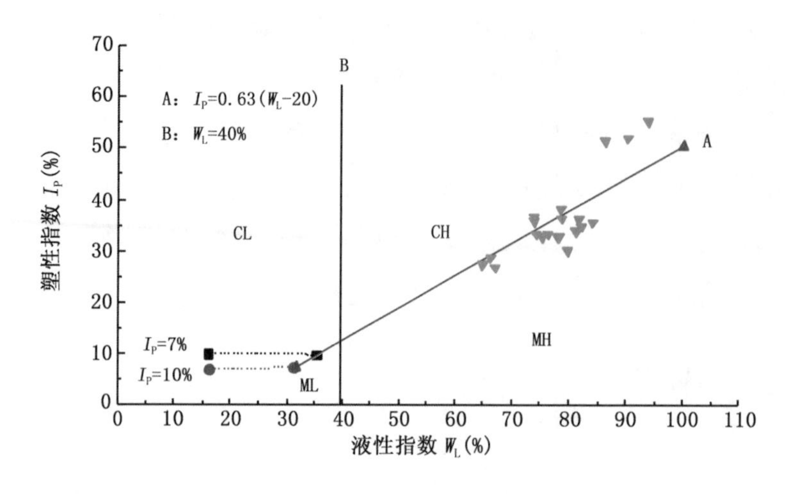

图 2-9　沉积物塑性图

为 23.3% ~47.3%，平均为 37.5%；砂粒（>0.075mm）含量甚微，平均仅为 3.73%。粉粒—中细粉粒（0.005 ~0.050mm）居绝对优势，其含量占粉粒的 86.0% ~99.2%，平均为 95.7%。可见研究区内浅层土的颗粒粒度的含量相差很大，以细粉粒与黏粒为主。

2.7.4　海底土的静力学特征

海底土的静力学特征指海底上在静外力作用下土体的变形和强度特性，主要包括土的压缩性和抗剪性，是土的工程地质性质的最重要组成部分。

（1）压缩试验：压缩试验是在有侧限和两面排水的条件下，通过各级垂直荷重下土的变形（孔隙体积逐渐变小）来测定土的压缩性指标——压缩系数和压缩模量，以获得土体在荷重作用下的变形特征——变形大小和变形快慢。研究区内浅层土的压缩系数为 1.57 ~3.65MPa^{-1}，平均值为 2.74MPa^{-1}；压缩模量为 1.33 ~2.93MPa，平均值为 1.67MPa。由于压缩系数全部大于 0.5MPa^{-1}，研究区内所有浅层土都属于高压缩性土（图 2-10）。

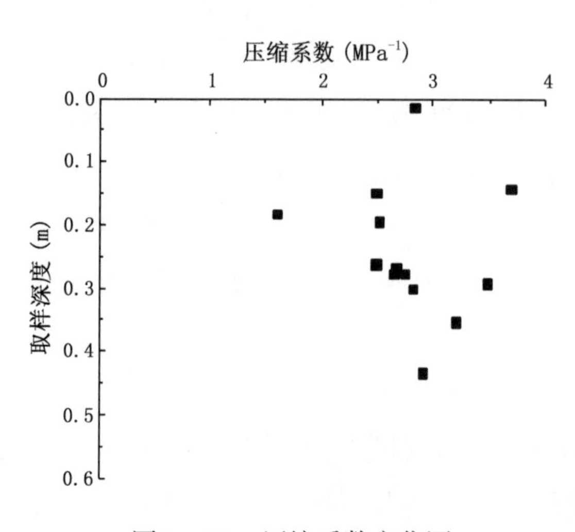

图 2-10　压缩系数变化图

（2）抗剪强度：土经过外力作

用下在剪切单位面积上所能承受的最大剪应力称为土的抗剪强度。它可以认为是由颗粒间的内摩擦力及由胶结物和束缚水膜的分子引力所造成的内聚力而组成。由于海底土承受着海水的压力，饱和度很高，故抗剪强度试验都是在不固结、不排水的状态下进行的。土的力学性质要取决于土的粒度成分、矿物成分、结构和构造，还与土的受力历史有关。本区海底沉积物是在快速沉积下形成的，土孔隙中的水来不及排出，沉积物没有受压实作用的影响；因此，沉积物的含水率和孔隙水压力较大，其抗剪强度较低。通过室内实验，可以获得海底土的抗剪强度特征值。本研究区内摩擦角的平均值为2°，最小值只有0.63°，最大也只有4.08°（图2－11）。本区样品为高塑性的淤泥，含水量也非常高，土粒周围便存在大量结合水，使内摩擦阻力减少，内摩擦角趋近于零。浅层土内聚力的平均值为7.31kPa，最小值为2.79kPa，最大值为19.75kPa（图2－11）。浅层土的抗剪强度低是由于含水率高而呈软塑—流塑状态的缘故。

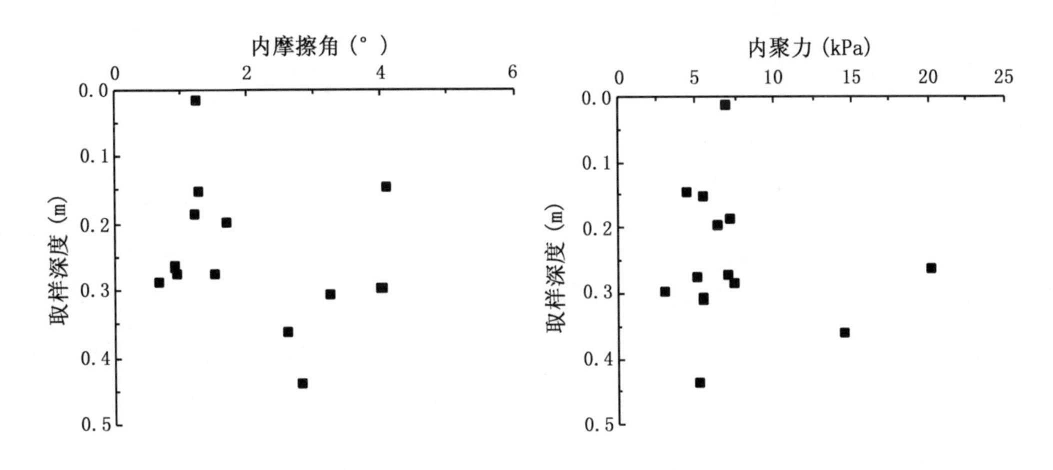

图2－11　抗剪强度变化图

3 天然气水合物勘探开发相关技术

传统上，天然气水合物主要借助地震反射剖面上的异常反射特征，即BSR、空白反射带及反射波极性反转来识别。由于开发利用和进一步详细研究的需要，天然气水合物的调查研究已呈现多学科、多方法的综合发展趋势。

3.1 勘探技术

3.1.1 地震地球物理勘探

地震地球物理勘探是应用最为广泛的天然气水合物调查研究方法。BSR是海底地震反射剖面中存在的一种异常地震反射层，其位于海底之下几百米处的海洋沉积物中且与海底地形近于平行。随着多道反射地震技术的普遍采用和地震数据处理技术的提高，BSR现象在地震剖面上更为明显。在地震剖面中，BSR一般呈现出高振幅、负极性、平行于海底和与海底沉积构造相交的特征，极易识别。另外，人们在研究中还发现BSR随水深的增加而增加，随地热梯度的变化而变化。现已证实BSR代表海底沉积物中天然气水合物稳定带的基底，BSR以上天然气以固态气水合物的形式存在，以下天然气以游离气形式存在，BSR对识别海底沉积物中的气水合物非常有效。

由于冰胶结永冻层地震波传播速度与水合物层相当，气水合物层在地震剖面上就不会有明显的异常出现，因而BSR技术不能用于永冻区气水合物的勘探。

目前，除在单道或多道地震反射剖面上识别异常反射特征外，还可在此种剖面上确认与此种化合物形成密切相关的断裂和通道系统（水合物形成过程中流体运移所必需的），如泥火山底辟和泥火山等流体运移特征。在20世纪90年代早期，部分学者运用多道地震反射剖面的VAMPS分析来揭示天然气水合物及其下伏游离气体的存在。更为重要的是，此期的多道地震反射资料已开始用于水合物的定量分析。Miller 等（1991）通过对秘鲁滨外地震资料和合成地震图像的重新处理来估计 BSR 处的天然气水合物量和其下伏游离气体带之厚度。1993 年，Lee 等还应用多道地震反射的真振幅和层速度分析对沉积物的水合物含量进行了初步定量分析。近年来，一些学者还先后对北美 Vancourver、Beafort 和 Florida 滨外多道地震资料的 BSR 的 AVO（Amplitude – versus Offset）进行分析，以查明天然气水合物的内部结构，确定其下伏游离气体的存在，并对天然气水合物含量作出大致评价。可见，地震反射资料的综合分析已成为天然气水合物研究的重要手段。

3.1.2 测井技术

测井技术是天然气水合物勘探中除地震反射法之外的另一有效手段。Collett 在普拉德霍湾和库帕勒克河地区确定水合物存在的过程中，总结出了利用测井技术鉴定气水合物层的 4 个条件：①具有高的电阻率（大约是水电阻率的 50 倍以上）；②声波传播时间短（约比水低 131s/m）；③在钻探过程中有明显的气体排放（气体的体积浓度为 50‰ ~ 100‰）；④必须在有两口或多口钻井的地区（仅在布井密度高的地区）。另外人们还发现，由于形成天然气水合物的水为纯水，因而在 γ 射线测井时，水合物层段的 API 值要比相邻层段明显增高。含水合物层还具有自然电场异常不大的特点。与气水饱和层相比，含水合物层的自然电位差幅度很低，这是由于水合物堵塞了孔隙，降低了扩散和渗滤作用的强度造成的。在钻井过程中，钻遇气水合物层段后另一明显的变化是气水合物分解后引起气水合物层段的井壁滑塌，反映在测井曲线上就是井径比相邻层位增大。含气水合物的层段孔隙度相对较低，其中子测井曲线值则相对较高。当然仅靠其中的某一种或两种方法来判断气水合物的存在是不可靠的，有时其他偶然因素也会引起测井曲线表现出类似气水合物层段的特征，所以在实际工作中应视具体情况采用多种测井方法并结合应用其他方法来判识气水合物。除了地震地球物理方法和测井技术外，旁侧声纳扫描、多波束测深可用于识别与天然气水合物产出密切相关的麻点、麻坑和泥火山等气体逸出构造。

3.1.3 地球化学方法

地球化学方法是在 20 世纪 80 年代中期开发出的一种新方法，进入 90 年代，这种方法在天然气水合物研究中得到进一步的发展和运用。目前应用的是有机的、流体的和同位素等地球化学方法。有机地球化学方法主要用来分析天然气水合物中烃类气体的含量和物质组成，确定 $C_1/(C_2+C_3)$ 之比值，即 R 值。其中，前二者有助于大致确定水合物的晶体结构和气体成因，后者则是天然气水合物成矿气体来源的重要标志之一。流体地球化学方法是天然气水合物研究的重要方法，主要用于研究海底底层水和沉积物孔隙水中的甲烷浓度和盐度即氯离子浓度异常，并通过此二异常值的变化判定天然气水合物的存在与否。

稳定同位素地球化学是研究天然气水合物成矿气体来源的最有效手段，通常是运用水合物中甲烷气体的 ^{13}C、D 值和硫化氢的 ^{34}S 值来判定其成矿气体的成因。Kastner 等又提出用水合物样品孔隙水中溶解 Sr 离子的浓度和 $^{87}Sr/^{86}Sr$ 比值来确定成矿流体的来源，以沉积物孔隙水中溶解非有机碳酸盐的 ^{13}C 值作为甲烷气体运移至海底硫酸盐还原带的证据。地球化学方法已成为天然气水合物研究的重要手段，是对地球物理方法研究的重要补充。

3.1.4 自生沉积矿物学法

进入 20 世纪 90 年代，自生碳酸盐矿物在北美西部俄勒冈滨外、印度西部大陆边缘和地中海的 United Nations 海底高原等区域海底沉积物中的相继发现，引起了人们对此种自生矿物的高度重视，从而使得人们将天然气水合物的分布与自生碳酸盐矿物形成联系起来，并将该自生矿物产出作为天然气水合物的形成标志。通常，这些自生矿物呈碳酸盐的岩隆、结壳、结核和烟囱等形式产出，与之相伴的还有蚌类、管状蠕虫类、菌席和甲烷气泡等，所有这些都是富甲烷流体垂向排出所致，因而，它们在泥火山底辟和泥火山发育区更为典型。

3.1.5 钻孔取样技术

目前，世界上用于水合物钻探取样的设备主要有：①活塞式岩心取样器；②恒温岩心取样器；③恒压岩心取样器；④水温探测仪，通过测量采样处海水温度来确定海水含盐度，进而计算岩心中水合物的分解量。

前苏联的科学家在进行以查明天然气水合物层为目标的普查勘探工作和储量评价工作中已总结归纳出配套使用的下列方法：①在深水区打示范井和参数井，同时用密封取样器连续取心并计算弹性波在含气性沉积物中的通过速度；②为查明水合物生成带顶面，用活塞管在用地震声波法诊断的剖面 10～15m 深处即沉积层上部层位采样；③用工作频率为 10 ~ 12kHz、30 ~ 40kHz 和 300Hz 的带有磁致伸缩和电火花发射器的地震剖面仪分别对 5 ~ 20m、60 ~ 100m 和 100m 以下深度实施探测，其目的是查明含水合物层位界面，计算其厚度和水合物充填度。

美国、法国、日本、德国等国家已着手安排全世界海洋沉积物上层的研究计划，采用的是斯克里普索夫研究所的海洋剖面诊断系统。工作时，配套使用 2 ~ 3 台剖面仪，并用活塞管取样。此法可以准确地查明产层，计算出水合物充填度。目前已探测了数千万千米的剖面，在几千个点上采了样，打了几百口井。工作最详细的水域是大西洋、太平洋赤道部分和印度洋的一些区域。

3.2 开采技术

尽管对天然气水合物的研究已经取得了一定的成果；但是就目前的情况而言，天然气水合物资源尚处于普查阶段，侧重于调查天然气水合物的生成地区和水合物稳定层的形成、成因，以及地球物理和地球化学性质、资源量及工业上经济开采的可能性等。只有前苏联在开发麦索亚哈气田的过程中偶然发现其地层上段存在大量天然气水合物，并投入试验性工业开采。

开采天然气水合物的基本原理是先将水合物分解为气和水，然后收集天然气。目前开采天然气有 3 种方法可采用，即降压开采法、注入化学剂开采法、热力开采法。

3.2.1 降压开采法

天然气水合物的降压开采法就是利用钻井井眼的压力降来干扰水合物的稳定性。如果天然气水合物气藏与常规天然气藏相邻，降压开采水合物气的效果特别好。前苏联的麦索亚哈气田的水合物气藏就是采用这种方法开采的，通常降压开采适于高渗透率和深度超过 700m 的水合物气藏。若气体中含有重烃，则需要较高的压力降。

降压开采的特点是经济、简便、易行，无需增加设备，是所有开采方法中的首选方法。但降压开采一般不用于储层原始温度接近或低于零的水合物气藏，以免分解出的水结构堵塞气层。

3.2.2 注入化学剂开采法

开采水合物气藏的化学剂是那些能降低水合物储藏温度的“水合物阻化剂”，主要有甲醇、乙二醇和氯化钙等。室内试验表明，天然气水合物的溶解速率与阻化剂浓度、注入排量、压力、阻化液温度和水合物与阻化剂的界面面积有关。麦索亚哈气田水合物气层的开采初期，有两口井在注入其底部层段甲醇后，气产量增加了6倍。

甲醇是最好的常用天然气水合物阻化剂，现场应用浓度多为2%。但甲醇的价格较高，要达到一定的浓度进入水合物气层深部，确保理想的气产量，用量相当大。从经济角度考虑，应用有一定的限制。若将其同降压开采法来配合使用，有很大潜力。

3.2.3 热力开采法

热力开采法是研究最多、最深入的天然气水合物开采方法。现已提出的热力开采方法有蒸汽注入、火驱、热盐水注入和电磁加热法。这些方法的应用各有优点和不足。相比较而言，热盐水注水开采水合物技术较为成熟。它的主要特点有：①热载体能级低；②用有储层加热及水合物分解所耗能量小；③热损失低；④气产量高，热效率大。而且，它不会出现采气过程中水合物二次生成而诱发孔屑堵塞和井眼堵塞等问题。

除了以上常见的开发思路之外，根据有关研究结果，可能还有另一种利用天然气水合物生产能源的方法。科学家们指出，对于在深海中的传统气体矿床通过钻井手段获取应该是可行的，但是因为大陆斜坡的不稳定和需要铺设的管道又很长等原因所产生的技术和经济方面的问题，有可能使得人们难以利用这种手段来开采天然气水合物资源。更重要的是，管道在冰冷的深海中易于形成管塞；所以，试图在不使天然气水合物分解的情况下即不用管道，又能把天然气水合物运送到陆地上来。一个新的天然气水合物开发方法是在深海中使天然气水合物颗粒化，或将天然气水合物装入一种可膨胀的软式气袋，其内部保持天然气水合物稳定所需的温压条件中，再用潜水艇把天然气水合物拖到大陆架附近的浅水地区，在那里，天然气水合物能够缓慢地分解，产出燃料和水。或许今后能研制出一种添加剂，使天然气水合物在较低的压力和较高的温度下能够稳定。如果能做到这些，天然气水合物在传统的船舶上运输起来可能比液化的天然气还要安全。

3.3 技术难点

目前，天然气水合物工业化开采仍面临一系列技术难题：

一是深海钻探技术，我国海上石油开发井水深一般不超过400m，天然气水合物埋深一般在海平面1000m以下，现在中海油的981平台可以达到，但用来单独开采水合物有点困难，708船的承载能力有限，只能用来调查海底状况。

二是天然气水合物伴生的二氧化碳处理问题，我国此次钻获的实物样品二氧化碳含量低于1%，但国际上所采天然气水合物二氧化碳含量平均在25%左右。目前，尚缺乏可靠技术对开采过程中释出的二氧化碳进行封存。

三是工程技术问题，天然气水合物是在低温高压下形成的产物，外界条件发生变化时，水合物迅速气化，常规钻采技术无法解决。

因此，预计天然气水合物进入到商业利用阶段尚有很长一段路要走。一些发达国家将其时间表预订在2015年前后，我国需抓紧开展相关工作。

4 南海地理概况、地质调查及沉积物

4.1 南海地理概况

4.1.1 南海地理位置

南海是东南亚大陆南端的一个边缘海，跨赤道。最北在台湾海峡南以北，大致以北回归线为界，最南为 3°30′S 的印度尼西亚勿里洞岛北岸。南海北边是华南大陆和台湾岛，西边是中南半岛和马来半岛，南边是苏门答腊岛和加里曼丹岛，东边是菲律宾群岛，包括西北部的北部湾和西南部的泰国湾。周边国家有中国、越南、柬埔寨、泰国、马来西亚、印度尼西亚、菲律宾等。

南海外形大致呈偏菱形，其长轴为 NE30°，轴长约 3140m，短轴 NW 向，宽约 1250m，整个海域面积约 $350 \times 10^4 km^2$。在南海海洋上，散布着大小 200 多个岛屿礁滩，统称为南海诸岛。南海与南海诸岛介于印度洋和太平洋之间，特别是南沙群岛及附近海域，与号称亚洲门户的马六甲海峡仅一水之隔，扼居太平洋、印度洋要冲。在国际航海交通上，中国与东南亚、南亚、西亚、非洲以及欧洲等地来往的航线往往都经过南海诸岛海域；在国际航空交通上，中国、朝鲜、日本与东南亚各地的航线，菲律宾与中南半岛各地来往的航线等都经过南海上空。

南海四周大部分是半岛和岛屿，陆地面积与海洋相比，显得很小。注入南海的河流主要分布于北部，主要有珠江、红河、湄公河、湄南河等。由于这些河的含沙量很小，所以海阔水深的南海总是呈现碧绿或深蓝色。南海地处低纬度地域，是中国海区中气候最暖和的热带深海。

南海的自然地理位置适于珊瑚繁殖。在海底高台上，形成很多风光绮丽的珊瑚岛，如东沙群岛、西沙群岛、中沙群岛和南沙群岛。南海诸岛很早就被中国劳动人民发现与开发，是中国领土不可分割的一部分。南海水产丰富，盛产海龟、海参、牡蛎、马蹄螺、金枪鱼、红鱼、鲨鱼、大龙虾、梭子 鱼、墨鱼、鱿鱼等热带名贵水产。

4.1.2 气候条件

南海属热带海洋季风气候。受低纬热带天气系统副热带高压、热带辐合带、热带低压和热带气旋等的控制，并受中、高纬度天气系统的影响，气候总特点是常夏无冬，盛行季风；6°~7°N 以北，干湿分明，台风活动频繁，为热带季风气候；该线以南，全年多雨，无台风活动，为赤道热带气候。南海北粤东大陆沿岸属南亚热带气候。

4.1.2.1 气温

南海年平均气温自北向南递增，中南部最高，南部赤道带次高。北部为21.2~23.3℃，南澳岛为21.5℃，中部为25~28.3℃，东沙岛为25.3℃，永兴岛为26.5℃，太平岛为27.9℃，最高在暹泰国湾头曼谷一带为28.3℃，南部因雨水多使气温较低些，一般为26.5~27.5℃，新加坡为27.1℃，加里曼加岛古晋为27.2℃。最热月平均气温，南澳岛为7—8 月 27.5℃，东沙岛 7 月为28.8℃，永兴岛为5—6 月 28.9℃，太平岛为4—5 月 29.0℃，曼谷4 月为30℃，古晋为5—8 月 27.8℃，坤甸 5 月为27.2℃。南海各地的最热月气温相差不大，但最冷月气温相差较明显。最冷月 1 月平均气温，南澳岛为13.9℃，东沙岛为20.6℃，永兴岛为22.9℃，太平岛为26.8℃，古晋为26.7℃。按照气温划分四季的标准，则20°N 以南是常夏之海，以北则是常夏无冬、秋去春来的暖热气候。

4.1.2.2 降雨

南海雨量丰沛，大部分海区的年降雨量在1500~2000mm 之间。少雨区在海南岛西边沿海。多雨区在南部，年降雨量在2500mm 以上。大部分海区干湿分明，南部赤道带则全年都是雨季。各地的多年平均雨量，南澳岛为1341mm，上川为 2129.5mm，万宁为 2141.4mm，莺歌海为 1091.9mm，东沙岛为1459mm，永兴岛为 1505mm，太平岛为 1842mm，越南芽庄和昆仑岛为1664.95mm，而加里曼丹岛米里、民都鲁和古晋为3799.6mm。降雨主要由台风和西南季风所致，赤道地带以对流雨为主，马来半岛东岸的东北季风也致雨。平均年降雨日南澳为112.8 天，上川为147.3 天，万宁为161.8 天，莺歌海为102.3 天，太平岛为162 天，古晋为252 天。

4.1.2.3 季风

南海 5 月下旬至9 月的夏半年盛行夏季风—西南风；11 月至翌年4 月中旬

的冬半年盛行冬季风—东北风；4 月、5 月和 10 月分别是过渡季，风向多变。

东北季风主要由亚洲大陆高纬度地区强大的冷高压产生。南下气流受科氏力影响吹东北风。冬季 6 个月内平均每月 2 ~ 3 次，平均风速为 6m/s，阵风风力可达 6 ~ 7 级的天气过程，每次持续 5 ~ 6 天。12 月中旬至翌年 2 月上旬，北方冷高压强盛，强冷空气爆发频繁，大量南下，且持续过程长，气流稳定，风力强劲。

西南季风主要有 3 个方面：一是本海区产生的弱西南季风。二是南半球冷空气爆发北推至印度洋北部，越过赤道后受科氏力的影响，向东越过苏门答腊和马来半岛的西偏南气流。三是澳大利亚一带的冷高压北缘较强的东南气流，从 100° ~ 115°E 越过赤道后形成的西南气流。6—9 月，越过赤道形成的西南季风潮，平均风速 6m/s 以上，阵风风力可超过 10m/s 的天气过程在整个夏季约有 6 ~ 8 次，每次持续 5 ~ 10 天。

南海东北部东北季风较强，南部则西南季风较强。太平岛平均风速 7 月为 6. 1m/s，8 月为 6. 5m/s，而 1 月则为 6. 1m/s。1967 年 8 月一次西南季风的最大风速达 36m/s。

4. 1. 2. 4　热带气旋

副热带高压南侧的低压涡旋，在一定条件下发展为热带低压（中心风力 6 ~ 7级）、热带风暴（8 ~ 11 级）和台风（12 级以上）。南海热带气旋源地通常在 12° ~ 22°N、112° ~ 118°E 海域（即南海中部和北部），四季均可生成，但以 6—10 月为多，最多时每月生成 3 个。南海热带气旋多数在越南和华南大陆登陆，少数移入太平洋，个别就地消失。进入南海的西北太平洋热带气旋，多数在菲律宾，中国台湾、华南大陆、越南登陆。

据 1949—1981 年的 33 年统计资料，在南海活动的热带气旋共 514 次，平均每年 15. 57 次，其中热带低压 148 次，占总数的 28. 8%，平均 4. 5 次/a；热带风暴 366 次，占总数的 71. 2%，平均 11. 1 次/a（台风 198 次，占总数的 38. 5%，平均 6 次/a）。366 次热带风暴中有 206 次是从西北太平洋移入的，占 56. 3%。在南海活动的台风有 75. 3% 来自西北太平洋，而热带低压主要源于本海区。在 148 次热带低压中，本区生成的就有 107 次，占总数的 72. 3%。南海热带风暴和台风活动多集中在 10°N 以北海区，呈东西向带状分布，在 10°N 以南少见，也很少进入泰国湾，偶见热带风暴和台风中心最南到达5. 1°N。南海热带风暴和台风的生命周期平均为 2d，带来狂风暴雨，引起风暴潮和大浪，还导致海岸变形。

4.1.3 南海水文

南海的水系分为沿岸水团和外海水团两大类，二者之间为混合水。沿岸水团环南海沿岸分布，分大陆架水，深受陆地地表径流的影响，其盐度和温度的水平梯度与垂直梯度相对较大，以低盐为其主要特征。外海水团分布于深海盆地和海盆边大陆坡的深水台阶，面积广阔，其温度和盐度均较均匀。混合水主要分布在大河外的外大陆架与大陆坡上部，由冲淡水与外海水混合而成。

4.1.3.1 海水温度

南海表层海水温度一般自北向南递增，北部变化梯度大。多年海水平均温度南澳岛为17.1℃，大万山为19.6℃，涠洲为20.8℃，八所为21.4℃；最热月与最冷月的温差相应分别为11.8℃、11.2℃、12.8℃、9.7℃。中部和南部海区，据船舶报资料显示，多年海水平均温度东沙岛南为27.1℃，西沙群岛为26.8℃，南沙群岛南威岛为27.9℃，曾母暗沙为28.3℃，最热月与最冷月温差则相应分别为4.3℃、5℃、2.9℃、2.0℃。表层水温最高者同气温一致的是在泰国湾头（12°N、101°E），多年平均气温为28.7℃。赤道带的水温和气温都比赤道带北侧略低，马来半岛岸外的瓜拉丁加奴海区（5.2°N、104.4°E）比泰国湾头低0.6℃。

4.1.3.2 海水盐度和密度

沿岸表层海水盐度最低，如华南海岸表层海水盐度多年来一直很平均，南澳岛为32.09‰，大万山为39.63‰，闸坡为28.87‰，清澜为26.64‰。大河冲淡水水舌常年处于口外大陆架。大海表层海水盐度和密度大致为东北大而西南小，冬大夏小。密度大小与盐度大小呈正相关，且两者均随温度的增高而减小。黑潮暖流带来太平洋高温高盐的海水进入南海，导致东北部盐度和密度大。大海表层海水盐度和密度从东沙群岛、西沙群岛至南沙群岛递减，盐度1月份分别为34.00‰~34.25‰、33.25‰~33.75‰、32.50‰~33.25‰，7月份分别为33.50‰~33.75‰、32.75‰~33.50‰、32.25‰~33.25‰。密度1月份分别为23.50‰、22.00‰~22.50‰、21.00‰~21.50‰，7月份分别为21.00‰~21.25‰、20.75‰~21.00‰、19.75‰~20.75‰。

南海北部常存在一个高盐舌，自巴士海峡向西伸，9月至东沙群岛，10月至珠江口外，11—12月至海南岛，翌年1—3月至西沙群岛，4月至湄公河口外，此后逐渐收缩，7 月缩至东沙群岛，8 月缩回巴士海峡。该高盐舌冬盛夏弱。南海西南部有时存在一个低盐舌，12 月开始出现，自西南部大陆架向北伸至 15°N，1 月偏东包括南沙群岛大部，2—3 月伸至 16°N，4 月消失。该盐舌与赤道带雨量大、淡水多以及南沙群岛冬季北上逆流有关。高密度水舌与低密度水舌的分布与高盐舌与低盐舌的分布相对应。

4.1.3.3 潮汐、潮流和风暴潮

南海的潮汐主要是太平洋潮波进入南海的协振动。潮波在传播过程中受海陆分布、水深和科氏力等因素的影响，出现了半日潮、全日潮、不规则半日潮和不规则全日潮等类型，其中以不规则全日潮分布广，全日潮次之。半日潮仅分布在台湾海峡；全日潮分散在菲律宾群岛西岸、北部湾、泰国湾头、加里曼丹岛与苏门答腊岛之间的南海南端等 4 个海区；不规则半日潮分散于广东至琼南的大陆架、湄公河口、加里曼丹岛西北大陆架、马六甲海峡东口等 4 个海区；不规则全日潮以南海中部为中心连片分布。根据调和常数计算结果，广大海区的平均潮差为 0.5m，最大潮差为 1 ~ 2m，最大可能潮差为 2 ~ 3m，沿岸和海湾的潮差比外海大。沿岸最大可能潮差的海区是北部湾头和台湾海峡，为 6 ~ 7m，其次是湛江港外、湄公河口、湄南河口和古晋湾，为 4 ~ 5m，最小的是泰国湾和顺化河口，小于 1m。1968 年 12 月 23 日北部湾铁山港石头埠站实测最大潮差达 6.41m，雷州湾南渡站为 6.10m，湛江站为 5.13m。

潮流的大小与潮差呈正相关，南海大部分海区的潮流流速都小于 0.5m/s，但在台湾海峡、广东沿海和北部湾里，潮流流速多在 0.5 ~ 1.0m/s 之间。海峡的狭管效应使潮流的流速加大，如琼州海峡内的潮流流速最大可达 2.0 ~ 3.0m/s，成为中国著名的强潮流区之一。

华南沿海和越南东部沿岸是风暴潮多发区。广东和海南岛有 3 处显著的台风暴潮区：①雷州半岛东岸和琼州海峡是中国风暴潮最严重的地区，8007 号台风在雷州市南渡海口实测暴潮位为 5.94m，百年罕见。海口市出现过最高 2.48m 实测潮位。②韩江河口区近 80 年来发生的 3 次灾害严重的风暴潮，潮位都在 3m 以上，最高达 3.48m。③珠江河口区查测历史风暴潮位均在 2m 以上，最高达 3.37m，83.9 号强台风在珠江口造成百年未遇的特大风暴潮，沿岸潮位达 2.29 ~ 2.63m，均突破以往器测记录。

4.1.3.4 海流

（1）季风海流。

夏季西南季风时，南半球爪哇海的海水被东南信风驱动，经卡里马塔海峡和加斯帕海峡流入南海。东南信风越赤道进入北半球后偏转为西南季风，驱动海水向东北流，分别在南沙群岛西侧和东侧北上，至南海中部汇合，汇合后分出一支流向中沙群岛至南沙群岛逆向南下补偿南海南部水体，主流继续向东北，分别进入台湾海峡和漂出巴士海峡。流速一般为0.5Kn，在越南东南部岸外可达1Kn。泰国湾和北部湾在夏季表层海流呈较为缓慢的顺风漂流。北部湾口有一个反时针方向的局部环流。

冬季东北季风时，东海和西太平洋海水流入南海，从台湾海峡和巴士海峡向西南流，掠过越南岸外和南沙群岛西侧，过赤道，东北季风偏转为南半球西北季风，驱动海水流入爪哇海。流速一般为0.8Kn，越南东南岸外达2Kn。西太平洋的海水经过苏禄海者有一支海流穿过巴拉巴克海峡向西流，并越过南沙群岛海域至南沙群岛西侧，受西南向海流所阻，部分顺势汇入西南向海流注入爪哇海，部分逆东北风而流，从万安滩、日积礁和永暑礁的西侧向东北流，与越南沿岸的西南向海流背道而驰。一部分南下漂流受到其他陆架阻挡而被迫折向东流，沿南沙海槽北上，这支逆流抵吕宋岛附近时，逐渐向西偏转，随后加入南海西部的漂流中。泰国湾和北部湾在冬季表层环流均呈反时针流动，流速均小于1Kn。春季和秋季是季风交替时期，南海海流随之而转变，此时流势较乱。

南海南部南沙群岛海区的海流较复杂。以CTD资料为基础，系统地描述了该地区水又环流结构的上层0～40m和下层40～1000m模式，指出上层环流主要受季风控制，其流系归结为：①南沙西步沿岸流；②南沙东部沿岸流；③北南沙海流；④南沙中西部逆流。这4支主要海流及其相关的涡旋，构成了该区的环流格局。东部沿岸流终年顺南沙海槽向西南流，西部沿岸流和北南沙海流顺季风沿越南湄公河口外和双子群礁西北面10°～12°N的西南次海盆西部流动，南沙中西部逆流沿西南次海盆东南部尹庆群礁—万安滩外缘逆季风流动。

（2）暖流。

黑潮暖流的一个支流经巴都海峡进入南海东北部，冬伸夏缩，使该海区海水高温和高盐。

南海暖流是一支冬季逆风流向东北的海流，大约在川山群岛至汕头的岸外19°～22°N外陆架水深50～300m以下的海域，存在于表层以下。冬季在南海暖流主流轴的右侧，有一支相当强劲的西南流，称为黑潮南海分支。但南海暖流是非恒定海流，其稳定性和连续性均较差。

（3）上升流。

南海夏季向东北流的海流，从中央海盆到北部大陆坡，爬升到大陆架，形成上升流。从珠江口外经东沙群岛西北直至台湾浅滩西南，沿大陆架边缘水下30～100m水层存在一条宽约30～50nmile的高盐水带，由低层海水向上涌升造成的。海南岛东岸外也存在上升流。

（4）深层环流。

南海的两种季风漂流引起南北两侧海面上升与下降，出现上升流与下降流，迫使中层海水产生流动。在东北季风时期，南海的中层环流与表层环流基本趋势是一致的，只是中层环流的主流在东部，流向东北，最终越过巴士海峡水深为2600m的海槛进入太平洋。西南季风时期，一部分太平洋中层、深层水经由巴士海峡进入南海，且与表层流向相反，至南海中央深海盆南边和西边受南沙台阶和越南东岸大陆坡所阻，逐渐涌升。同时东侧中层水则为一支向北的逆流，却与东侧表层流一致。此时，南海深海盆水得到太平洋来水的不断更新。

（5）沿岸流。

中国沿岸水从台湾海峡进入南海，贴华南大陆海岸西行，从粤东至桂南－20m以浅沿岸水流总方向是终年自东向西，沿途不断接纳地表径流，它是一股低盐的流幅狭窄的地转流。在东北季风时期，它与南海外海的漂流一致，是稳定的。流速在粤东为0.5～0.8kN，在粤西0.3～0.5kN。流至中南半岛后沿越南东岸南下，拐金瓯角进入泰国湾，沿柬埔寨、泰国和马来西亚半岛东岸继续运行。在西南季风时期，中南半岛和北部湾的沿岸流完全被东北向漂流所掩盖，但广东的沿岸流，尤其从珠江口起至广州湾段的沿岸流，基本保持向西流，只是流幅变窄。

加里曼丹岛北岸从文莱向西南沿岸流，以高温和低盐为特征，即使在西南季风时期，仍保持向西南流向。

4.1.4 波浪

南海波浪受季风制约，东北季风盛行东北浪，西南季风盛行西南浪。根据1958—1972年船舶报资料整理的结果，各月的涌浪均大于风浪，年平均波高涌浪为1.8m，风浪为1.3m，一年中平均波高最小的季节是4—5月，为0.7～

0.9m。波高冬季北大南小、夏季中部浪大、南北部浪小。波浪周期大小随季风强弱而变。周期平均，东北季风时期风浪周期为4.0～4.5s，涌浪周期为7.5～8.0s；西南季风时期风浪周期为3.0～3.5m，涌浪周期为7.0s。风浪周期多集中在≤5s的范围内，其出现频率达60%～70%。涌浪周期出现在有季节变化的时候，东北季风期多集中在6～7s与8～9s的范围内，而西南季风期多集中在7～8s的范围内。强冷空气、西南季风潮和热带气旋可使南海大面积海面被10级以上的大风控制，掀起波高8～9m以上的大浪。12级风可掀起14m以上的巨浪。沿岸波浪一般比外海小。沿岸主导波向受制于季风，岸线走向和地形的影响也很显著。

4.2 南海地质调查

我国是世界上最早对海洋进行研究、开发和利用的国家之一。“下沟取泥，铅锤测深”是我国最早创造用来研究底质和水深的简易方法。而采用罗盘导航则是我国对世界航海事业的又一伟大贡献。自古以来，我国早已兴渔盐之私通舟揖之便。“七洲沉、九洲浮”和“沧海桑田”之论则朴素而又形象地概括了海陆变迁和地壳升降等自然规律。

早在两千多年前的汉武帝时，我国便已开通了由广东的徐闻、合浦，向西行至马来西亚半岛、缅甸、印度和斯里兰卡的南海航路。至唐代，航路向西发展到东非等地，为人类历史上开辟了著名的“海上丝绸之路”。明代，我国著名的航海家郑和，于1405—1433年，率领世界上规模最大的船队“七下西洋”，往返于南海与印度洋之间，并将航行中的航向、航程、停泊港口、暗礁、浅滩等绘编成图，为我国和世界的航运事业做出重要的贡献。

国外对南海的地质调查始于20世纪的20年代初。至60年代，日本、美国、苏联等国主要在南海进行了测深和底质取样工作。自60年代开始，由于能源和国防等方面的需要，日本、美国、苏联等国利用新技术、新方法对南海进行了多学科的海洋地质、地球物理调查。调查项目主要有重力、磁力（海、空）、反射和折射地震、地热、底质取样及测深等项目。调查范围南起加里曼丹，北至我国台湾省近海地区，西由马来半岛开始，东至马尼拉海沟和西吕朱持槽。研究内容由初期的海底地形、底质取样扩大到地层、构造相处壳结构等方面。上述综合调查所获得的大量地质、地球物理资料，为南海南部陆架区的石油普查勘探提供了重要的科学依据。

在国外对南海进行综合地质、地球物理的调查研究中，特别值得一提的是1973年亚洲近海区矿产资源联合勘探协调委员会（CCOP）和政府司海洋学委员会（IOC）联合实施的“东亚构造和资源研究”（SEATAR）计划。该计划作为“国际海洋勘探十年”（IDOE）的组成部分，对“东亚和东南亚发展及其成矿和碳氢化食物生成关系”进行了国际间的区域合作调查。历时多年，获得了大量地质、地球物理的资料，最终的调查研究成果于1982年写就《东亚构造和资源研究》专著。该专著及上述国外发表的有关内海的地质、地球物理论文和报告，是研究东亚大陆边缘和南海地质构造的重要参考文献。

我国对南海的地质、地理调查，解放前仅有郭令智、马廷英、徐骏名等学者对南海诸岛进行过珊瑚礁岛屿调查。大规模的海洋地质调查，开始于新中国成立之后。在第一个五年计划期间，我国首次制订了“二十年海洋科学远景规划”，并于1956年提出了“中国近海综合调查及开发方案。”1958年9月至1960年12月，在国家科委海洋组的统一组织协调下，全国10个部门的60多个单位联合进行了我国第一次大规模的北起黄海、南至南海的海洋综合调查。这次调查拉开了南海海洋综合调查的序幕。与此同时，我国地质部和石油部等单位在海南岛和雷州半岛开展了以找石油为目的地质调查。根据陆地上一批浅钻资料，初步建立了新生代的地层层序。地质部地球物理探矿局航空磁测大队为配合地面及海上找油工作，对北部湾和雷琼地区进行了比例尺为1∶100万的航空磁测。石油部石油科学研究院海上研究队分别对莺歌海至三亚30m水深以内以及海南岛西部和西北部窝岸30km内的海域进行了地震普查，结果共发现11个局部构造。

石油部茂名页岩油公司地质处在北部湾首钻一井，揭示了直到石炭系的钻井剖面。该公司与广东省石油管理局海南大队在莺歌海村滨外，首创我国海上钻井记录，分别于莺冲1井、莺冲2井和海2井获得原油，成为我国在南海石油钻探的先锋。

20世纪70年代初，中国科学院南海研究所根据由陆及海、海陆结合的原则，在具体分析了地层、构造、油页岩及油气田的分布以及生、储、盖等方面的石油地质条件后，认为南海北部陆架区具有含油气远景。并上书地质部李四光部长，建议尽快“开展北部湾、莺歌海等地区的地球物理测量”。在李四光部长的支持下，地质部决定在广东省湛江市建立第二海洋地质调查大队。接着石油部在茂名成立了南海石油勘探指挥部。这两个机构的建立为我国在南海的油气普查工作开创了新局面。于是，70 年代，我国在南海北部海域开展了大规模的以普查石油、天然气为主要目的地质、地球物理调查。

1971—1973 年，由第二海洋地质调查大队主持，中国科学院南海研究所参与，对北部湾盆地开展了比例尺为 1∶50 万的以调查海底资源、普查油气为主的海洋综合调查。调查项目计有海底地形、海底重力、海洋磁力、反射地震、海底底质及沉积矿产等。调查报告首次肯定了北部湾盆地的含油气远景，为这里的找油工作坚定了信心。接着又在北部湾海域进行了比例尺为 1∶10 万的地震测量。1974—1979 年，石油部继续在北部湾盆地进行地震普查和详查工作，并于 1977—1979 年在多个构造上进行钻探，其中 8 口探井有 6 口获得油气流。

1974 年，中国科学院南海研究所在佛山会议上，指出珠江口外古三角洲在南海北部陆架区找油的重要性，强调“珠江口外、韩江口外及鉴江口外之古三角洲，可依次成为普查油气的主要地区”。在基本结束北部湾的油气普查工作后，将海上油气普查的重点由北部湾东移至珠江口陆架区。1974—1977 年先后在 114°E 至雷州半岛 20°N 以北海域进行了比例尺为 1∶100 万的包括重磁测深在内的海洋综合调查；并在 111°E 至东沙群岛 16°20′N 以北海域进行了比例尺为 1：200 万的地震、磁力和测深等联合调查。1976—1977 年国家地质总局航空物探大队 909 队在东沙群岛以西、莺歌海以东、中沙和西沙群岛以北海域及沿岸地区进行了比例尺为 1∶100 万的航空磁测，接着又在珠江口海域进行了比例尺为 1∶20 万的航空磁测。上述地质、地球物理调查取得了可喜成果，不仅圈定了珠江口盆地，同时还发现了海南岛东南海域 60km 处的琼东南盆地。1979 年，地质部所钻探 5 井获得高产油流。证实对珠江口海域油气远景的预测是正确的。莺歌海盆地是我国 20 世纪 50 年代最早进行普查勘探以拥有 29 处之多的油气而著称的含油气盆地。20 世纪 60 年代，钻了 3 口浅井，并于海 2 井发现了低硫、低蜡、低凝固点的原油。70 年代中期，石油部继续工作，根据地层和钻井资料，发现了沉积厚度达万米的新生代沉积地层，具有各种类型的圈闭 100 多个，先后共打 4 口井，莺 6 井发现生物礁，莺 9 井获得油气流。

自 20 世纪 70 年代起，中国科学院南海研究所依次展开了包括海洋沉积专业在内的南海中部海区、东北部海区和南沙群岛海区的综合科学考察，涉及了整个南海海底。

1973—1978 年，中国科学院南海研究所在南海北部大陆架调查研究的基础上，对位于南海北部陆坡区的西沙群岛、中沙群岛及其邻近海域共进行了 11 个航次的航程达 3 万余海里[1]的海洋综合调查。在地质、地球物理方面主要包括岛屿地质地貌、珊瑚礁地质地貌、海底底质、微体古生物、测深、重力、磁力等多项内容。1976 年，中国科学院南海研究所与国家海洋局南海分局合作，在南海北部海域（114°00′～115°00′E、17°N 以北）获得 3000km 的测深、重力和磁力测量剖面。1977—1978 年由中国科学院南海研究所又在南海中部（109°30′～118°00′E、12°～19°N）的广大海域进行了 5 个航次、历时 260 多天、航程二万多海里的海洋地质、海底地形、海洋沉积、岛礁地貌、重力和磁力测量，以及其他学科的海洋综合调查。其中特别值得提出的是，中国科学院南海研究所首次获得一批横穿南海北部陆架、防坡直至中央海盆的连续水深测量剖面和重磁测量剖面，并在中央海盆首次获得水深 4380m 的表层沉积物样品。调查期间，中国科学院南海研究所分别于 1977 年 10 月和 1978 年 6 月，对位于南海中央海盆中部的黄岩岛，进行了我国首次包括地质地貌、地球物理在内的多学科综合调查。在上述调查资料的基础上，出版了《南海中沙、西沙群岛附近海区调查报告》和《南海海区综合调查研究报告》。1979 年，中国科学院南海研究所在完成南海中部和北部的海洋综合调查后，又将工作重点移至南海东北部海域，开始了中国科学院南海研究所建所以来最大规模的海洋综合调查。自 1979 年夏至 1982 年冬，中国科学院南海研究所在南海东北部广大海域（113°～120°E、17°～23°30′N）共进行了 14 个航次、历时 510 天、航程 52000 余海里的海洋综合调查。调查总面积达到 $65\times10^4km^2$，是中国科学院南海研究所建所以来规模最大、航次最多、历时最长、学科最多的一次海洋综合调查。在这次调查中共获得测深、重力和磁力测量剖面一万多公里，为研究南海东北部海域地形、地质构造、重磁场特征提供了宝贵的第一手资料。

1980 年 8 月，中国科学院南海海洋研究所“实验 3 号”海洋综合考察船在南海深海盆地“3－2－9”站用重力取样管进行了垂直取样。取样站位置 115°E 、18°N，水深 3700m，取得土柱长约 75cm。为了阐明南海深海沉积与古气候的关系，曾对土柱作了粒度、有孔虫、同位素测年等及年代分析。

---

[1] 1 海里（nmile）＝1.852km。

南海地区岩层的地震地层结构研究，从20世纪70年代以来，国内外已做了大量的调查研究工作。1987—1994年，中国科学院南海海洋研究所“实验2号”地球物理调查船在南沙群岛海域先后进行了6个航次的综合地球物理调查，其中完成多道反射地震测量13833km，声呐浮标折射地震测量23个站位。

近年来，国家领导和国土资源部、科技部、财政部、国家计委等部委领导非常重视天然气水合物的调查与研究。首先是对我国管辖海域历年来做过大量的地震勘查资料进行分析，在冲绳海槽的边坡、南海的北部陆坡、西沙海槽和西沙群岛南坡等处发现了海底天然气水合物存在的BSR标志。并在对海底天然气水合物的成因、地球化学、地球物理特征、外北采集、资料处理解释、钻孔取样、测井分析、资源评价、海底地质灾害等方面进行了系统的研究，并取得了丰富的资料和大量的数据。

自1984年始，我国地质界对国外有关水合物调查状况及其巨大的资源潜力进行了系统的资料汇集。广州海洋地质调查局的科技人员对20世纪80年代早、中期在南海北部陆坡区完成的2万多千米地震资料进行复查，在南海北部陆坡区发现有BSR显示。根据国土资源部中国地质调查局的安排，广州海洋地质调查局于1999年10月首次在我国海域南海北部西沙海槽区开展海洋天然气水合物前期试验性调查。完成3条高分辨率地震测线共543.3km。2000年9—11月，广州海洋地质调查局“探宝号”和“海洋四号”调查船在西沙海槽继续开展天然气水合物的调查。共完成高分辨率多道地震1593.39km、多波束海底地形测量703.5km、地球化学采样20个、孔隙水样品18个、气态烃传感器现场快速测定样品33个。获得突破性进展。资料表明：地震剖面上具有明显似BSR和振幅空白带。BSR界面一般位于海底以下300~700m，最浅处约180m。振幅空白带或弱振幅带厚度约80~600m，BSR分布面积约2400km^2。以地震为主的多学科综合调查表明：海域天然气水合物主要赋存于活动大陆边缘和非活动大陆边缘的深水陆坡区，尤以活动陆缘俯冲带增生楔区、非活动陆缘和陆隆台地断褶区水合物十分发育。

1990年中国—德国南海“季风追踪”合作计划SO 72航次和1994年中国—德国南海晚第四纪古海洋调查合作项目SO 95航次的R/V SONNE（德国“太阳号”海洋调查船）多学科海底地质取样结果表明，在南海北部大陆架和大陆坡以北海底存在着明显的沉积物分带性分布特征。南海北部大陆架海区海底沉积物也存在6种沉积类型的带状分布格局，粉砂质黏土、粉砂质砂分布在海区的北部，砂—黏土质粉砂分布在海区的南部，砂分布在粉砂质砂和砂—黏土质粉砂之间。

1998 年我国正式加入 ODP 计划，由汪品先院士等提出的大洋钻探建议书“东亚季风历史在南海的记录及其全球气候影响”，在 1997 年全球排序中名列第一，并作为 ODP 第 184 航次于 1999 年 2 月至 4 月在南海顺利实施。南海的 ODP 第 184 航次在南海南北 6 个深水站位钻孔 17 口，取得高质量的连续岩心共计 5500m。在国家自然科学基金委的大力支持下，经过几年艰苦的航次后研究，取得了数十万个古生物学、地球化学、沉积学等方面高质量数据，建立起世界大洋 3200 万年以来的最佳古环境和地层剖面，也为揭示高原隆升、季风变迁的历史，为了解中国宏观环境变迁的机制提供了条件，推进了我国地质科学进入海陆结合的新阶段。

ODP184 航次 1148 站的地层覆盖了几乎南海海盆扩张的全部历史，第一次为分析南海盆地演化提供了沉积证据。深海相渐新统的发现，表明海盆扩张初期已经有深海存在。而渐新世晚期约 2500 万年前的构造运动，揭示了东亚广泛存在的古近纪、新近纪之间巨大构造运动的年龄。

根据 ODP184 航次 1144 钻井资料揭示，在南海海域东沙群岛东南地区，一百万年以来沉积速率为 400 ~ 1200m/Ma，莺歌海盆地中新世以来沉积速度很大。资料表明：南海北部和西部陆坡的沉积速率和已发现有丰富天然气水合物资源的美国东海岸外布莱克海台地区类似。南海海域水合物可能赋存的有利部位是：北部陆坡区、西部走滑剪切带、东部板块聚合边缘及南部台槽区。本区具有增生楔型双 BSR、槽缘斜坡型 BSR、台地型 BSR 及盆缘斜坡型 BSR 等 4 种类型的水合物地震标志 BSR 构型。从地球化学研究发现南海北部陆坡区和南沙海域，经常存在临震前的卫星热红外增温异常，其温度较周围海域升高 5 ~ 6℃。特别是南海北部陆坡区，从琼东南开始，经东沙群岛，直到台湾西南一带，多次重复出现增温异常，它可能与海底的天然气水合物及油气有关。

2001 年，广州海洋地质调查局继续在南海北部海域进行天然气水合物资源的调查与研究，计划在东沙群岛附近海域开展高分辨率多道地震调查 3500km，在西沙海槽区进行沉积物取样及配套的地球化学异常探测 35 个站位及其他多波束海底地形探测、海底电视摄像与浅层剖面测量等。另据我国台大海洋所及台湾中油公司资料，在台西南增生楔，水深 500 ~ 2000m 处广泛存在 BSR，其面积为 $2 \times 10^4 km^2$，并在台东南海底发现大面积分布的白色天然气水合物赋存区。

天然气水合物采集实物样品是公认的世界性难题。目前，只有美国、德国、日本、印度获取天然气水合物样品。国土资源部从1999年开始，启动天然气水合物海上勘察，历时9年。2007年5月，国土资源部中国地质调查局在我国南海北部神狐海域首次成功钻获天然气水合物实物样品。此次采样的成功，使南海神狐海域已成为世界上第24个采到天然气水合物实物样品的地区，也是第22个在海底采到天然气水合物实物样品的地区和第12个通过钻探工程在海底采到水合物实物样品的地区。我国也因此成为继美国、日本、印度之后第4个通过国家级研发计划采到水合物实物样品的国家，证实了我国南海北部蕴藏丰富的天然气水合物资源，标志着我国天然气水合物调查研究水平步入世界先进行列。

4.3 南海海底沉积物及其性质

4.3.1 表层沉积物及其性质

中国科学院南海海洋研究所1964年起对南海北部大陆进行了系统的底质采样，1973年起，依次开展了南海中部海区、东北部海区和南沙海区的综合调查研究，底质采样的站位随之较均匀地遍布整个南海。南海海底各种底质的主要特征分述如下。

4.3.1.1 北部陆架区

（1）含砾的砂或砾质砂：呈斑块状展布，是现代或残留的高能环境下的沉积。在韩江口外，沉积物中砾石含量为10%～17%，砂的含量高达79%～89%，以中、粗砂为主。其概率累积曲线形态与维谢尔的潮流三角洲曲线相似。韩江口外是海水涡动扩散强烈的地区，海水以底层涨潮进水为主，含砾的砂便是在这样的高能环境下形成的。

海南岛东北部是一迎风面，破浪带逼近海岸，于是在沿岸地带便形成了一条高能环境下的含砾的砂的沉积带，岸上为狭长的海滩，海滩背后为高达30m的风成沙丘带。

（2）砂：分布在116°E以东，水深50～200m的中外陆架上。主体部分砂级的含量均大于90%，以细砂为主，次为极细砂或中、粗砂。具有往东变粗，以中砂为主；往西变细，极细砂含量增加。并含较多的粉砂和黏土的特点。概率累积曲线形态与维谢尔波浪带浅海砂的曲线形态相似。

琼州海峡及其东、西出口形成的水下潮流三角洲，是现代高能水动力条件下形成的以砂质为主的底质分布区，其中夹杂了含砾的砂或砂质砂的沉积。往返运动的潮流在海峡形成了强大的海流，将陆架上的残留砂和沿岸供给的物质不断地簸扬筛选，琼州海峡的两端便成了喷射口，从而塑造了海峡东西出口规模宏大的三角洲。

在113°E以东的外陆架前缘200m深附近的一片砂，分选很好，是早期高能海滨地带的产物。由于这一地区目前已经远离海岸，加之水深，基本上未受到现代沉积作用的叠加或改造。

分布在北部湾—中南半岛沿岸的砂，多在短源河流的河口附近。中南半岛东侧受海流作用的影响，砂成带状顺岸分布，而北部湾湾顶的河口砂则呈舌状分布。但是，出露在北部湾中部的砂是末次冰期时期低海面的沉积。

（3）含粉砂的砂或粉砂质砂：分布东沙水下台阶水深100～1000m的跨陆架外缘和陆坡上部，砂的含量为49%～99%，变化较大，以极细砂及细砂为主。粉砂含量通常在20%左右，偶尔可见砾石。以富含海绿石为特征，个别站位可大于10%。

珠江口以西，50～200m水深的广阔中外陆架上，分布着粉砂质砂或含粉砂的砂，以细砂、极细砂为主，含有较多的粉砂及黏土，分选性差，在频率直方图上呈双峰甚至多峰状。其中的一些粒度分析的概率累积曲线，可以识别出潮上带、潮间带、和破浪带等滨海环境下的沉积。据此可推测本区底质的主要部分是更新世末期冰期低海面的滨海沉积，其中细粒部分—粉砂和黏土多是现代陆源沉积。这一片的沉积是残留沉积经过后期沉积叠加改造而成。

（4）黏土质粉砂：本类沉积基本上平行海岸展布，分布在50m水深以浅的内陆架。通常，粉砂含量为50%～60%，黏土含量为40%～50%；粗粒部分以极细砂为主，含量小于10%。这些沉积物绝大部分是陆源碎屑，由广东沿海的河流供给，其中以珠江水系供给为主。

北部湾里的黏土质粉砂与粉砂质黏土的展布状态，主要受物源条件和海湾这种半封闭性浅海环境的制约。

（5）砂—粉砂—黏土：这是一种混合沉积，是砂或粉砂质砂与黏土质粉砂或粉质黏土这两个类底质之间的过渡类型，在平面分布上也是与这两类底质相邻的。实质上它是晚更新世残留沉积受到较强烈的叠加改造的产物。

（6）粉砂质黏土：分布在广州湾中部，是尚海北部大陆架上最细粒的沉积。它的黏土粒级含量特别低，而且以小于0.002mm的为主；大于0.063mm的通常小于10%，这部分沉积明显与陆架上的其余地段不同。这与广州湾所处的地理位置有关。粤西的SW向沿岸流受到雷州半岛的阻挡而折向南流，流速变缓，与雷州半岛向北的沿岸流交汇，在广州湾形成了一个逆时针的涡旋。本区的细粒底质就是在这种滞水及环流共同作用下形成的。

4.3.1.2　南部陆架区

（1）砾质砂或含砾的砂：通常是与生物礁发育有关的粗粒沉积，底质图上只圈出了曾母暗沙以东的一小片。主要为珊瑚碎屑，陆源碎屑含量少，常小于10%，多为细砂粒级，以石英为主。

（2）砂：分布在水深50～200m的陆架上。砂粒级的含量通常大于75%，变化在67%～98%之间，粉砂粒级含量一般为12%，黏土粒级的含量通常小于10%，而砾石的含量一般小于5%。分布在广阔的陆架上的底质以细砂和极细砂为主，分选性好，因此在频率直方图上为单峰型。

（3）粉砂质砂：分布在纳土纳群岛以东，水深50～100m，砾石的含量小于5%，砂与粉砂粒级含量均为40%左右，黏土粒级的含量一般为10%～20%，最大可达25%。实质上是一种混合沉积。分选性差，在频率直方图上没有明显的峰凸，在累计曲线图上呈平缓而略带起伏的曲线形态。沉积物中粒级大于0.063mm部分以生物碎屑为主。

（4）砂—粉砂—黏土：分布在纳土纳群岛和阿南巴斯群岛一带，水深50～100m。砂粒级含量变化为16%～46%，粉砂含量为23%～59%，黏土含量为19%～26%，砾石含量为0～4%。陆源碎屑多为褐色铁质砂屑，次为石英及少量重矿物。

（5）黏土质粉砂：分布在陆架前缘一岛坡地带，水深100～1000m。在陆架前缘，砂粒级含量通常小于20%，粉砂级含量为32%～69%，黏土粒级含量为22%～47%。在岛坡地带，砂粒级含量变化较大，在2%～89%之间，通常小于20%。粉砂粒级含量变化在24%～50%之间，以30%～50%居多。黏土粒级含量变化在23%～67%之间，以20%～40%居多。在岛坡地带，底质的粒度变化很大，岛礁附近的沉积物较粗，常可见砾石级的碎屑，随着水深加大而迅速变细。沉积物中大于0.063mm的部分，基本上由生物碎屑组成。

4.3.1.3 陆坡—海盆

（1）钙质生屑粉砂质黏土：分布于陆坡，水深200～3000m。粉砂粒级含量通常为30%～40%，黏土粒级的含量普遍大于50%，砂粒级含量为10%～5%。随着水深的加大，沉积物的粒度相应变细。而陆源碎屑的含量则随之减少。在砂粒级中这种变化尤为明显。

（2）含钙的硅质生屑粉砂质黏土：分布在水深3000～4000m的海盆区。砂粒级的含量小于5%。粉砂粒级含量为30%左右。黏土级含量为60%左右。沉积物中硅质生物含量随水深加大而增加，而钙质生物含量则减少，呈明显的相互消长关系。

（3）深海黏土：分布在水深大于4000m的中央深海盆中，沉积物以黏土为主，含量通常大于70%，砂粒级含量为2%左右。

南海地处热带，因之在沿岸、大陆架和大陆坡等地带，有珊瑚生长，形成珊瑚裾礁、环礁等各种与珊瑚有关的沉积体。其中尤以海南岛、东沙群岛、西沙群岛、中沙群岛和南沙群岛最为突出。

在南海的表层沉积物中，还有火山物质、铁锰结核和浊流沉积等。虽然这些沉积物的数量比较少，分布比较局限，但它们的形成却是特定的地质作用的结果，往往具有重要的理论意义或者潜在的应用价值。

根据南海表层沉积物的沉积环境、特征和来源的不同，可分为陆源碎屑、生物源、生源—陆源、火山—生源—陆源等4类8种沉积成因类型。在南海北部，沿大陆边缘分布的沉积物主要是陆源碎屑成因类型的近岸现代陆源泥、近岸现代陆源砂和粉砂、及浅海（古滨海）残留砂。在南海北部陆坡东沙群岛东边以及西沙群岛东北部附近主要分布生物碎屑成因的半深海—深海钙质泥、深海硅质泥。

半深海—深海钙质泥主要出现在南海西北部和东南部陆坡区（水深一般为400～2000m），后者分布较广，两者都以NE向分布为主，大体平行海岸。钙质泥多为灰色、黄灰色，部分为黄褐色，其在深水一侧与硅质泥成渐变关系。主要是因有孔虫和介形虫等生物壳在外陆架含量迅速增加，而在下陆坡逐渐减少的缘故。沉积物的粒径多为小于0.004mm的泥，含粉砂，含有孔虫和其他钙质生物壳屑，含$CaCO_3$大于30%，少部分大于22%，最高含量大于70%。还有含黏土矿物、火山碎屑和锰结核等。

深海硅质泥多见于下陆坡—深海盆，水深一般为 3000 ~ 4000m，呈近 SN 方向分布，与下陆坡—深海盆地形方向基本一致。其中部被深海黏土和火山物质沿 EW 方向隔开，接触界线均属渐变。硅质泥含量为 30% ~ 55% 的 SiO_2，以放射虫为主，硅藻次之。有含放射虫大于 30% 的放射虫泥，以及含放射虫和硅藻 30% 的硅泥两个亚种，前者为黄灰色或黄褐色，分布于黄岩岛西南边，水深约 4000m，还含有硅藻和少量海绵骨针等。

南海北部陆架区的表层沉积物由内到外呈明显的分带性，内侧为呈带状的细粒沉积，外侧为较粗粒度的沙质。广东沿岸一带沉积物的空间分布呈带状，为东北—西南向，底质为细沙和粉沙质黏土软泥。汕头附近的粉沙质黏土软泥分布较窄；向外为沙质沉积，是南海北部沙质分布最广的地带。珠江口外有较大范围的粉沙质黏土软泥。琼州海峡地区多为细沙和中沙，呈平行于海岸的带状分布，深水槽内有砾石出现。北部湾的表层沉积物分布与渤海有些类似：岸边粒度细，中央粒度较粗。湾内底质以粉沙质黏土软泥为主。北部和西南部为粉沙底质；中为沙质；东部较复杂，细沙、粉沙皆有，偶有砾石出现。

南海北部陆架区细粒沉积物的颜色一般为黄褐色，随着粒度变粗，颜色渐渐加深，多为灰黑色和青灰色；沙质沉积的颜色常为绿色和灰白色。南海西部越南沿岸的底质以软泥及黏土质软泥占优势，在湄公河及红河口附近有一条淤泥带。南海南部陆架的表层沉积物以沙和泥质沙为主，并有砾石、贝壳、珊瑚和石枝藻等。南海东部岛屿附近的底质较复杂，有沙、沙质软泥、岩石、贝壳、珊瑚、石枝藻及根足类——抱球虫等。南海大陆坡上的沉积物，主要为软泥及黏土质软泥。南海中央深海盆地的底质，多为含抱球虫、放射虫与火山灰的黏土质软泥，近期还发现有锰结核或锰壳。

关于沉积层的物理力学性质研究，文献不多见。卢博等（2005）测得南海北部大陆架海区（水深 30 ~ 70m 区域）海底表层沉积物密度为 1.48 ~ 1.92g/cm^3，平均值为 1.70 g/cm^3；沉积物含水量为 34% ~ 95%，平均值为 55.8%；沉积物孔隙度为 71.8% ~ 80.1%，平均值为 79.9%；沉积物颗粒中值粒径为 0.10221 ~ 0.5471mm，平均值为 0.2117mm。沉积物命名有粉砂质砂、砂—黏土质粉砂、砂 3 种类型。沉积物纵波声速在 1573 ~ 1741m/s，平均值为 1643m/s；沉积物横波声速在 281 ~ 611m/s，平均值为 307m/s。

魏巍（2006）测定了南海中沙天然气水合物远景区浅层沉积物的物理力学

参数。其取样点水深为4000m左右，取样深度为海底浅表层（1m以内）。

4.3.2 深部沉积物及其性质

关于南海浅层沉积物的研究已经有很多成果，但关于深部沉积物的报道，文献还不多见。黎明碧等（2002）利用中德合作“南海地球科学联合研究”SO-49航次所采集的地震测线，对南海北部陆缘的新生代地层层序进行了划分，并与北部珠江口盆地的层序进行了对比，共识别出了SB_1、SB_2、SB_3、SB_4、Tg共5个主要反射界面（图4-1）。但是关于沉积物的纵剖面的报道，却非常鲜见。

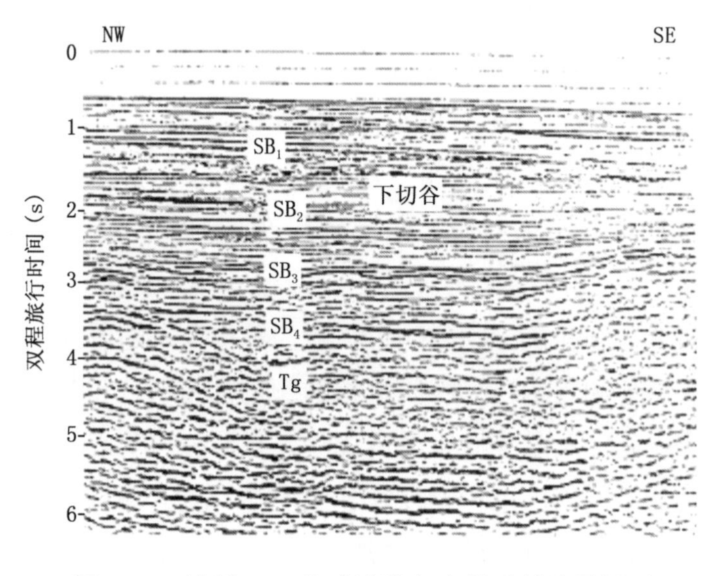

图4-1 神狐——统暗沙隆起中部反射地震剖面

本次调研收集到的南海北部地质钻孔的资料以南海ODP184航次揭示的海底沉积物信息为主。ODP184航次在南海北部共布置了5个深水钻钻孔14口（表4-1），由于1147站与1148站非常近，且1147站的最大钻井深度较小，仅作为对1148站描述的补充。钻孔岩样分析项目包括碳酸钙、有机碳、总氮、总硫等，主要对每个站位的A孔取样分析，取样间距基本为3m，其中碳酸钙为所有样品分析，有机碳、总氮、总硫等通常为每3个样品分析1个。同时对岩心样品的烃类气体进行顶空气分析，其取样间距通常为每段岩心取1个样品。下面分别介绍1144站、1145站、1146站、1148站位所取得的沉积物剖面。ODP184在南海北部站位分布图见图4-2。

表 4-1　南海北部大洋钻探 ODP184 航次钻井概况

站号	钻孔数	位　　置	水深 (m)	最大井深 (m)	井底沉积物年龄 (Ma)	岩心总长度 (m)
1144	3	20°03′N、117°25′E	2037	452	~1	1100
1145	3	19°35′N、117°38′E	3175	200	~3	555
1146	3	19°27′N、116°16′E	2092	600	~19	1450
1147	3	18°50′N、116°33′E	3246	80	~1.4	240
1148	2	18°50′N、116°34′E	3294	850	~32	1000

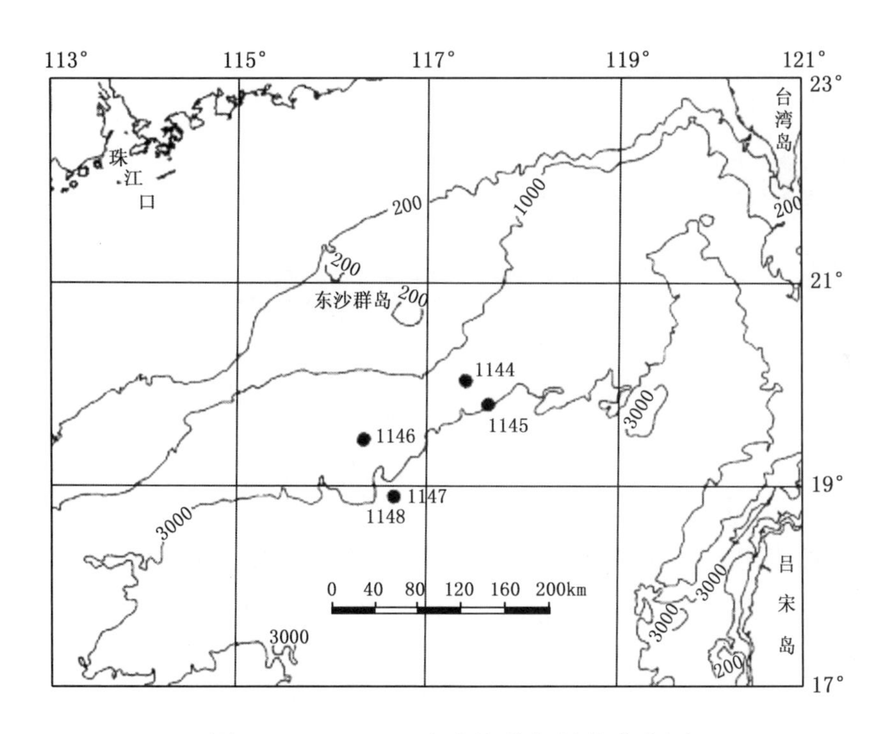

图 4-2　ODP184 在南海北部站位分布图

4.3.2.1　1144 站钻孔剖面描述

1144 站位于东沙群岛东南方位，站孔位置是 20°03′N、117°25′E，站点水深 2037m，是 ODP184 航次最北面的一个钻位。ODP184 在 1144 站位共打了 A、B、C 等 3 口井，其中 A 井深度达到海底下面 453m，B 井深度达到海底下面 452m。地温测量的结果显示，沉积物的中地热增温率只有 24℃/km，远低于专家预测的水平，究其原因，可能与较快的沉积速度以及海水的循环有关。1144 站附近沉积物的沉积速度极高，平均沉积速率达到 410m/Ma，其中上部 0 ~ 250m 平均沉积速率高达 870m/Ma，下部 250 ~ 519m 平均沉积速率达 370m/Ma，最高达1000m/Ma。最低为324m/Ma。在1144站采集到的沉积剖面记录了南海北部更新世及全新世的沉积层，通过微体古生物研究，确定其年龄约1.2Ma，主要沉积物是浅海相的暗绿色黏土，含石英及方解石粉砂，钙质超微化石和浮游有孔虫丰富，沉积物中有机碳的含量较高，且含有各种各样形态的黄铁矿物。沉积物中碳酸盐含量较低，通过站位的地震剖面见图4-3。

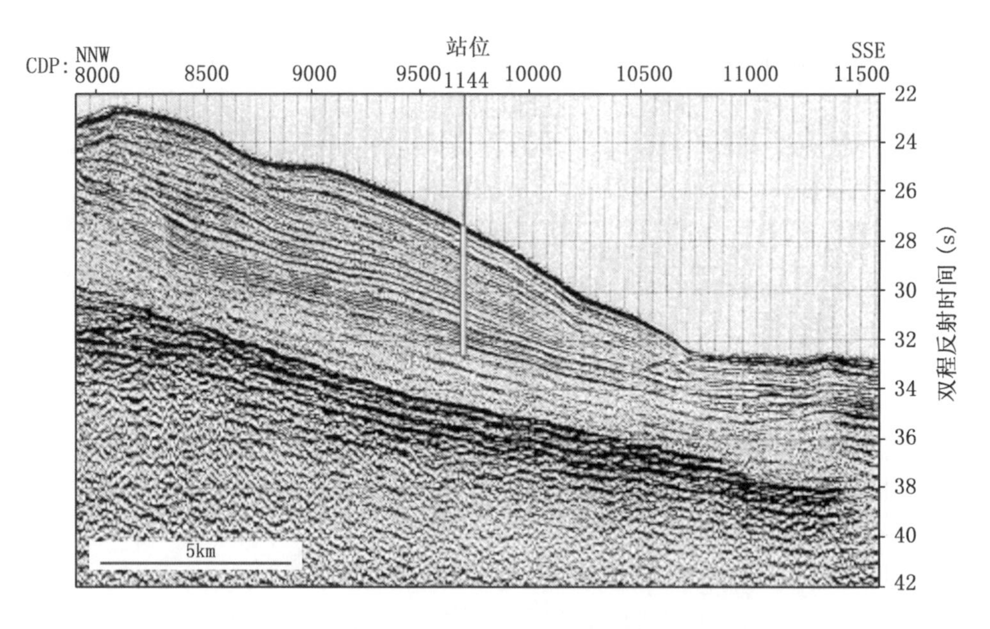

图4-3　ODP184航次1144站位反射地震剖面

气体分析表明，1144站A孔甲烷浓度总体较高，除顶部的样品仅2.7ppmv❶外，其余的均界于2925~64982ppmv之间，浓度随深度大致可分为4段：0~20m，平均浓度为2.7ppmv；20~145m，平均浓度为34193ppmv；145~375m，平均浓度为14620ppmv；375~455m，平均浓度为41873ppmv。1144、1146、1148各站位烃类气体浓度见图4-4。1144站钻孔地质剖面见图4-5。

4.3.2.2　1145站钻孔剖面描述

1145站位于19°35′N、117°38′E，站点水深3175m，较1144站深1000多米。ODP184在1145位共打了A、B、C井3口井，其中井A和井B深度均达到海底下面200m，井C深度达到海底下面198m。地温测量的结果显示，沉积物的中地热增温率为90℃/km。在1145站采集到的沉积剖面记录了南海北部中上新世到全新世的沉积层，通过微体古生物研究，确定其底部沉积物的年龄

❶　1ppm是指百万分之一的意思。v是指体积，即一百万体积中含1体积，下同。

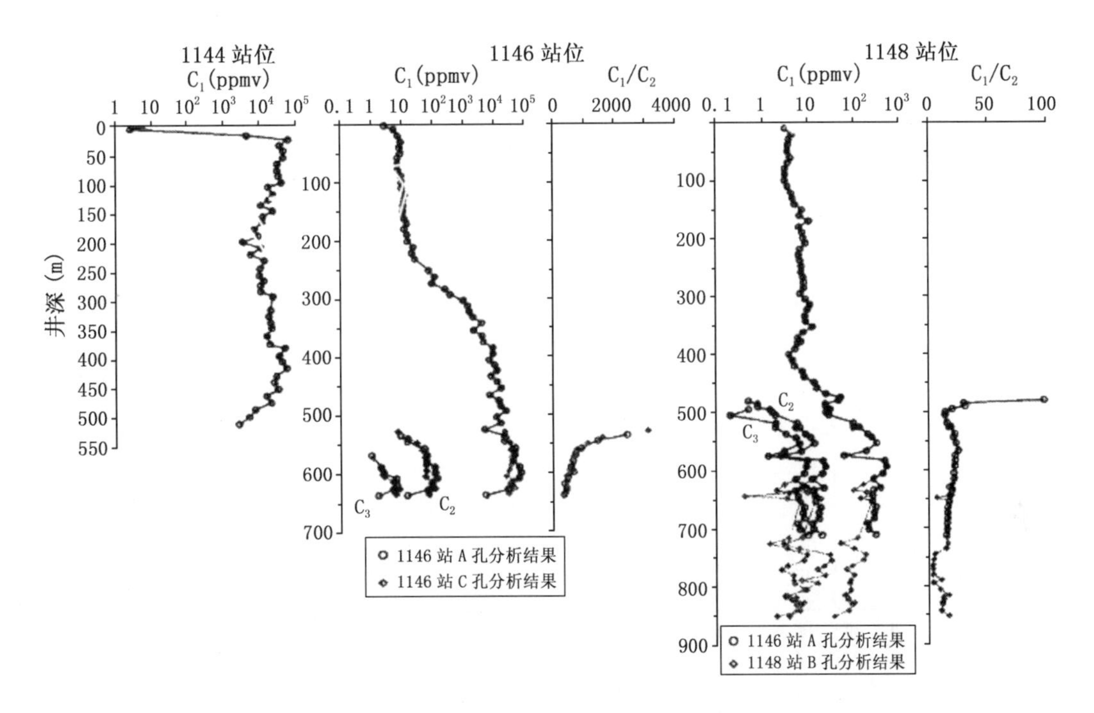

图 4－4　1144 站、1146 站、1148 站位烃类气体浓度

约 3.3Ma，主要沉积物是浅海相的沉积黏土，富含碳酸钙。沉积物沉积速率较高，总体由上往下降低，上部在 60m 左右，平均沉积速率为 227m/Ma，到底部为 40m/Ma。1145 站采集到的更新世的沉积物主要由经生物强烈扰动的黏土夹 0.5～4.0m 厚的薄层的富含碳酸盐的黏土层组成。通过站位的地震剖面见图 4－6。

在 1145 站样品中检测到微量的甲烷，浓度为 2.5～15.9ppmv，平均为 9.05ppmv，未检测到其他烃类气体。1145 站钻孔的地质剖面见图 4－7。

4.3.2.3　1146 站钻孔剖面描述

1146 站位于 19°27′N、116°16′E，站点水深 2092m。1146 站位钻井剖面可提供南海北部陆坡中水深相对较浅部位中等沉积速率的近海相沉积续列，其时间跨度是中新世中期至晚期，约 10Ma。ODP184 在 1146 位共打了 A、B、C 共 3 口井，其中井 A 深度达到了海底下 607m，取心率为 100%，井 B 深度均达到海底下面 245m，取心率 99%，井 C 深度达到海底下面 604m。沉积物以半深海泥质沉积为主，碳酸盐的含量相对较高，其沉积速率相对较低，约为 30～350m/Ma。通过站位的地震剖面见图 4－8。

1146A 孔甲烷的浓度从顶部往下呈递增趋势，沉积物中甲烷的含量在 231m 以下开始明显增大，从 3ppmv 到 85205ppmv。可大致分为 3 段：0～

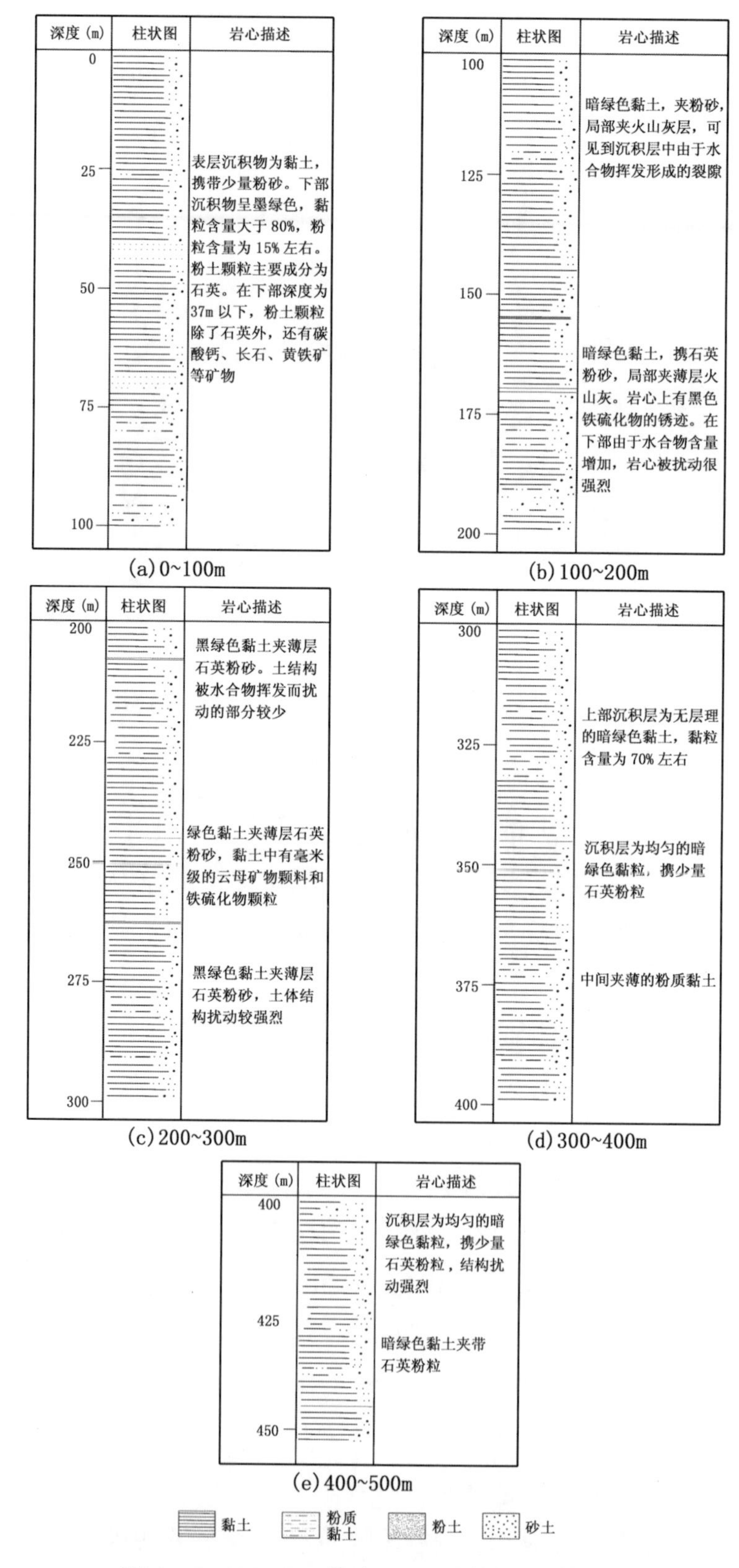

图4-5　ODP184航次1144站钻孔地质剖面

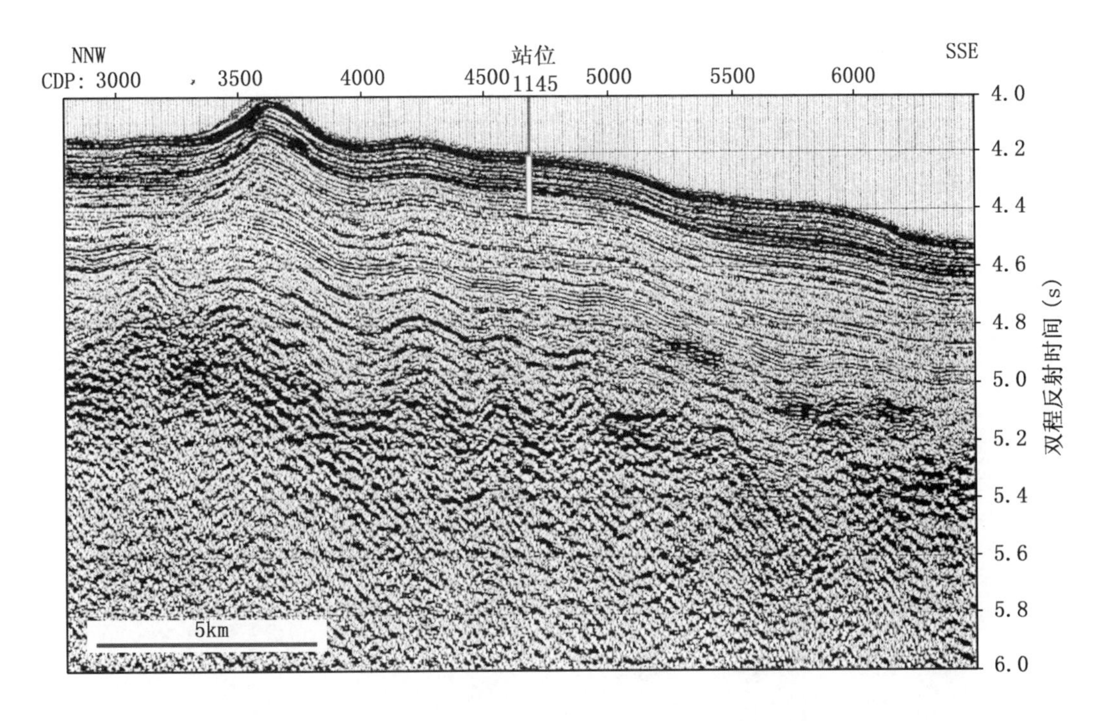

图 4-6　ODP184 航次 1145 站位反射地震剖面

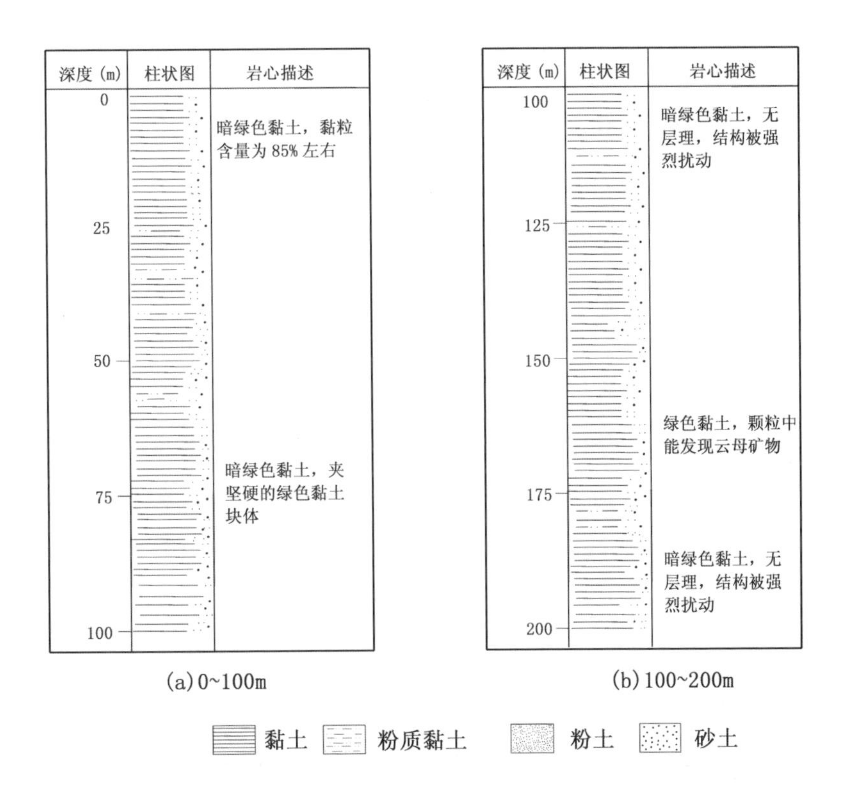

图 4-7　ODP184 航次 1145 钻孔地质剖面图

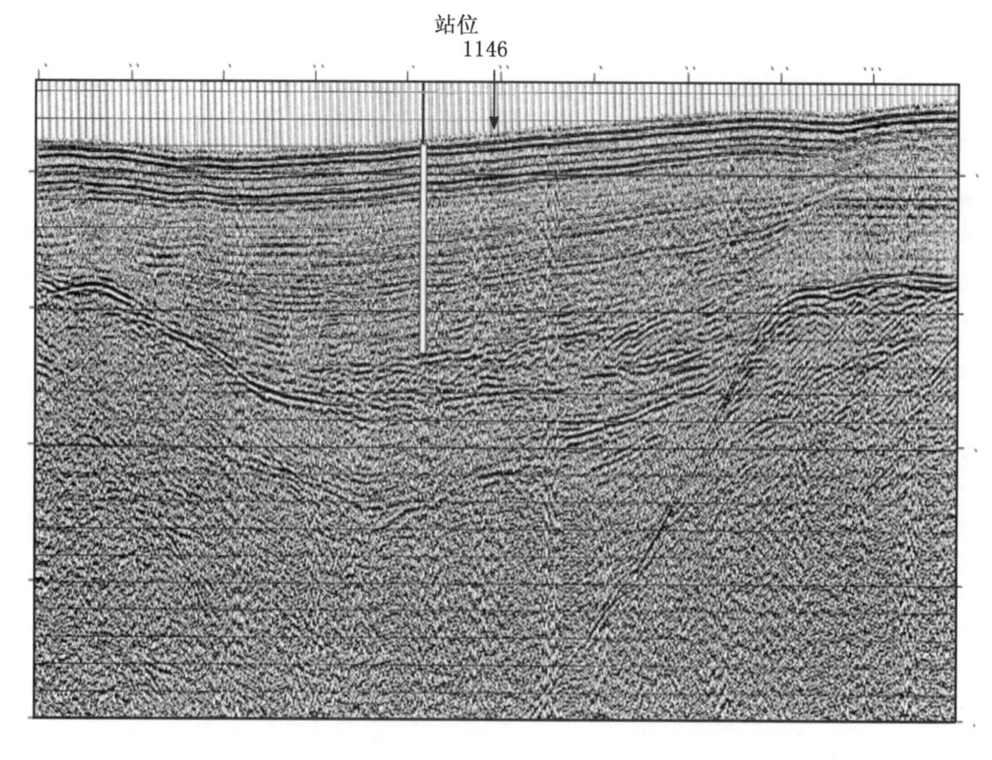

图 4 - 8　ODP184 航次 1146 站位反射地震剖面

295m，浓度为 3 ~ 396ppmv，平均为 44.6ppmv；295 ~ 530m，浓度为 1089 ~ 27016ppmv，平均为 9689ppmv；530m 以下，总体浓度较高，为 23595 ~ 85205ppmv，平均为 50879ppmv。乙烷和丙烷从第 3 段开始出现，最初出现在 536m 和 568m，乙烷浓度为 10 ~ 155ppmv，平均为 76.1ppmv，丙烷浓度为 0 ~ 7.3ppmv。1146 站钻孔地质剖面见图 4 - 9。

4.3.2.4　1148 站钻孔剖面描述

南海 ODP1148 站位于东沙群岛西南方，其位置为 18°50′N，116°34′E，水深 3294m。其所取岩心通过微体古生物分析发现其底部沉积物年龄为 32.8Ma，该站是南海大洋钻探中取心最长、年代最老的站位，岩心资料详细记录了渐新世以来南海北部的沉积历史。沉积物为半深海沉积，以暗灰绿色黏土及微体生物化石为主，含有石英、方解石粉砂以及少量硅质软泥和火山灰夹层，铁的硫化物如黄铁矿等普遍存在，生物扰动强烈，但不同层段成分差异明显。1148 站在绝大多数层段取心率高达 95% 以上，但在 476 ~ 600m 及 790 ~ 859m 之间取心率总体较低，部分层段甚至不到 5%。这些层段往往是构造活动强烈时期，特别是在 476m 左右，所有参数均出现明显的突变和跳跃，是大的构造运

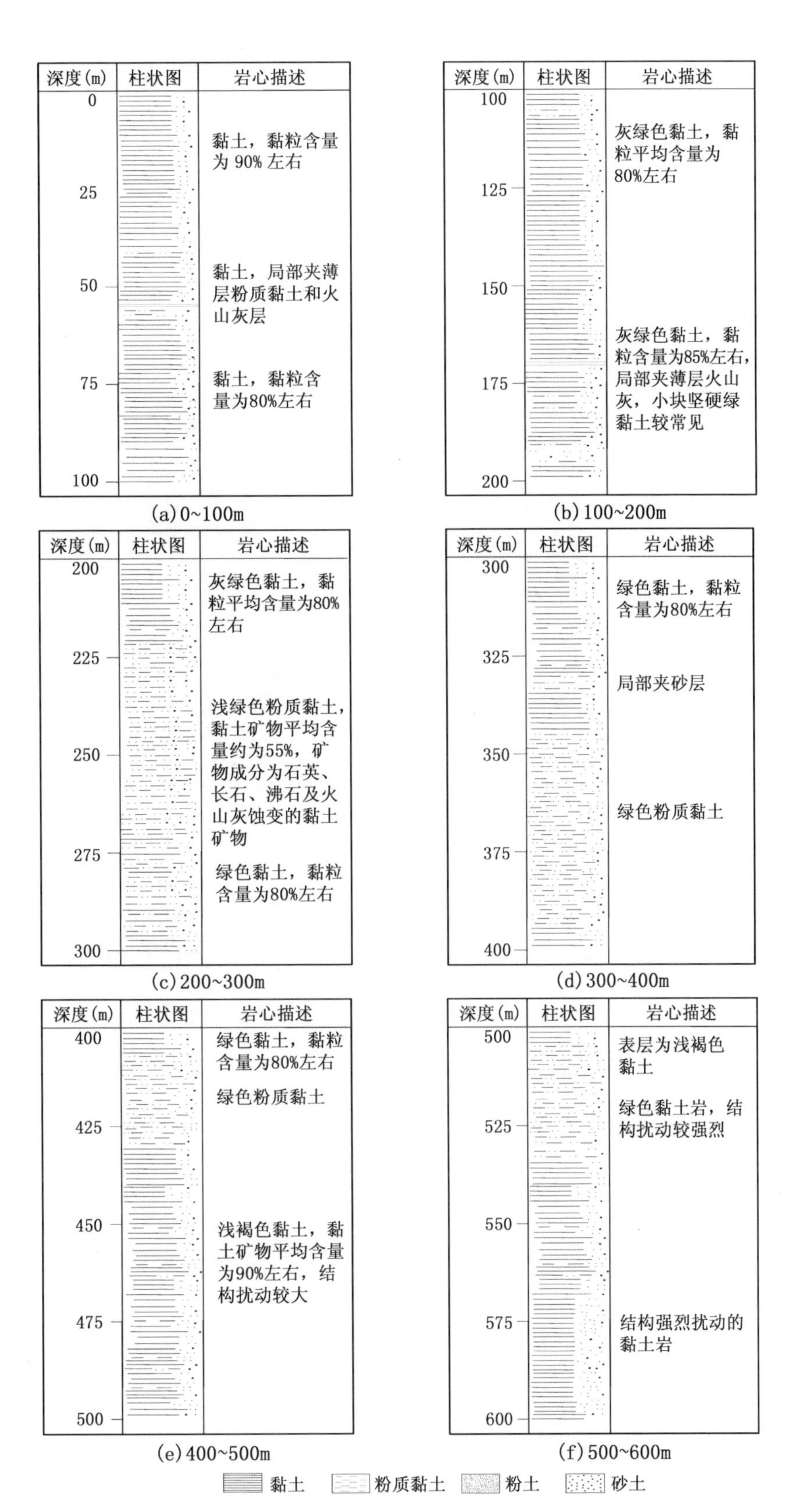

图4-9 ODP184航次1146站钻孔地质剖面图

动的集中表现。由于这些低取心层段的存在，使1148站平均取心率为89.8%。通过站位的地震剖面如图4－10。

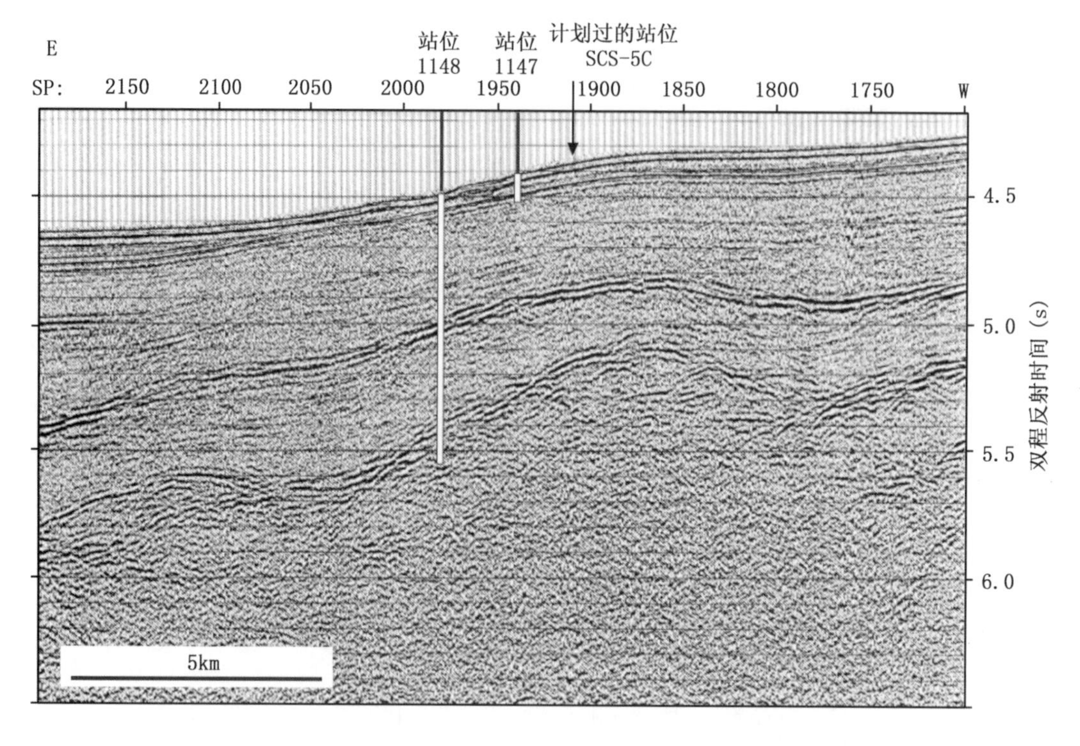

图4－10　ODP184航次1147站位、1148站位反射地震剖面

1148站位孔沉积物中甲烷的浓度从上往下呈增大的趋势，大致可分为3段：0～510m，浓度较低，为3.2～53.3ppmv，平均为10.8ppmv，其中440m以上，甲烷的浓度小于10ppmv；510～720m，为高浓度段，为63.7～568.6ppmv，平均为261ppmv，其中在574m附近有较小的下降，在592m处达到最大值，往下浓度下降；720～860m，浓度下降，为38.1～190.3ppmv，平均为92.7ppmv。

乙烷和丙烷在1148站位首次出现在480m和495m处，均属于甲烷浓度较低的第一段，但其浓度随深度增加明显上升，丁烷、戊烷等出现在691m附近，为甲烷浓度较高段。乙烷和丙烷浓度的峰值在583～593m处，分别为25ppmv和10ppmv，与甲烷高浓度层位一致，在该处取样率较低。1148站钻孔地质剖面见图4－11。

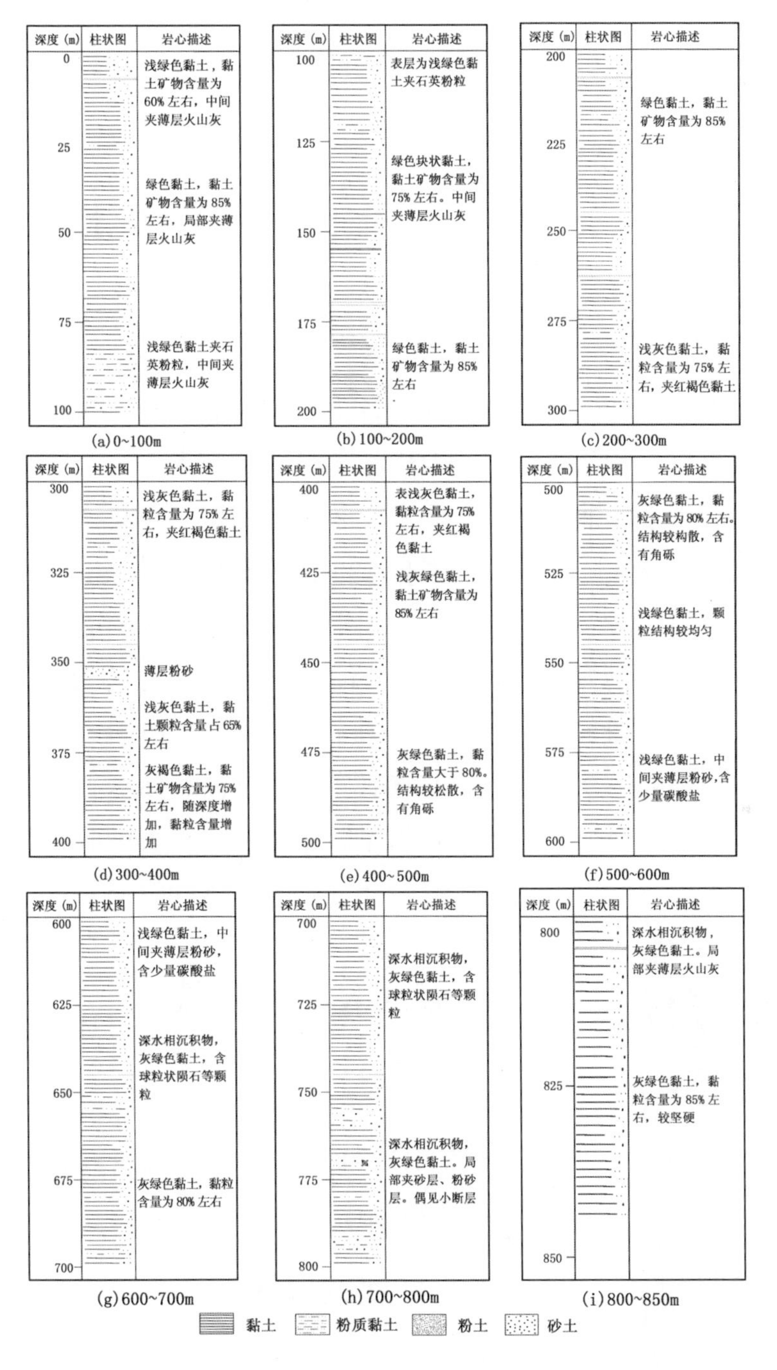

图 4-11　ODP184 航次 1148 站钻孔地质剖面图

小结

本节主要介绍了南海地质调查和沉积物的物性，通过对 ODP 几个站位的资料分析，了解南海地质沉积及岩性，对于在该地区进行钻探取样设备的设计提供理论依据和设计思考与支撑。

5 天然气水合物取样技术

勘探开采海底天然气水合物资源，首先要了解原位天然气水合物的性质和确定海底天然气水合物的资源量，取样技术是关键技术。

美国休斯敦大学石油化学及能源专业教授米切尔·伊科诺米季斯指出，未来能源不是来自美国大陆，也不是来自欧洲，更不是来自北极的野生生物保护区，而是深海和超深海。因此，世界各国为了获得深海中的能源投入了大量的人力物力，开展深海勘探与开发技术的研究。自 20 世纪 60 年代开始，苏联、美国、德国、英国、加拿大等许多发达国家和一些发展中国家为了获取海底地层资料，采用多种取样技术进行了地质取样，通过样品标示出了天然气水合物的存在区域。这些取样技术根据样品赋存条件分为海底表层取样技术和海底深层钻探取样技术。

5.1 海底表层取样技术

海底表层取样技术一般依靠调查船实施，使用的取样器有：柱状取样器、拖拽式取样器、抓斗式取样器和海底深潜器。

5.1.1 柱状取样器

柱状取样器又称取样管，可垂直插入浅海或深海表层松散沉积物中，采集柱状样品，用于颗粒分析、化学分析和微古生物分析。柱状取样器（图 5－1）由多种能量驱动，分类如图 5－2 所示。

图 5－1 柱状取样器

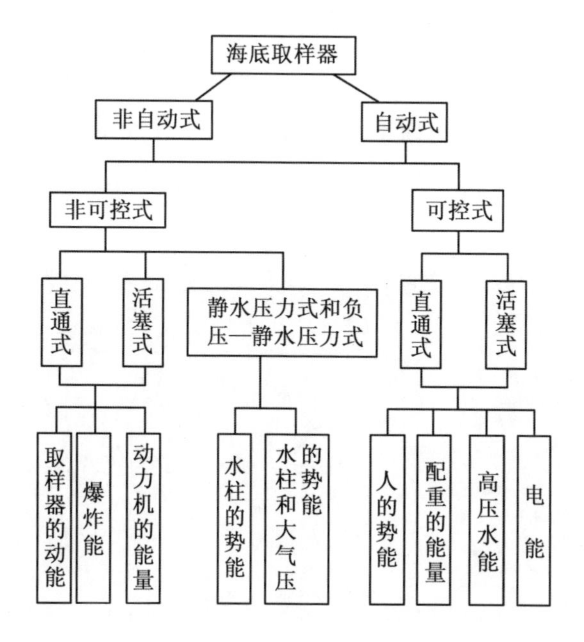

图 5－2　海底柱状取样器的分类

5.1.2　拖曳式取样器

拖曳式取样器有圆筒形和箱形两种，均无盖、有网眼（图 5－3）。

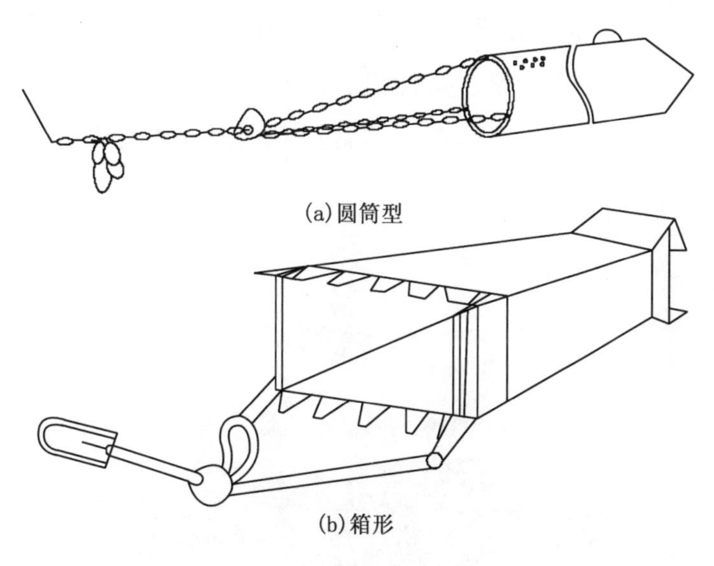

(a)圆筒型

(b)箱形

图 5－3　拖曳式取样器

5.1.3 抓斗式取样器

抓斗式取样器有挖泥斗、蚌式采样器、抓斗采样器（图5－4）。

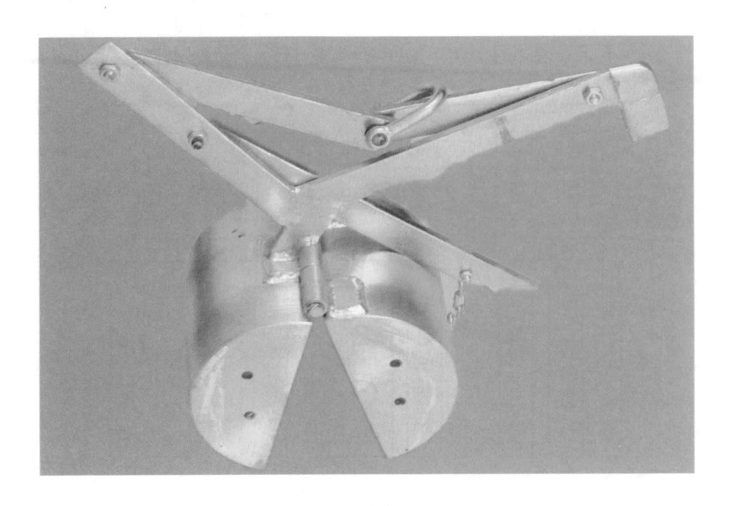

图5－4 抓斗式取样器

5.1.4 海底深潜器

海底深潜器有常压载人深潜器（ADS）、无人有缆遥控深潜器（ROV）（图5－5），和无人无缆深潜器（AUV）。一般配备的调查设备有侧扫声纳、浅地层剖面仪、海洋要素测量仪、摄像机、照相机和多自由度机械手等。可用于海底考察、搜索、打捞和救生作业。通常把能在海底进行钻探取样作业的深潜器称为海底遥控钻机。

图5－5 无人有缆遥控深潜器 ROV

5.2 海底深层钻探取样技术

5.2.1 国外海底深层钻探取样技术

国外海底深层钻探取样技术是随着海洋科学钻探技术的推进而发展和完善的。国际大型海洋科学钻探计划为探索地球深部而实施，至今已近半个世纪。在漫长的过程中共经历了 3 个阶段。初试阶段是从 1957 年开始的莫霍面钻探计划（Mohole）。后因学术界的严重分歧和商业界的激烈竞争以及经费预算过高于 1966 年夭折。第一阶段是从 1968 年开始的深海钻探计划（DSDP，Deep Sea Drilling Project）。该钻探计划最初由美国独自组织实施约 8 年，到 1975 年先后又有法国、德意志联邦共和国、日本、英国和苏联 5 国参加。这个时期被称为国际合作大洋钻探阶段（International Phase of Ocean Drilling，简称 IPOD），DSDP 进行到 1983 年共实施了 16 年。经过两年准备后，以美国为首多国参与的大洋钻探计划（Ocean Drilling Program，简称 ODP），即国际海洋科学钻探计划第二阶段于 1985 年开始实施。ODP 比 DSDP 规模更大、技术难度更高、投入资金更多。ODP 共实施 19 年，已于 2003 年 9 月 30 日圆满完成。从 DSDP 到 ODP 共经历了 36 年，这两项国际海洋科学钻探计划所取得的科学成就震惊世界，可与卫星、飞船上天等航天科技成就相媲美，是地球科学发展史上的重大里程碑。

钻探计划中天然气水合物的取样技术也在不断改进完善。20 世纪 80 年代以前，主要是通过一般海底钻探来进行天然气水合物的勘探和研究。由于在获取和提升岩样过程中没有采取保持天然气水合物贮存条件的措施，当样品提升到常温、常压的海面时，其中含有的天然气水合物全部或大部分分解了。这给判断天然气水合物是否存在和存在的数量，并开展对天然气水合物的进一步研究带来了很大困难。在这种情况下，只能根据岩样是否有温度变化、流态变化、湿度增大及孔隙水盐度降低等基本辅助标志来判断天然气水合物存在与否。

为了获取保持在原始压力条件下的天然气水合物样品，科学家们研制了一种保压取心筒 PCB。希望取得的样品尽量不发生分解，通过分析样品中气压变化与化学组成判断天然气水合物的存在，并研究天然气水合物的成因和来源。

20世纪80年代初期，在美国布莱克海底高原DSDP503站位对保压取心筒PCB－Ⅲ型进行了现场试验，标志着PCB－Ⅲ型作为先进的海底钻探设备开始进入实际应用阶段。之后，1995年11月至12月，在布莱克海底高原ODP第164航次首次系统全面地使用由PCB改进的保压取心器PCS进行取样，结果取得了部分成功。PCS在海底以下0～400m深度范围内以及较低的沉积物固结程度条件下，取心效果令人满意。

海底深层钻探取样器需要采用钻探船实施，是取得海底深层原始状态样品，识别天然气水合物及其他矿物元素的最直接方法。目前，使用各种海底深层钻探取样器已经在世界许多地方获得了天然气水合物样品，例如：布莱克海岭、中美洲海沟、秘鲁大陆边缘、里海等地。下面就对各种用于天然气水合物取样的海底深层钻探取样器进行简要介绍。

5.2.1.1　保压取样筒PCB

PCB是国际深海钻探计划（DSDP）使用的保压取样筒（图5－6），是一套绳索高压取样筒，底部装有高压密封球阀，球阀内通径58mm，上部有取样机构、排气孔和减压阀等。取样筒沿钻具下放与钻头锁紧实施取样，取样结束截断岩心后，下放绳索打捞工具，靠上提绳索产生的拉力激活一系列机构，先使球阀和排气孔关闭，然后打开释放机构使取样筒脱离钻具。PCB中的浮动活

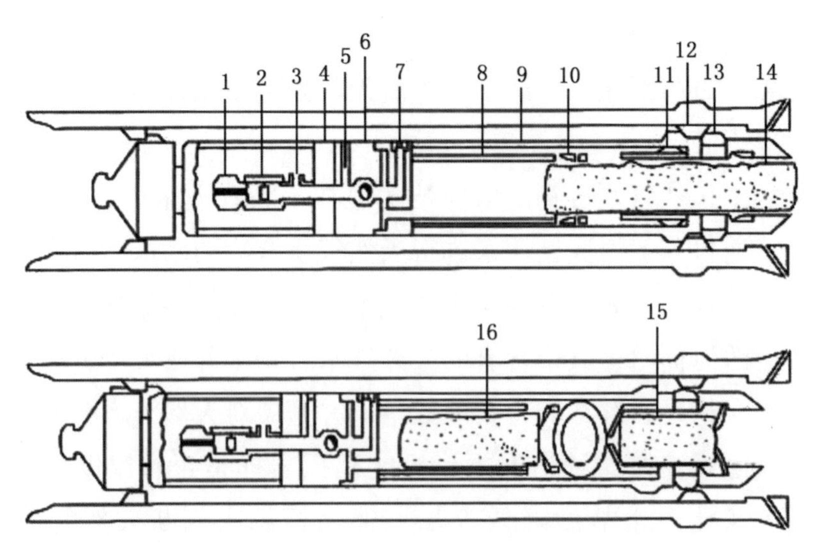

图5－6　PCB结构示意图

1—泄压阀；2—蓄能器；3—取样口；4—样品短节；5—流体排出孔；6—机械孔；7—泄压短节；8—岩心内衬；9—MP35N岩心筒；10—岩心爪；11—球阀；12—支撑轴承；13—闩；14—岩心；15—非保压岩心；16—保压岩心

塞式蓄压器需要预先充 27.5MPa 氮气，一旦 PCB 内压力超过 27.5MPa，活塞开始压缩氮气。当岩样筒内的压力超过 34.4MPa，泄压阀打开排出蓄压器中的氮气，保持 PCB 内部压力不大于 34.4MPa，这样就保持了天然气水合物的原始压力状态。当 PCB 到达甲板上后，可通过仪器监测岩样的压力和温度，并在可控条件下排出分解产生的气体和流体。PCB 可在同一回次中取多段保压岩样。

5.2.1.2 保压取样器 PCS

PCS 是在 PCB 基础上研制的用于 ODP 的保压取样器（图 5－7），是一种自由下落式展开、液压驱动、钢丝绳提取的取样工具。PCS 理论上在 70MPa 的高压下可取长为 860mm、直径为 42mm 的岩样，曾在 ODP146 等航次取得了接近原位压力的岩样、气体和水。

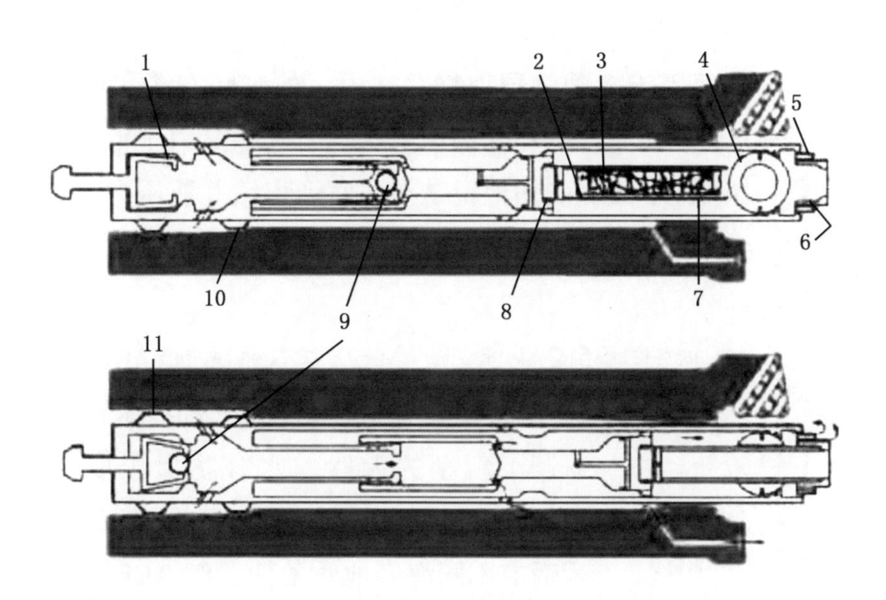

图 5－7 PCS 的基本结构及工作流程示意图

1—球托；2—非旋转岩心筒；3—岩心；4—球阀；5—导向钻头；6—循环喷嘴；7—岩心爪；8—岩心筒轴承；9—启动球；10—台肩；11—PCS 横闩

PCS 由锁紧装置、启动装置、蓄能器装置、多支管装置、球阀装置和可拆卸的岩样室等 6 部分组成。工作过程是：取样作业结束，孔底岩样被切断；关闭钻探钻井泵的同时取样钢丝绳和 PCS 相连，先向上提起井底钻具组合 BHA 上的固定座以释放启动球，然后下降 PCS 使之回到 BHA 固定座上；重新启动钻探泥浆泵，给钻杆加压，使 PCS 的启动装置工作，将岩样室关闭；最后通过取样钢丝绳将 PCS 提取出来。PCS 提到甲板后，可利用分离系统将气体或液体样品分离出来，也可将岩样室直接放入冷藏室保存。

5.2.1.3　保温保压取心器 PTCS

PTCS 由日本石油公司石油开发技术中心委托美国 Aumann & Associates 进行设计、制造和室内实验，总体结构和工作原理与 PCS 相似，不同点是增加了保温功能。通过岩心衬管和内管之间增加保温材料和注入液态氮，并在钻进过程中配合钻井液冷却装置和低温钻井液实现保温。PTCS 分别于 1997 年在加拿大的马更些三角洲和 1998 年在试验场进行正式试验。多次改进后，日本使用 PTCS 在“南海海槽”海洋探井的主孔和追加探井进行了取心。主孔从海面以下 1175～1254m 井段共取样 27 次，进尺 79m，取岩样 29.11m，采取率 37%；追加探井从海面以下 1149～1233m 井段，经过 4 个水合物层，共取样 12 次，进尺 36m，取岩样 16.92m，采取率 47%。

5.2.1.4　保压取样筒 ESSO－PCB

ESSO－PCB 主要用于含油气层取样，在内、外管间有第三层的传统取样管，可以补偿向上移动期间温度和外部压力变化引起的筒内压力变化，从而岩样可以在储层压力条件下或更确切地说是在孔底静止钻井液压力下取出。可取岩样直径 42.9mm，岩样长度 165.1mm。该工具在深海钻探计划中使用过，并取得较好成绩。

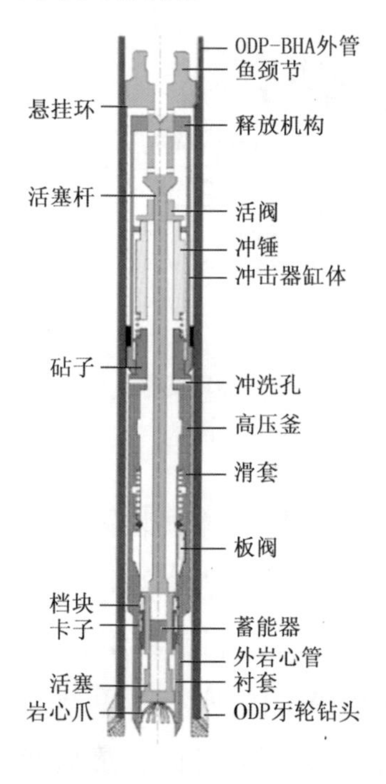

图 5－8　FPC 的基本结构

5.2.1.5　欧盟保压取心系统 HYACE

1997 年，欧盟海洋科学和技术计划（MAST）研制了新型的天然气水合物保压取样系统 HYACE。HYACE 是保持原位压力的沉积物取样器，为适应不同海底地质条件，HYACE 分为冲击式采样器 FPC（Fugro Pressure Corer）和旋转压力取样器 FRPC（Fugro Rotary Pressure Corer）。

（1）FPC。FPC（图 5－8）是由欧盟投资开发的一种推力和锤击式取样器，可在保持压力和温度条件下实现密封。FPC 用钻井船或半潜式钻井平台在 2500m 范围内施工。可在非常软到硬的页岩、松散到非常致密的土层、水泥质的砂层或泥岩中获得高质量的天然气水合物岩样。

FPC 可获得直径 58mm、长度 1m 的保压岩样。自2002年在各种预探井中多次成功回收带压岩样，实际回收成功率达80%（表5－1）。

表5－1 FPC的主要参数

工具长（m）	直径（mm）	重量（kg）	岩样长度（m）	岩样直径（mm）	高压腔最大压力（MPa）
10	100	450	1	58	25

FPC作业分3个步骤：第一步，用绳索把FPC送入钻杆内并坐到密封台肩上，切削钻头通过大钻头的孔伸出；第二步，开泵，把钻井液泵入工具，推动取样筒进入地层，当地层阻力超过了2.75MPa的钻井液压力，压力开始驱动冲击锤工作，使前部的取样筒行程达到1m，岩样通过切削钻头进入塑料衬筒内；第三步，用绳索将装有岩样的衬筒拉入高压筒内，利用特殊的阀自动关闭，实现岩样的密封保压，压力最高可达25MPa。当FPC到达甲板后要立即将高压部分与工具分离，在现场冷却实验室内通过转移系统，在不损失压力的情况下取出岩样。然后可以使用X射线、P波速度和伽马射线等进行测试，在压力环境下观察深部的岩样。最后可以脱气、切割转移或将岩样保存在高压储存箱内等待进一步实验。

（2）FRPC。FRPC由欧盟投资德国克劳斯技术大学设计，属于HYACE项目。FRPC用钻井船或者半潜式钻井平台施工。最初是为沉积物和硬岩地层设计的，经过修改，可以用来钻软、未固结和页岩地层，应用范围适应各种沉积岩。

FRPC利用内置马达驱动钻头前部切削钻头，可钻入地层获得直径50mm，长度1m的带压岩心。与FPC类似，FRPC也是通过一个特殊的翻板阀密封保持压力，最高压力可达25MPa。自2002年FRPC成功用于5种不同的预探井，多次回收全直径和全压的岩样，实际回收成功率90%。FRPC的切削钻头使用窄缝和镶嵌PDC切削元件的螺旋钻孔方式，减少了对岩样的冲刷和污染（表5－2）。

表5－2 FRPC的主要参数

工具长（m）	直径（mm）	重量（kg）	岩样长度（m）	岩样直径（mm）	高压腔最大压力（MPa）
10	100	450	1	50	25

5.2.1.6 液压活塞取样器FHPC

FHPC（Fugro Hydraulic Piston Corer）是一种利用绳索回收的液力活塞式取

样器，一直作为非保压取心工具在世界范围内几个水合物项目中使用。FHPC 取样操作连续、不停顿、高效，能提供平台以下 200~300m 层段几乎完整的海底沉积岩样。多年的应用证明该工具牢固、灵活、维修少，比其他所知道的任何取样器获得的海洋沉积物岩样受干扰都少。FHPC 使用的塑料衬管外径 71mm，内径 66mm。FHPC 根据长度分为短型 4. 6m、长型 9. 1m 和中等多用途型 7. 6m。可通过 Fugro 的井底钻具组合与 FPC 或 FRPC 进行转换，实现钻井作业的多样性。

大洋深海钻探计划 ODP 针对水合物取样的航次较多，但真正取到天然气水合物样品的航次很少，根据目前的资料统计，只有 164 航次、204 航次和 303 航次取到了天然气水合物样品。164 航次中，在 16 个孔内进行了的钻探取样，共取样 262 次，取样进尺 2080. 2m，岩样长 1503. 15m，平均岩样收获率 72. 26%，其中使用保压取心工具在 8 个孔内进行了取样，共取样 39 次，取样进尺 39m，岩样长 12. 37m，平均岩样收获率 31. 72%，其中有一个孔内取到天然气水合物样品（图 5 -9）。204 航次中在 36 个孔内进行了取样，共取样 467 次，取样进尺 3674. 5m，岩样长 3068. 29m，平均岩样收获率 83. 5%。使用的工具与取样数据见表 5 -3，其中有一个孔内取到天然气水合物样品（图 5 -10）。

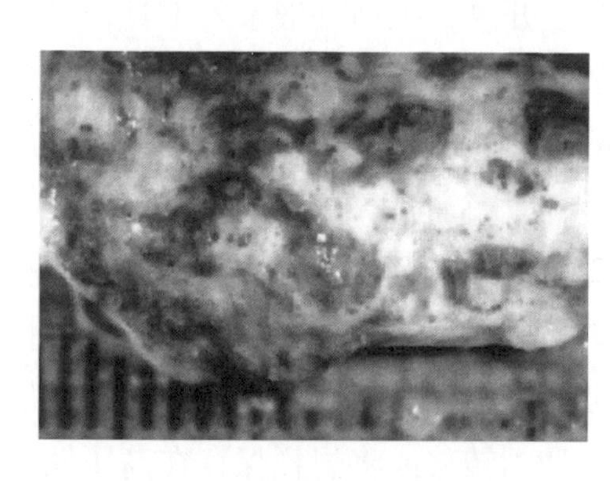

图 5 -9　在 164 航次中取到的天然气水合物岩样

表 5 -3　204 航次使用的取样器与取样数据统计表

取样工具	取样进尺（m）	岩样长度（m）	平均收获率（%）	取样次数
FPC	10	7. 99	79. 9	10
HRC	8	2. 98	37. 25	8
LWC	45	14. 01	31. 13	8
APC	2112. 1	1861. 25	88. 1	244
ECB	1393. 8	1125. 32	80. 74	150
PCS	39	38. 26	98. 1	39
HCB	66. 6	18. 48	27. 75	8
合　计	3674. 5	3068. 29	83. 5	467

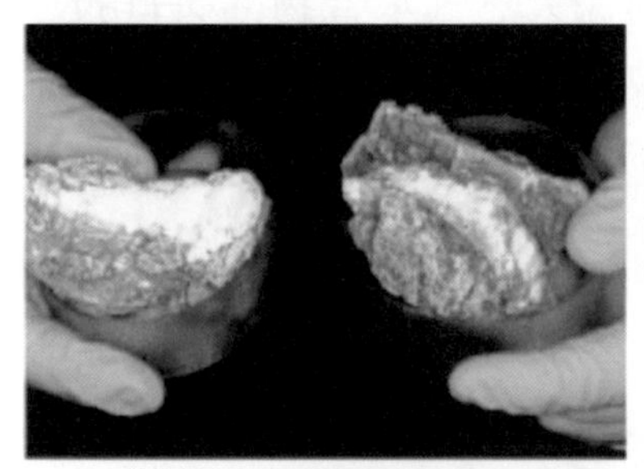

(a)204-1244C-8H-1，47~52cm

(b)204-1244C-8H-5，48~80cm

(c)204-1244C-10H-2，83.70~84.39m bsf[1]

图5-10　在204航次中取到的天然气水合物岩样

5.2.2　国内海底深层钻探取样技术

我国在天然气水合物取样钻探技术的研究方面起步较晚，2000年8月，国土资源部国际合作与科学技术司率先启动了“天然气水合物保压取心钻具研究”，2001年，国家又将“天然气水合物保真取样钻具的研制”列为“863”计划。研制出了绳索打捞不提钻保真取样钻具和提钻保真取样钻具，进行了室内试验，由于条件限制未进行海上现场试验。2006年国家“863”高新计划又设立重大项目“天然气水合物勘探与开发”，把“天然气水合物钻探取心关键技术”列为项目课题，经过4年的探索和研究，天然气水合物钻探取样的关键技术如钻探过程中对天然气水合物的保温保压技术、高压密封技术、取样器纵向和周向锁定技术及差动技术等均取得了突破。初步形成了绳索伸出式保压取样器WEPC（Wireline Extend Pressure Corer）、绳索旋转式保压取样器WRPC（Wireline Rotary Pressure Corer）和钻柱式旋转保压取样器DRPC（Drill - stem Rotary Pressure Corer）3套功能性样机，并在胜利浅海区域进行了功能性试验和取样试验，各关键技术功能都得到了验证，为进一步完善并形成工程样机奠定了基础。

---

[1] bsf指海水底平面以下。

随着国家对能源需求的增多，作为勘探天然气水合物的关键技术，海底深层钻探取样技术得到了国家多个项目的支持。2011 年国家重大专项“海洋深水油气田开发工程技术”中为评价水合物钻探风险设立了子课题“浅层天然气水合物钻探取心技术”。2012 年国家设立了“海域天然气水合物钻探技术研发”项目。2013 年国家 863 计划设立课题“天然气水合物钻探取心工程样机及配套技术”。均为形成钻探获取天然气水合物工程样机及配套技术提供了人员、设备和资金保障。

由于天然气水合物的赋存环境及特性不同于常规石油及其他固体矿产，所以取样钻具的结构及施工工艺都与常规钻探取样方法不同。天然气水合物取样钻具在钻进施工中不仅要取出天然气水合物样品，还要求保持天然气水合物的原始状态，所以具有一定的难度。目前天然气水合物取样钻具分为浅孔及深孔两种，浅孔钻具主要是重力活塞式取样器，这种取样器主要用于海底浅表层取样，施工时只需配备调查船和满足要求的绞车及起吊设备即可实现取样施工。但目前地球物理及地球化学的调查资料显示，多数情况下，天然气水合物存在于海底以下 500～1200m。因此，对于海底以下几百米到数千米的深孔，重力活塞式取样器便无法获取，必须采用海洋石油钻井平台或具有动力定位的钻井船，并配备相应的钻杆、钻具等进行回转钻进取样。下面就简要介绍几种国内研发的用于回转钻进取样的保压取样器。

5.2.2.1 绳索式保压取样器

天然气水合物受温度和压力变化影响很大，容易分解，因此需要取样结束后快速提取和保存。而绳索取心技术因其具有劳动强度低、效率高、辅助时间少等优点，被各国研发者作为获得天然气水合物样品的首选技术。

国内研发的用于海底获得天然气水合物的绳索式保压取样器，由于基本原理类似，所以组成机构也大体相同，以中国石化胜利石油工程有限公司钻井工艺研究院研发的绳索式保压取样器为例，它主要由打捞机构、弹卡机构、悬挂机构、纵向锁定机构、保温保压筒、内筒、外筒、周向锁定机构、取心钻头等组成。

工作时，先由打捞机构送入绳索式保压取样器内部组合，当悬挂机构坐在外筒台阶上时，投入释放工具，打捞机构自动释放钻具内组合。弹卡机构的锁块弹出，卡在外筒的槽中。周向锁定机构的键和键槽重合，钻进时将外筒扭矩传递给钻具内组合。开泵后保温保压筒纵向锁定机构的释放元件在上下压差作用下，剪断纵向锁定机构的销钉，使纵向锁块伸出，卡入外筒槽中。当取满岩样后，投入打捞机构，抓住弹卡机构上端的打捞矛头，随着绳索绞车的提升，弹卡机构解锁，带动内筒上提。当内筒上升到球阀上端时，触发霍尔元件，启动关闭球阀的液压系统，球阀关闭密封内筒。此时保温保压筒纵向锁定机构的锁块在弹簧作用下复位解锁，使保温保压筒随内筒一起上提。在上提保温保压取样钻具内组合过程中，保温保压筒内的补压装置开始发挥作用，及时补充保温保压筒内的压力，使岩样基本处于原位压力状态。

取样结束后，可利用弹卡机构直接连接周向锁定装置和小钻头的转换机构，用打捞机构送入井内使小钻头插入原钻头后，实现全面钻进。

绳索式保压取样器主要研制了如下两种。

（1）绳索伸出式保压取样器 WEPC（图 5－11）。

WEPC 适用于取海底沉积物和未成岩地层中的天然气水合物。由于沉积物非常软，岩样不成形，若使用旋转式工具可能使沉积物变成泥浆，难以取得样品，所以工具前端有可容纳伸出内筒的螺旋伸出杆，使样品提前进入内筒，保持样品的原位特性。它采用真空被动保温，液压关闭球阀保压，绳索快速提取的方式。

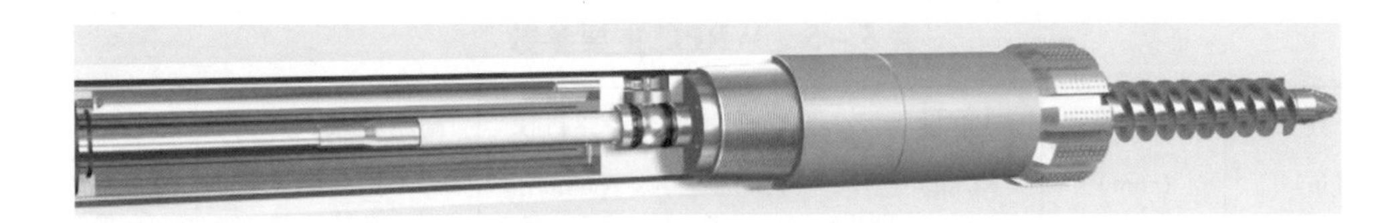

图 5－11　绳索伸出式保压取样器 WEPC

WEPC 的特点：

①取样管伸出钻头前端 1.5m 以上，避免了钻井液的冲刷，有利于岩样收获率的提高；

②工具带有纵向和周向锁定，可以实现内外筒一起转动，也可实现不转动下压取心钻进，避免干扰岩样，特别适用于非常软的沉积物取心作业；

③靠液压和绳索机构的联合作用实现球阀机构关闭和释放机构的工作，安全可靠；

④岩心管采用低摩阻的复合材料管或铝合金管，摩擦系数低，有利于岩心的进入；

⑤利用绳索实现取样与全孔的钻进转换工作，快速简洁。

表 5－4　WEPC 主要参数

工具长（m）	直径（mm）	重量（kg）	岩样长度（m）	岩样直径（mm）	高压腔最大压力（MPa）	钻头外径（mm）
7	130	550	3	32	20	215

（2）绳索旋转式保压取样器 WRPC（图 5－12）。

WRPC 适用于取中硬及成柱较好岩层中的天然气水合物。它采用真空被动保温，翻板阀在扭簧作用下自动关闭保压，绳索快速提取的方式。由于在该取样器保温保压筒的顶部设有悬挂轴承结构，在钻具带动取样钻头旋转时，保温保压筒及内筒相对不转动，有利于岩样收获率的提高（表 5－5）。

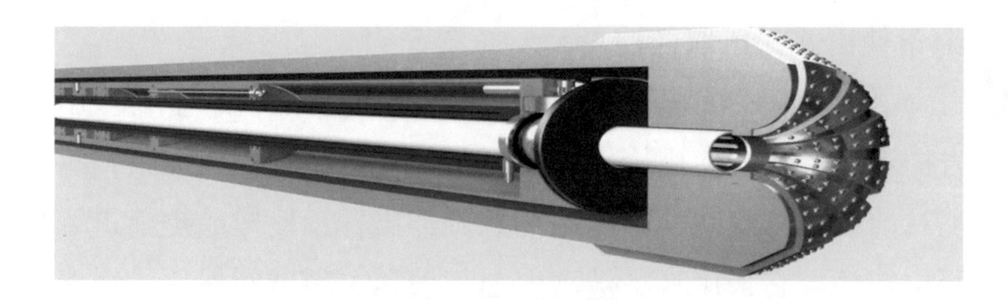

图 5－12　绳索旋转式保压取样器 WRPC

表 5－5　WRPC 主要参数

工具长（m）	直径（mm）	重量（kg）	岩样长度（m）	岩样直径（mm）	高压腔最大压力（MPa）	钻头外径（mm）
5.5	130	550	3	48	20	215

5.2.2.2　钻柱式旋转保压取样器 DRPC

未来天然气水合物的勘探开发多要借鉴于现有的海洋石油钻井设备，以目前的技术水平，前期的勘探更是要依赖于海洋石油钻井设备，因此为了与海洋石油钻井设备配套，还需要研发可直接连接到现有石油钻杆上的保压取样器。使用这种保压取样器与现有海洋石油钻机配套施工时无须进行任何设备改造，利用现有的 ϕ114mm、ϕ127mm、ϕ140mm 钻杆都可取样。取样过程与常规石油取心过程基本相同，取样结束后必须提出孔内的全部钻杆及钻具。

DRPC 由中国石化胜利石油工程有限公司钻井工艺研究院研发，适用于取中硬及成柱较好岩层中的天然气水合物。它由差动机构、悬挂机构、保温保压筒、内筒、外筒和取心钻头等部分组成，可使用常规钻杆作业（图 5－13）。

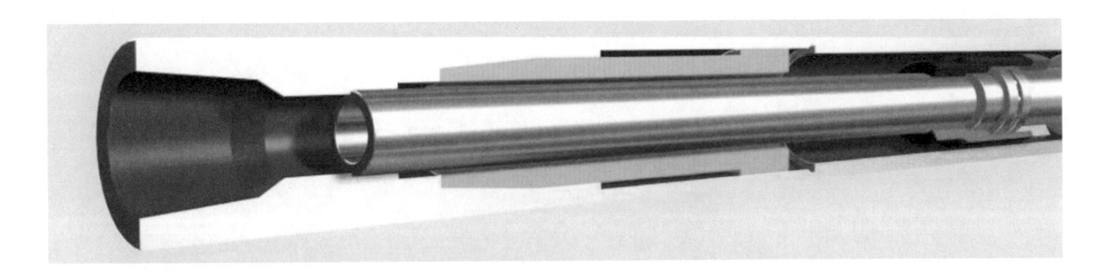

图 5 - 13　钻柱式旋转保压取样器 DRPC

工作时，DRPC 取样器由常规钻杆送入井底，取样结束后，从地面投球，靠液压剪断控制销钉，使悬挂机构分离。上提钻具，差动机构开始发挥作用，带动内筒上提，当内筒上升到球阀上端时，触发霍尔元件，启动关闭球阀的液压系统，球阀关闭密封内筒。然后整套钻具可上提至地面，在此过程中，保温保压筒内的补压装置可及时补充保温保压筒内的压力，使岩样基本处于原位压力状态。

钻柱式旋转保压取样器的保温方式为真空和特殊隔热材料结合，保压方式为液压关闭球阀保压和翻板阀在扭簧作用下自动关闭保压（表 5 - 6）。

表 5 - 6　DRPC 主要参数

工具长度（m）	直径（mm）	质量（kg）	岩样长度（m）	岩样直径（mm）	高压腔最大压力（MPa）	钻头外径（mm）
6	130	550	3	56	20	244

钻柱式保压取样器（DRPC）具有以下特点：

（1）不受钻柱尺寸的限制，可以取较大尺寸岩样；

（2）不受钻孔深度的限制，可以适用深孔取样作业；

（3）根据所取地层的岩性可以配备多种切削形式的取样钻头；

（4）靠液压使释放机构工作，关闭球阀，安全可靠；

（5）具有保温保压、压力补偿及记录功能，使用性强。

小结

本节简要介绍了国内外天然气水合物取样技术，对研发的各种保压取样器都进行了简要介绍，为下面详细介绍国内对各关键部件和设备的研发起到了提纲挈领的作用。

6　海上绳索取样工具配套设计

6.1　海上绳索取样使用的钻杆

在海上进行绳索取样首先需要考虑的是使用什么样的钻杆，陆地上地质勘探行业用于绳索取心的钻具大部分是薄壁的大通径钻杆，这种钻杆质量轻、钢的级别低，抗弯、抗扭及抗拉的强度低，仅适用于比较浅的小井眼中钻进。在海上取样不仅要考虑地层压力，还要考虑海水的压力，对于天然气水合物可能赋存的区域，仅水深就可以达到2000m以上，这种钻杆根本满足不了绳索取心的要求。

目前，国内外石油钻探作业使用的钻杆，使用最多的尺寸是5in（127mm）或5½in（139.7mm），强度可以满足海上钻探需要，但是钻杆内通径都较小，最大的5½in（139.7mm）钻杆内径也仅为121.36mm。使用常规钻杆进行绳索取样，相配的保压取样器可设计的尺寸较小，相应可获得的岩样比较细，不能满足后期样品分析的需要，而且钻杆内通径小也不利于绳索取样作业。根据API标准有一种6⅝in（168.275mm）的钻杆，壁厚8.38mm，内径151.54mm，可用于海上绳索取样，但目前国内没有厂家生产该产品，因此在海上想要使用绳索式保压取样器并获得较大直径的天然气水合物样品，还需要研发大尺寸的钻杆。

图6－1　大尺寸钻杆

2007年，在中国南海取得天然气水合物样品的荷兰辉固国际集团公司的钻探船上使用的钻杆如图6－1，其中间为特殊铝合金材料，两端为带有螺纹的钢质接头，这种钻杆的内径为145mm。经过调研分析，使用这种钻杆的目的：一是钻杆内通径大，使绳索保压取样器的外径可以设计大，进而可取的岩样直径大，同时内通径大也便于绳索取样工具的起下；二是采用特殊铝合金材料做钻杆本体，可大幅度减少钻具的重量，在有限的钻探船承载能力下，能钻更深的井，相应地提高了钻探船的工作承载能力。

目前，国内已经有自己的可用于天然气水合物勘探的钻探船——中海油HYSY708勘察船，因此这种大尺寸钻杆需要尽快研发。

“十一五”期间，为了进行现场功能性试验，中国石化胜利钻井工艺研究院设计制造了少量的专用钻杆，可作为研发大尺寸钻杆的基础。绳索保压取样需要的钻杆因为壁薄的特点，螺纹连接处是钻杆最薄弱的环节，因此对螺纹进行了专门的研究。螺纹连接问题是典型的非线性接触问题，想要制造出适合海上天然气水合物绳索取样的钻杆螺纹，基本需要以下步骤：

（1）接头螺纹型式及结构参数的优选。依据数值分析结果及螺纹工作条件的特殊性，研究螺距及螺纹长度等技术参数对螺纹强度的影响规律，确定影响螺纹强度特性的关键参数，优选连接螺纹的类型，优化设计螺纹形状及参数，采用有限元方法对螺纹连接强度进行校核。

（2）螺纹特殊加工刀具的设计。根据啮合原理，计算与螺纹的特殊结构型式相匹配的切削曲线，对螺纹加工刀具的结构及刀片齿形进行设计。

（3）特殊尺寸螺纹的加工试制。依据螺纹的目标加工参数，准确制定数控加工工艺，合理选择切削参数，并设计制定控制程序，进行螺纹的加工试制。

（4）对螺纹进行试验应力分析。经过试验进一步改进螺纹设计，最终满足海上绳索取样的需要。

6.2 绳索打捞和释放工具

绳索打捞工具如图6－2所示，它上部连接钻井平台或钻探船上的绞车钢丝绳，下部靠棘爪抓紧绳索取样工具的打捞矛头，起到上提和下放绳索取样工

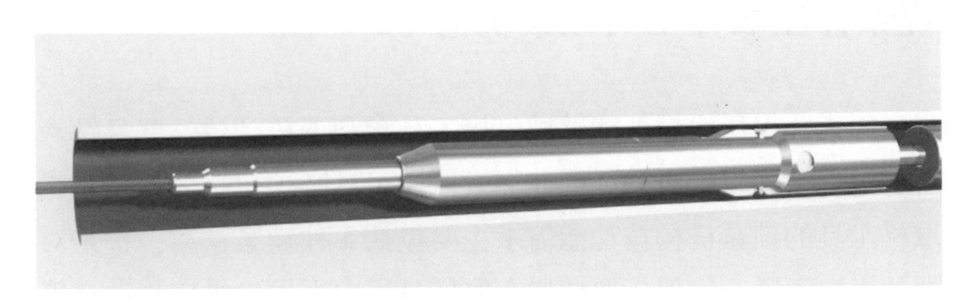

图6－2 绳索打捞工具

具的作用。其设计难点：一是钢丝绳的锁紧；二是周向上的自由转动；三是棘爪在钻杆内有限的空间中能自由打开并抓取打捞矛头；四是安全保护装置能够在提起取样器遇卡时自动断开；五是能够配合释放工具成功使棘爪与打捞矛头在钻杆内脱开，实现取样器下放到位。考虑上述设计难点设计了绳索打捞工具（图6－3）。

图6－3　绳索打捞工具结构示意图

绳索释放工具如图6－4所示，它是一段有螺旋缝的金属管，能够套在钢丝绳上，上下各有一段带螺纹的短套，可封住螺旋缝，防止钢丝绳在绳索释放工具投入过程中滑出。当绳索释放工具沿钢丝绳投入井下后，在自重作用下会插入打捞工具与钻杆之间的间隙，棘爪中心轴上部受力，下部自动打开与打捞矛头脱离，实现释放功能，然后可随打捞工具一起被提出钻杆。它结构简单，易于操作，但设计中需与棘爪和钻杆内径相配。

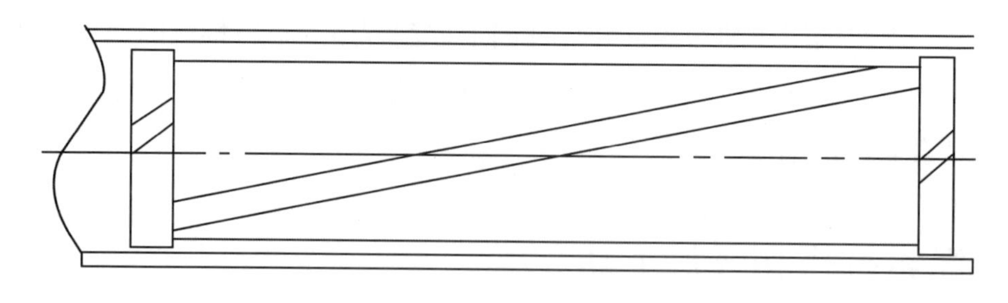

图6－4　绳索释放工具

6.3　绳索保压取样工具锁紧机构

为保证绳索式保压取样器能够被打捞工具顺利下放到位，并且钻探获得天然气水合物过程中不发生窜动，因此绳索取样工具必须包括多处锁紧机构。整套绳索取样工具的锁紧机构按功能需求主要包括3种锁紧：第一种是对整套保压取样器的纵向锁紧，使保压取样器在取样过程中不发生纵向移动；第二种是对保温保压筒的纵向锁紧，取样过程中将由钻杆传递给外筒的钻压施加在保温保压筒上，并且在上提过程中使取样管与保温保压筒产生差动；第三种是保温保压筒与外筒的周向锁紧，使外筒扭矩传递给内部工具组合。

6.3.1 保压取样器的纵向锁紧机构

为实现保压取样器的纵向锁紧，设计了如图6－5所示的弹卡机构，工作机理为曲柄滑块机构。当取样器上提和下放过程中，由于上部的打捞矛头被打捞工具抓紧，向上的力使短柄拉动弹卡收缩，不会造成上提和下放时由于弹卡弹出受阻。当取样器下放到位后，打捞工具释放开打捞矛头，弹卡会在同轴扭簧的作用下自动弹出，卡入外筒环槽中，实现自动锁紧。

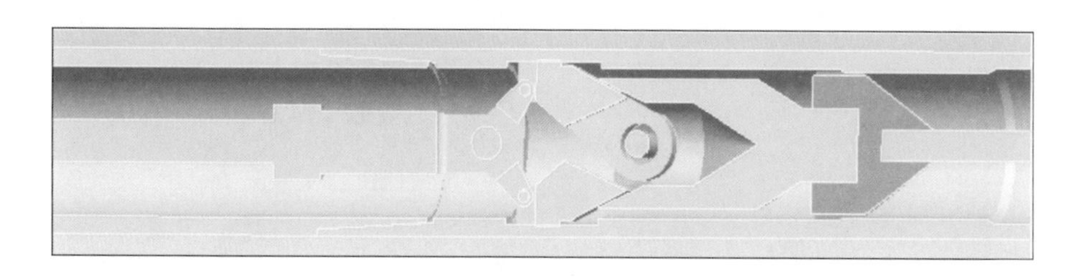

图6－5 保压取样器的纵向锁紧机构

由于钻杆内通径限制，对称的短柄和弹卡可设计的厚度都较薄，成为整套工具强度最为薄弱的部位，因此设计过程中重点对其进行了力学分析，并结合整套取样器进行了运动学分析。

6.3.1.1 基于Pro/E软件建立纵向锁紧机构的模型

Pro/ENGINEER是美国PTC公司开发的大型CAD、CAM、CAE集成软件，是目前国际专业技术人员使用最为广泛和先进的软件之一，它具有多种功能的动态设计仿真插件。该软件在工业产品造型设计、模具加工设计、加工制造、有限元分析、机械二维和三维动态造型仿真设计、结构分析、优化设计、电路设计以及关系数据库管理等方面都有着广泛的应用，是当今最优秀的三维实体建模软件之一。

模型建立采用阶梯式装配模式，层次分明如图6－6所示，根据前期设计尺寸，采用Pro/E建模过程中，共创建67个零件、15个子装配体。

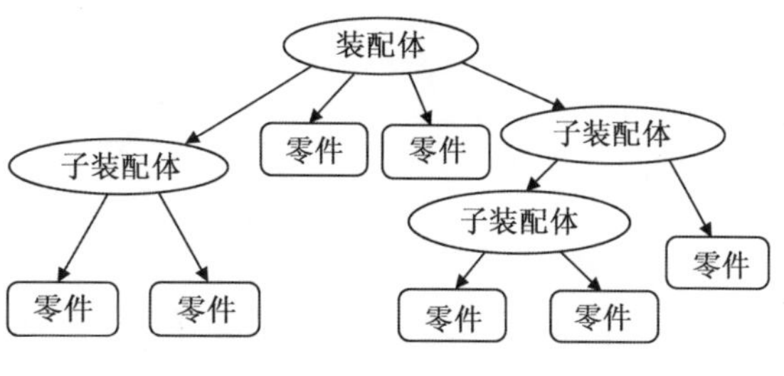

图6－6 阶梯式装配模式

（1）采用 Pro/E 建立的取样工具关键零件（图 6－7 至图 6－10）。

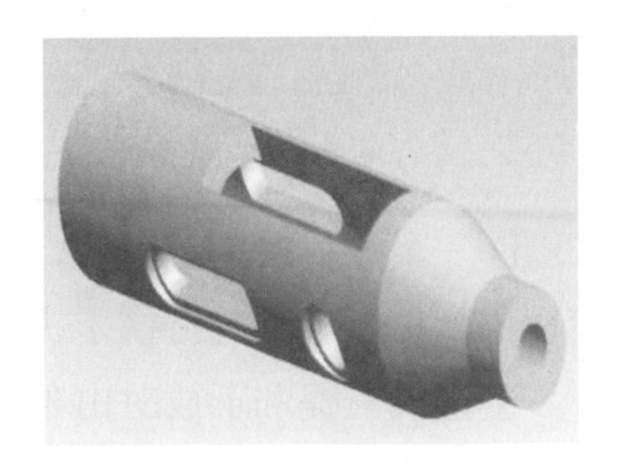

图 6－7　纵向锁体

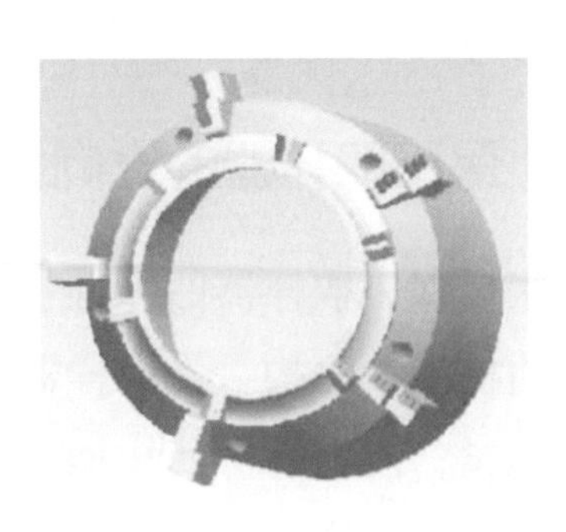

图 6－8　取样钻头

图 6－9　取样绳索

图 6－10　锁紧机构

（2）与纵向锁定机构配合的外筒（图 6－11），纵向锁定机构整体装配后（图 6－12）。

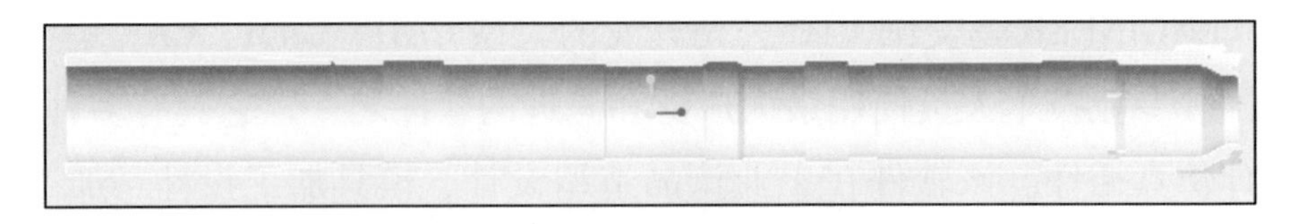

图 6－11　与纵向锁定机构配合的外筒

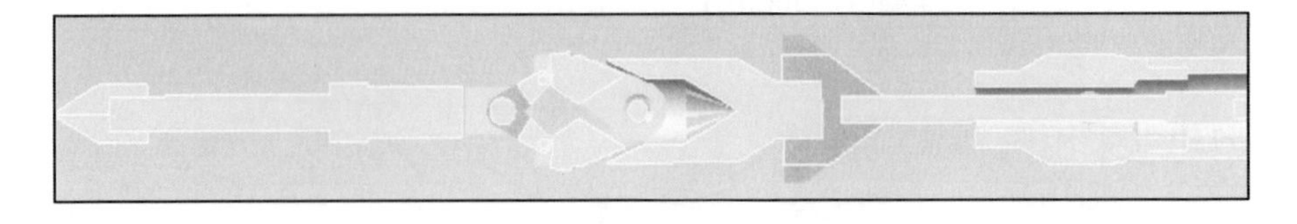

图 6－12　纵向锁定机构关键组件

6.3.1.2　保压取样器纵向锁紧机构运动分析

保压取样器纵向锁紧机构的工作机理为曲柄滑块机构（图 6－13），根据实际工作情况，其驱动力并非作用在曲柄上，而是作用于上部牵引机构，可通过控制其速度、加速度、位移等来模拟实际工作情况。

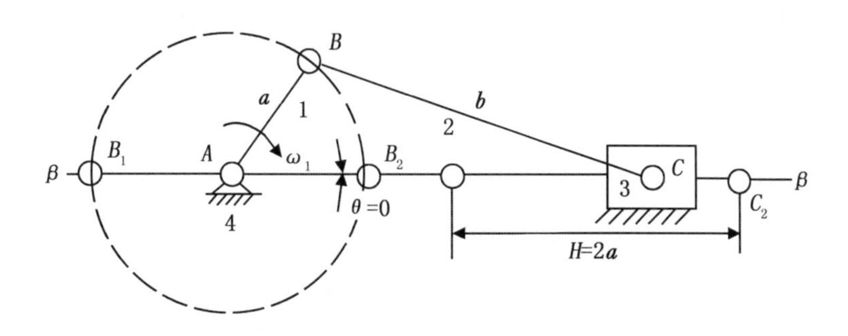

图 6－13　纵向锁紧机构工作机理

首先根据设计尺寸使用三维设计软件建立的弹卡零件图（图 6－14）和锁紧机构装配图（图 6－15），然后使用 Pro/E 自带的运动分析插件对纵向锁紧机构进行运动分析。对上部牵引机构设置伺服电动机驱动，可分析得到上部牵引机构不同速度、加速度和位移情况下各监测点的测量曲线。

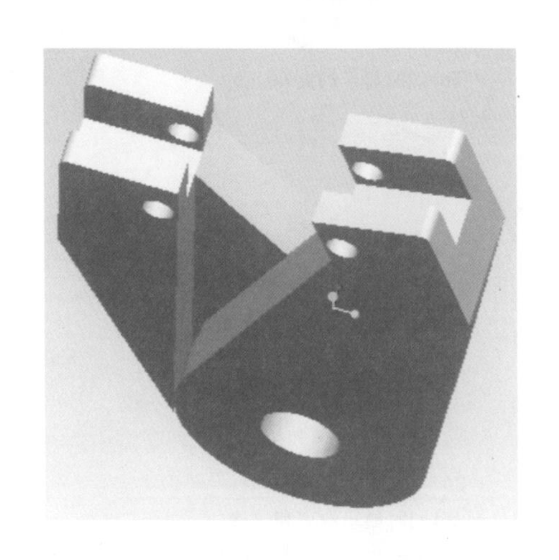

图 6－14　弹卡三维零件图

图 6－15　锁紧机构

曲柄滑块机构在运动中最主要的问题就是可能会产生自锁，因此主要对其进行了运动分析。使用 Pro/E 模拟锁紧机构解锁过程中，根据工具设计尺寸，取样锁紧机构中曲柄 a 为 125mm，连杆 b 为 75mm，设置参数为牵引上行速度 2mm/s，解锁时间为 6s，经模拟没有发生机构干涉和自锁情况，说明短柄和弹卡长度设计比较合理。

6.3.1.3　纵向锁紧机构关键零件的力学分析

Pro/Mechanica 是 Pro/E 的一个比较独立的模块，是专门的工程分析模块，它的主要功能是有限元分析、静力学分析、动力学分析、震动分析、势力分析、疲劳分析等，对机构的分析可以帮助设计师找到设计中的应力集中点以便更新设计，可以避免许多设计中的缺陷。分析中锁紧机构材料为中碳合金钢，工作温度为室温。

（1）弹卡的力学分析。

在钻进过程和保压取样器上提过程中，弹卡会承受较大的力，成为薄弱环节，因此对解锁工况与钻进工况下锁紧机构的弹卡进行了力学分析，得到如下应变、位移、应力云图（图6－16）。

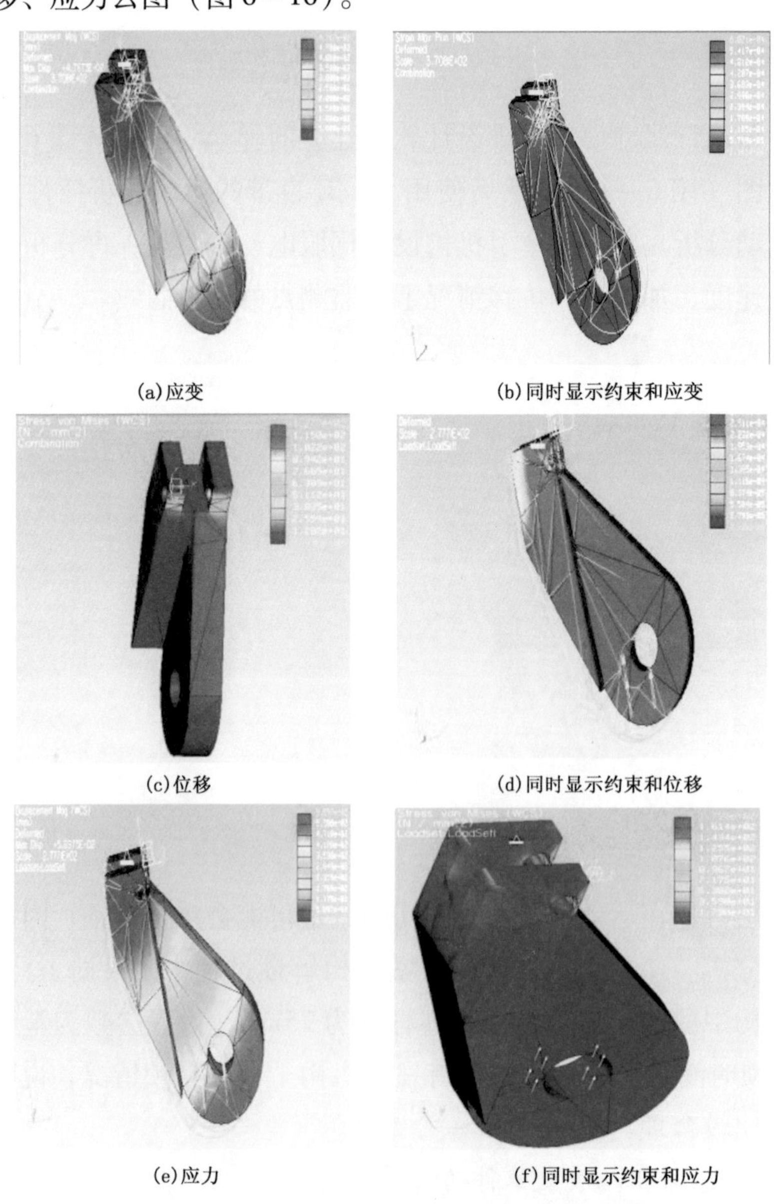

(a)应变　(b)同时显示约束和应变

(c)位移　(d)同时显示约束和位移

(e)应力　(f)同时显示约束和应力

图6－16　锁紧机构应变、位移、应力云图

通过分析得到如下结论：

①在此种结构下，在上部位移约束的情况下，两种工况运行状态虽然不同，但最大应力位置相同，均发生在上部开孔位置内侧面位置，为开孔导致应力集中峰值出现。

②主要变形区出现在锁紧机构底部。在此过程中，为了进行锁紧机构的结构优化设计，还分析了弹卡的最大应力位置与上部开孔孔径、开孔距离和底孔距约束面的距离之间关系如图 6 - 17 至图 6 - 19 所示。

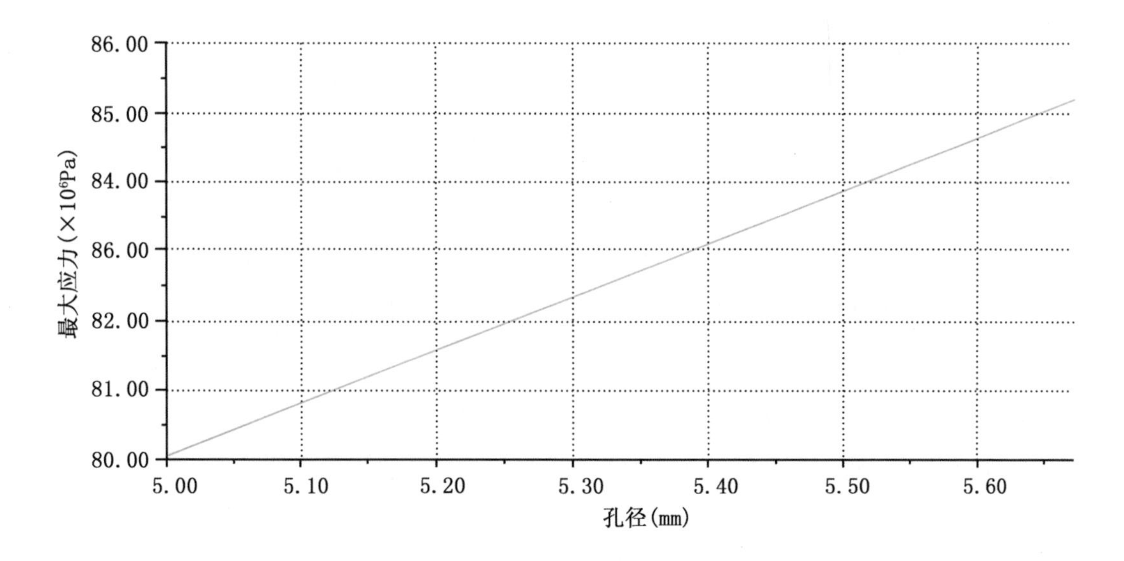

图 6 - 17　最大应力位置与上部开孔孔径的关系

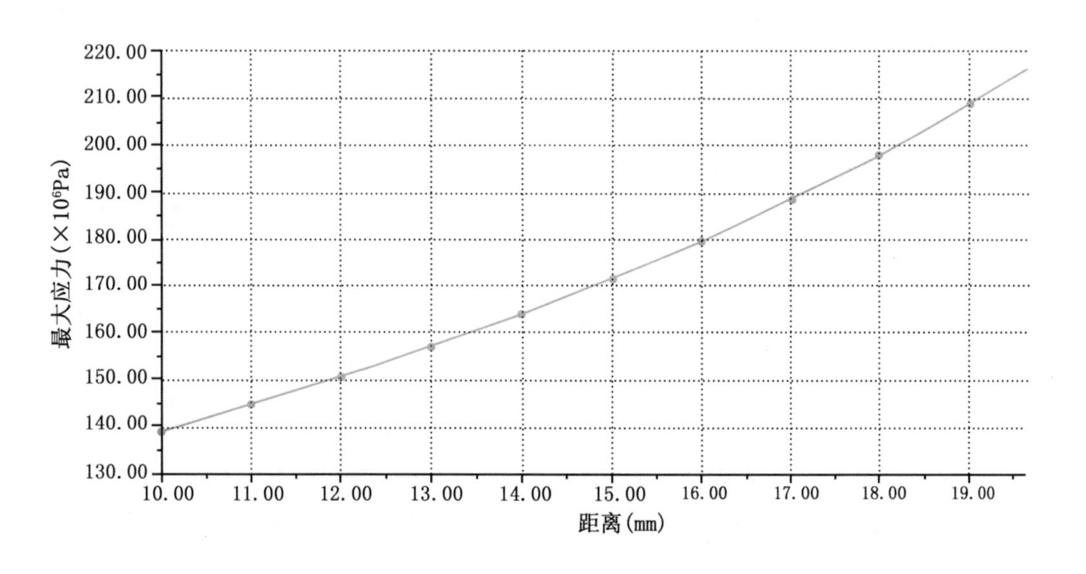

图 6 - 18　最大应力位置与上部开孔距离之间的关系

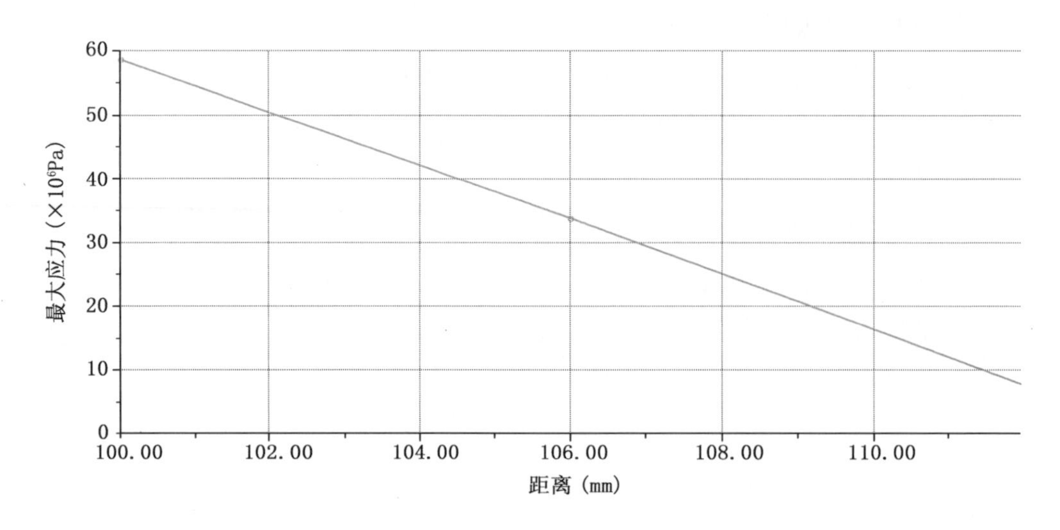

图 6－19　最大应力位置与底孔距约束面的距离之间的关系

通过分析得到如下结论：

①最大应力随着孔径、孔距的增大而增大，随着冲击力位置增大而减小，设计时应该合理优化设计。

②参数的灵敏度范围为：孔距 10mm＜16mm＜20mm，冲击力位置 100mm＜130mm＜160mm，孔径 5mm＜10mm＜12mm，在机构参数变形过程中动态显示参数互不干涉。

（2）纵向锁紧机构牵引上行时的力学分析。

纵向锁紧机构在牵引上行时，短柄成为承载下部保压取样器全部重量的关键零件，所以需要对纵向锁紧机构进行整体的力学分析。因纵向锁紧机构为对称结构，可取机构½进行建模分析。采用 ANSYS 软件进行建模，模型材料设为 35CrMo，网格划分采取自由网格划分，划分精度取为最高系数 1，划分网格单元采用 Solid95 单元，该单元是 Solid45 的高次形式，能够用于不规则形状，而且不会在精度上有任何损失，划分完网格如图 6－20。加载条件为：在准静态情况下，在牵引装置上顶面设边界条件为位移 0，下端开孔圆端面施加向下集中面载荷，并假设为均匀分布。分析后应力应变云图（图 6－21、图 6－22）。

应力分析结果（图 6－21）可以看出，在准静态状态下，应力主要集中在短柄上，且从小端向大端依次递减。最大应力为 522.333MPa，小于 35CrMo 材料的屈服极限 835MPa，能够实现安全解锁，不会出现塑性变形。

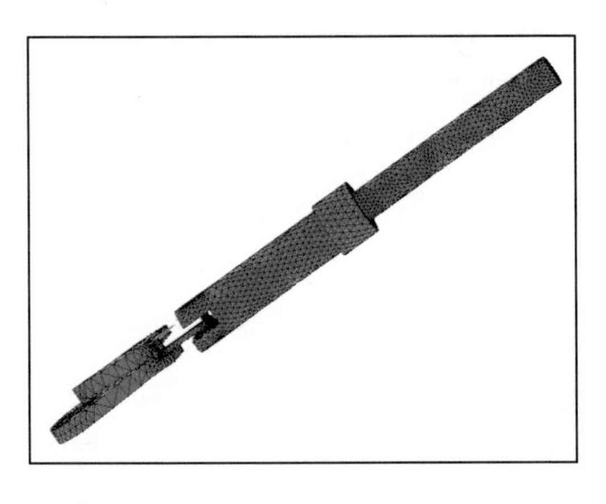

图 6-20　锁紧机构有限元网格划分结果

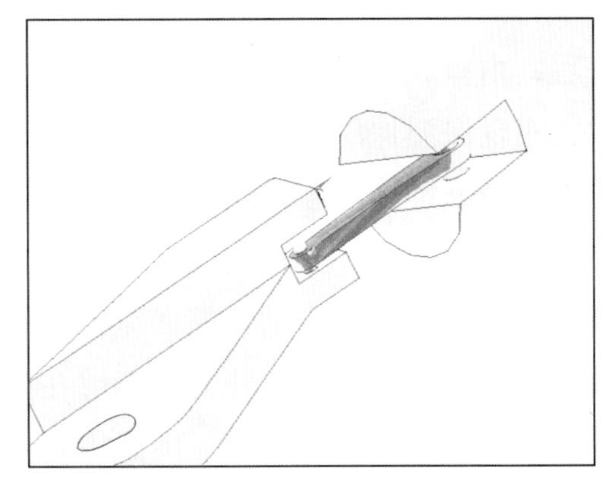

图 6-21　纵向锁紧机构有限元应力云图

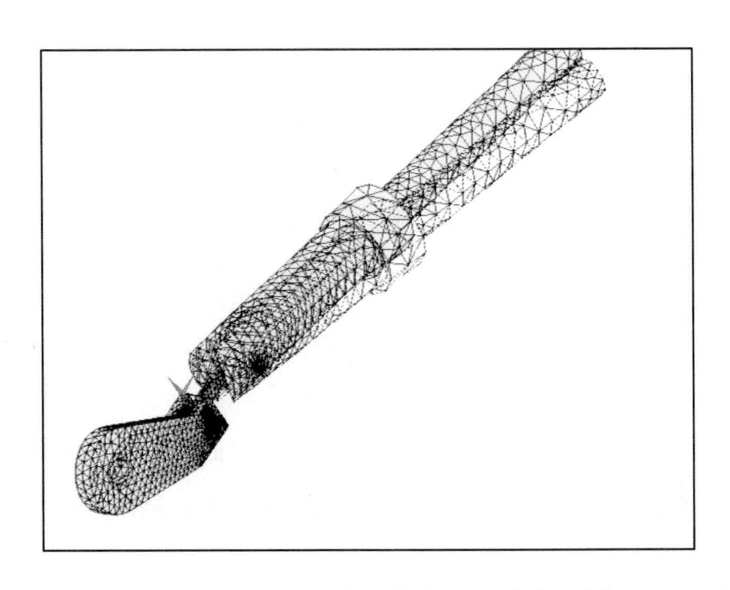

图 6-22　纵向锁紧机构有限元应变云图

6.3.2　保温保压筒的纵向锁紧机构

当保压取样器由绳索打捞工具在钻杆内下放到位后，保压取样器的纵向锁紧机构先自动完成锁紧。开始取样前需要保温保压筒的纵向锁紧机构发挥作用，因为取样过程中由钻杆传递给外筒的钻压将通过这个锁紧机构施加在保温保压筒上，进而施加在与保温保压筒相连的伸出螺旋管上。完成取样在上提过程中后，保温保压筒的纵向锁紧机构还要能自动解锁，使取样管与保温保压筒产生差动，实现保温保压筒的密封。根据以上功能需求，设计的保温保压筒的纵向锁紧机构如图 6-23 所示。具体工作过程：当保压取样器下放到位后，先开泵，圆盘状的释放元件在上下钻井液压力差的作用下向下移动，剪断锁紧销钉后，由释放元件下部的阶梯斜面推动纵向锁块伸出纵锁体，卡入外筒的环槽中，实现保温保压筒的纵向锁定。当取样结束后，中间的拉杆拉动下部的取样管进入与纵锁体相连的保温保压筒，期间由于锁紧销钉已经被剪断，拉杆会带动释放元件上行，当释放元件的阶梯斜面完全脱离纵向锁块后，纵向锁块会在复位弹簧的作用下自动收缩回纵锁体中，实现自动解锁。整套机构中关键零件是锁紧销钉，只有它在开泵后能够在指定压力下成功剪断，才能实现保温保压筒的纵向锁紧和自动解锁，因此需要对锁紧销钉的结构尺寸进行细致的分析。

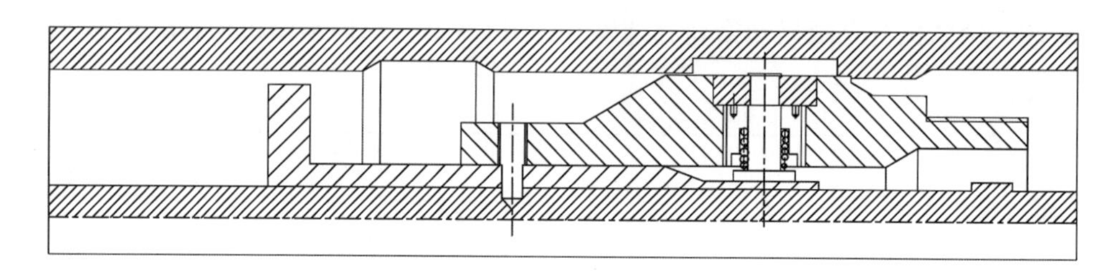

图 6－23　保温保压筒的纵向锁紧机构

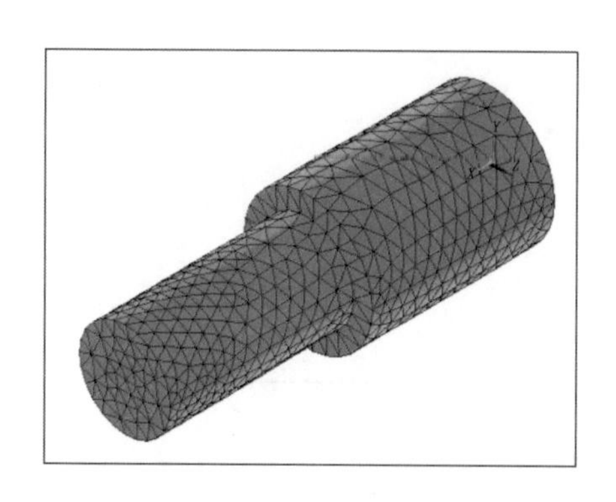

图 6－24　锁紧销钉网格模型

为了保证锁紧销钉成功被剪断，采用 ANSYS 软件对它进行了有限元分析。对锁紧销钉的静力分析和对弹卡的静力分析基本相同，所不同的是销钉模型的单元类型是 Solid45。自由划分网格，取单元的边长为 1.5mm，划分网格后的有限元模型见图 6－24。

由于锁紧销钉大端螺纹连接纵锁体，小端穿过释放元件和拉杆，设计剪断面都在小端，所以主要改变了小端的直径和长度，根据能够设计的尺寸对下面 6 种销钉模型进行了分析，锁紧销钉尺寸参数见表 6－1。

表 6－1　锁紧销钉模型尺寸参数

参数	大端直径（mm）	大端长度（mm）	小端直径（mm）	小端长度（mm）
模型 1	14	20	10	15
模型 2	14	20	10	20
模型 3	14	20	8	15

续表

参数	大端直径（mm）	大端长度（mm）	小端直径（mm）	小端长度（mm）
模型 4	14	20	8	20
模型 5	14	20	7	15
模型 6	14	20	7	20

锁紧销钉模型划分完网格后，大端和小端分别施加固定约束和分布载荷，进行求解运算后得到变形和应力分布图如图 6－25 和图 6－26 所示。

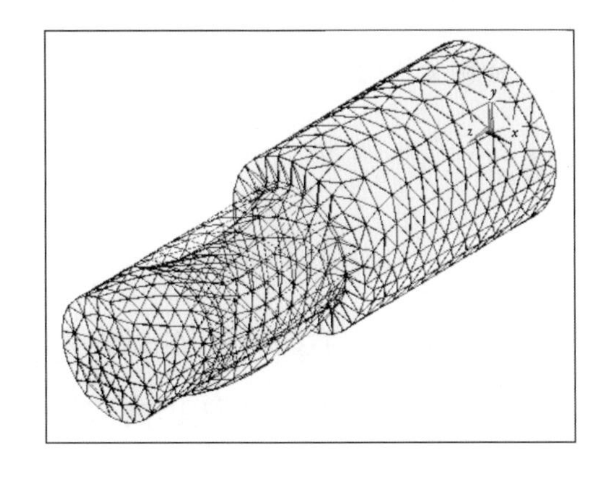

图 6－25 锁紧销钉变形图

图 6－26 锁紧销钉应力云图

通过锁紧销钉的变形图和应力分布云图可以得到以下结论：

（1）锁紧销钉最大应力出现在大小端界面变径处，存在应力突变。

（2）6 个尺寸的有限元模型在各自相应的外加均布压力载荷作用下，最大应力均超过了 35CrMo 的屈服极限，即均能成功被剪断，实现解锁。

（3）锁紧销钉的小端受均布压力载荷段直径越小、长度越大，越容易在较小的压力作用下达到屈服，越容易被剪断，实现解锁。

综合考虑锁定销钉的使用环境和在较小的液压作用下就能够成功被剪断实现解锁等几方面的因素，最终采取模型 6 的锁紧销钉结构尺寸。

6.3.3 保温保压筒的周向锁紧机构

为实现保温保压筒在取样过程中随钻头一同旋转，并向保温保压筒下部连接的伸出螺旋管传递扭矩，需要一套周向锁紧机构，其结构示意图见图 6－27。周向锁紧机构主要采用键和键槽的结构，并且键槽比键数量多一倍，一方面可以使键更容易插入键槽中，另一方面也是为了留出通道使钻井液能够通过。这种结构简单并且可靠，在有限空间中完全能够满足传递扭矩的功能。

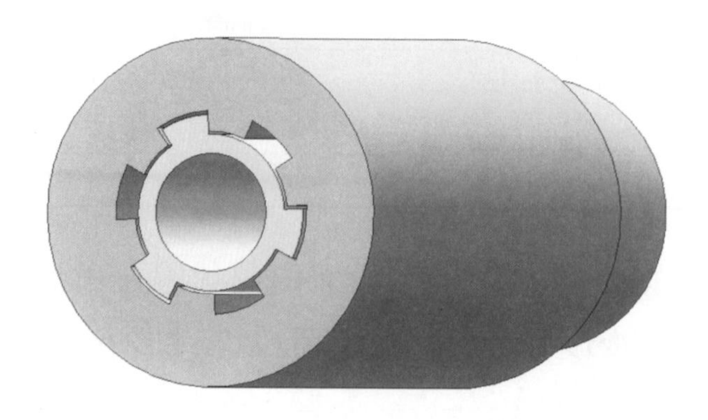

图 6－27　保温保压筒的周向锁紧机构

6.4　天然气水合物取样筒

天然气水合物取样筒和油气取心筒相似，不过由于天然气水合物容易分解，保压取样一次难度比油气取心大，所以在保压情况下要尽可能提高取样收获率，就要对取样筒进行优选。

国内外深海科学钻探计划取得天然气水合物的实践表明，取样过程中的“桩效应”现象，使天然气水合物岩样收获率很难保证。因此，针对深海天然气水合物钻探取样过程中的“桩效应”现象进行力学分析，对取样筒的优选，取样器的优化设计以及后续海上的实际取样操作均具有十分重要的现实意义。

6.4.1　“桩效应”现象描述

在深水天然气水合物勘探过程中，国内外已投入使用的取样器有很多种，如大洋钻探计划（ODP）使用的保压取样器 PCB、PCS 等。为减小取样过程中对天然气水合物的干扰，取样器端部结构如图 6－28 所示。取样过程中，切削工具在驱动力的作用下旋转或靠静压力切入天然气水合物目标层。由于取样器径向尺寸限制，取样筒都是长径比很大的圆筒，即取样筒长度较长，而内径较小。这种情况下，随着取样筒进入地层中深度增加，取样筒内的样品与取样筒内壁接触面积增大，其与取样筒内壁的摩擦阻力也相应增加。当总摩擦阻力、岩样的有效自重与取样筒下端地层的承载力相等时，岩样将不再进入取样筒内，并且已经进入取样筒内的样品也会像“瓶塞”一样阻止下部的岩样进入取样筒，这就出现了所谓的“桩效应”现象。

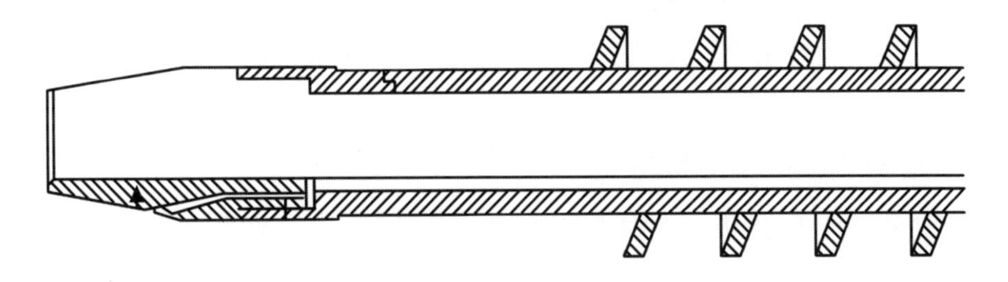

图6－28　深海取样器端部结构示意图

目前对取样过程中“桩效应”现象普遍缺乏认识，并且对其产生机理还缺乏研究。在土木工程中，工程实践表明当钢管桩的直径足够大的时候可以不考虑“桩效应”现象，但是深海取样过程所采用的取样筒的尺寸是有严格限制的，因此进行取样器设计之前考虑“桩效应”的影响是非常必要的。由于对取样过程中的“桩效应”机理研究较少，所以只能借鉴土木工程中开口管桩“土塞效应”的分析方法，对深海天然气水合物钻探取样过程中存在的“桩效应”现象，从力学的角度做一定的分析讨论。

“桩效应”的产生使取样筒中岩样被压实，不仅破坏了岩样，对岩样产生较大扰动，而且使更深层次的岩样无法进入取样筒，收获率降低，甚至使岩样完全失真。为了分析取样时产生“桩效应”影响的大小，可以从地层的物理力学特性、取样筒的几何参数出发，对取样筒工作过程中地层进行力学分析，为取样器结构设计提供理论依据。

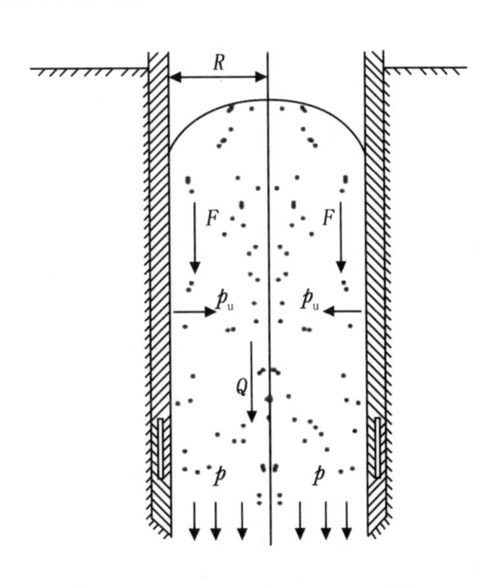

图6－29　岩样移动时受力情况

Q—岩样在海水中的自重；p_u—岩样受取样筒内壁的挤压力；F—岩样受取样筒内壁的摩擦力；p—取样筒前端空间岩样的压应力

取样过程中，岩样沿取样筒内壁移动时受力情况如图6－29所示。岩样进入取样筒内时由于上部水会及时排出，水阻力很小可以忽略。

6.4.2 取样长度理论分析

天然气水合物多存在于海底沉积物或未成岩地层中，所以取样长度的理论分析可采用球形孔扩张理论，它是以库仑—摩尔条件为依据，在具有内摩擦角和内聚力的无限土体内，给出球形孔扩张的基本解。

6.4.2.1 球形孔扩张理论模型

理论模型如图6－30，初始半径为 R_i 的球形孔内，作用着均匀分布的内压力 p_i，当内压力增加时，围绕着这一球形孔的球形区将由弹性状态进入塑性状态，塑性区以外仍保持弹性状态。随着内压力 p_i 的继续增加，塑性区不断扩大，内压力 p_i 增大至 p_u 时，球形孔的半径扩大到 R_u，塑性区的半径扩大到 R_p。在半径 R_p 以内为塑性区，以外的地层仍处于弹性状态。球形孔扩张的基本问题是求解最终压力 p_u 和球形孔的半径 R_u。取样高度可由受力情况回推得到。

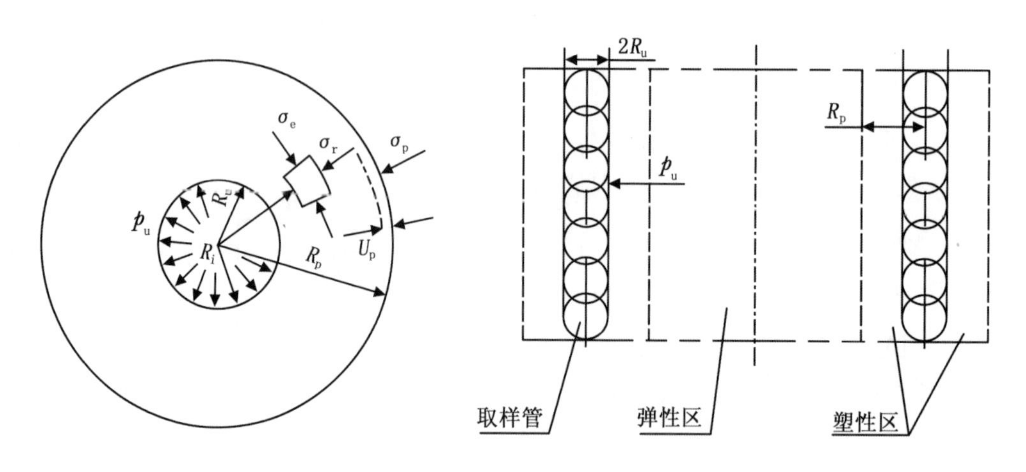

图6－30 球形孔扩张理论模型

6.4.2.2 基本假设

（1）塑性区以内地层是可压缩的塑性固体；

（2）地层的屈服服从摩尔—库仑准则；

（3）塑性区以外的地层仍是线性变形、各向同性的固体，具有变形模量 E 和泊松比 μ；

（4）加载之前，地层具有各向相等的有效应力；

（5）推导过程中，忽略塑性区内的体积力。

6.4.2.3 取样长度公式推导

在上述假定下，根据球形孔扩张理论可得到取样筒底部最终压力 p_{ud}：

$$
\begin{aligned}
p_{ud} &= (q + c \cdot \cot\varphi) F_p - c \cdot \cot\varphi \\
&= (F_p - 1) c \cdot \cot\varphi + q \cdot F_p \\
&= c \cdot F_c + q \cdot F_p
\end{aligned}
\tag{6-1}
$$

其中：

$$F_p = \frac{3(1 + \sin\varphi)}{3 - \sin\varphi} I_{rr}^{\frac{4\sin\varphi}{3(1+\sin\varphi)}}$$

$$F_c = (F_p - 1) c \cdot \cot\varphi$$

令：

$$\frac{I_r}{1 + I_r \Delta} = I_{rr}$$

式中，I_{rr}为修正刚度指标，如不考虑塑性区内的体积压缩 Δ，即取 $\Delta = 0$，则 $I_{rr} = I_r$。

$$I_r = \frac{E}{2(1 + \mu)(q + c \cdot \tan\varphi)} = \frac{R_p^2}{R_u^2} \tag{6-2}$$

式中 c——土的黏聚力；

φ——土的内摩擦角；

E——土体的弹性模量；

q——初始压力；

μ——土体泊松比。

对于海洋沉积物的饱和软土，$\varphi = 0$，且 $r = R_p$ 时，经过推导可以得到取样筒底部最终压力 p_{ud}的简化形式：

$$p_{ud} = c(\ln I_r + 1) = c\left[\ln \frac{E}{2(1 + \mu)c} + 1\right] \tag{6-3}$$

岩样在取样筒内的不同位置所受到筒壁的压力 p_u 不同，在最上部受到的压力为 0，所以：

$$p_u = \left(1 - \frac{h'}{h}\right) p_{ud} \tag{6-4}$$

式中 h——样品总长度；

h'——样品长度。

由于取样筒相对移动速度不大，土层粒度较小，不可能影响到岩样的强度，所以不考虑动力过程，在微段范围内有：

$$dF = fp_u d_A \tag{6-5}$$

式中 f——摩擦系数；

d_A——微元面积，即土体所受的总摩擦力。

$$F = \int 2\pi Rf(1 - \frac{x}{h})p_{ud}dx \tag{6-6}$$

积分范围为 $0 \sim h$，代入积分式得到摩擦力：

$$F = \pi fhRp_{ud} \tag{6-7}$$

将式（6-3）代入式（6-7），则总摩擦力：

$$F = cf\pi Rh\left[\ln\frac{E}{2(1+\mu)c} + 1\right] \tag{6-8}$$

当所取得的岩样长度为 h 时，岩样在海水中的自重为：

$$Q = \pi R^2 h(\gamma - \gamma_w)g \tag{6-9}$$

式中 γ——岩样密度，kg/m³；

γ_w——海水密度，kg/m³；

R——取样筒半径。

岩样进入取样筒受到总的反力 S 为：

$$S = F + Q \tag{6-10}$$

将式（6-8）、式（6-9）代入式（6-10），则取样筒内样品的压应力为：

$$p = \frac{S}{\pi R^2} = \frac{c}{R}fh\left[\ln\frac{E}{2(1+\mu)c} + 1\right] + hg(r - r_w) \tag{6-11}$$

“桩效应”出现的条件是：取样筒内样品的压应力大于或等于体积压缩状态下岩样的抗剪强度极限 σ，即 $p > \sigma$，对于深海沉积物的饱和岩样而言，内摩擦角 $\varphi = 0$，黏聚力 c 就等于土的抗剪强度 σ，称为不排水抗剪强度。取 $p = c$，将式（6-2）代入，得 h 的临界值为：

$$h = \frac{1}{\frac{f}{R}\left[2\ln\frac{R_p}{R_u} + 1\right] + \frac{(r - r_w)g}{c}} \tag{6-12}$$

式中　h——岩样在取样筒中进入的临界长度。

当取样长度超过 h 时，样品即出现“桩效应”。

6.4.2.4　取样长度理论分析

式（6－12）中$\frac{R_p}{R_u}$由沉积物所处的地质条件决定，大洋钻探计划 ODP164、204 等航次的取样结果表明，天然气水合物主要富集在沉积组分较粗、相当于粉砂或者砂级、质量分数较高的粒度层，粉砂为天然气水合物稳定带内主体沉积组分。根据上海市软土层室内试验结果：淤泥质粉土，$R_p \approx 4R_u$。而对于处于深海的天然气水合物富集区，其孔隙率和砂砾级别都比较大，即 R_p 要远小于 $4R_u$，假设 $R_p \approx 1 \sim 1.5R_u$。取 $R_p = R_u$，根据南海中沙天然气水合物远景储藏区沉积物物理力学参数，沉积土体内聚力 c 约为 10kPa，$\frac{(r - r_w)\ g}{c}$将变得很小，忽略此项，则式（6－12）变为 $h = \frac{R}{f}$。为了满足刚度和强度需求，取样器材质一般为钢，深海天然气水合物的物性与冰相近，钢与冰的动摩擦系数 $f = 0.02$，因此，可以近似得到取样器可取天然气水合物长度 h 与半径 R 的关系（图 6－31）。

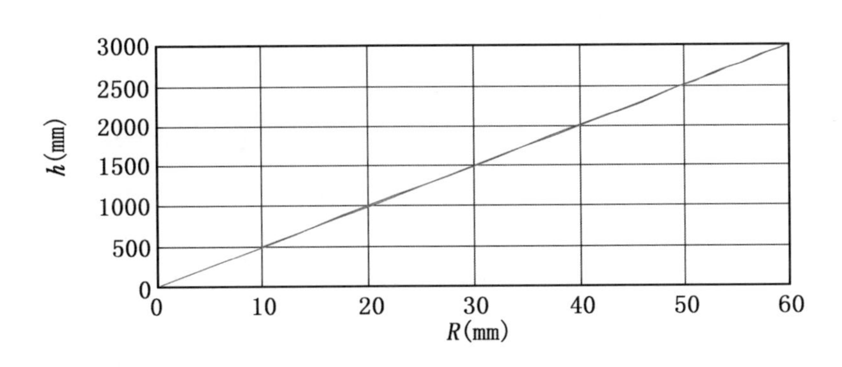

图 6－31　天然气水合物可取样长度与取样筒半径的关系

取样器的可取岩样长度与取样筒的半径，岩样与取样筒管壁间的摩擦系数以及岩样的物性有关。其中岩样的物性由海底的地质条件决定，因此想获得较高的收获率只能改变取样筒的管径 R 并减少岩样与取样筒管壁之间的摩擦。由于取样筒管径受钻杆和保压取样器密封机构等的限制，不能进行较大的调整，因此只能尽量减少岩样与取样筒之间的摩擦系数 f。当岩样与管壁摩擦系数较小、各向压缩条件下沉积物层强度极限较大时，“桩效应”会出现得较晚。

6.4.3 取样长度经验分析

对不同直径的取样筒、不同取样筒与地层的摩阻力（包括摩擦系数和黏聚力）、不同沉积物强度，可选择朗肯土压力模型对天然气水合物钻探取样长度进行经验分析计算。

地层参数采用中国天然气水合物资源远景区——南海中沙海域沉积层物理力学各项参数的平均值。取样筒管壁摩擦系数 f 分别取 0.1、0.2、0.3、0.4，取样筒内径 d 分别取 30mm、60mm、90mm、120mm。

将以上参数代入朗肯土压力模型，可得到天然气水合物钻探取样经验计算长度。计算结果见图 6－32。

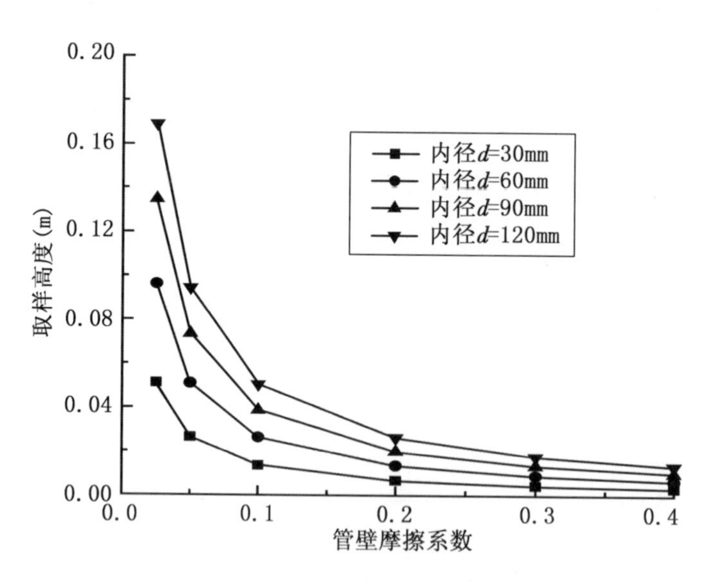

图 6－32　天然气水合物取样长度经验计算结果

$$H_{1j}=\frac{d(\gamma-\gamma_{w})-8cf\sqrt{K_{p}}}{4f\gamma K_{p}}+\frac{\sqrt{[8cf\sqrt{K_{p}}+d(\gamma-\gamma_{w})]^{2}+8df\gamma\sigma K_{p}}}{4f\gamma K_{p}} \quad (6-13)$$

H_{1j} 为样品在取样筒中填充长度的临界值，即为筒体的最大取样长度，超过此值就会出现“桩效应”。与理论分析相同，由经验分析模型也可以看出，H_{1j} 与 d、f、σ 有关，也和岩样本身的 φ、c 及海底地质条件有关。因此，只有减小摩擦系数，才能在增大样品长度的同时保证岩样的收获率。

6.4.4 取样长度数值模拟分析

6.4.4.1 有限元模型

通过有限元方法可以对深海环境中的钻探取样过程进行数值模拟，研究取样过程中“桩效应”形成过程及其对取样长度的影响。因为取样筒整体为轴对称形式，所以可以采用二维轴对称模型对取样过程进行分析，建立模型见图6－33。为了充分考虑取样过程对周围沉积物的影响，模型所取的地层宽度为2m，深度为2.5m，取样筒壁厚4mm，取样筒直径90mm。取样筒与地层接触部分放大后见图6－34。

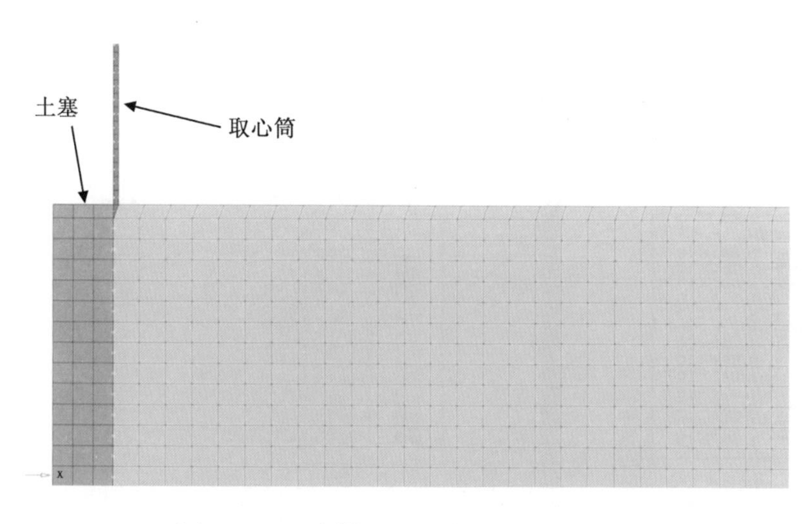

图6－33 取样过程的有限元分析模型

模型中所有单元类型均为轴对称单元（四边形单元类型为CAX4，三角形单元类型为CAX3），取样筒与内外沉积物之间设置摩擦接触。为了研究不同取样长度对周围地层以及对取样筒自身受力特性的影响，分别取0.8m、1m、1.2m、1.5m 4种取样长度进行分析。

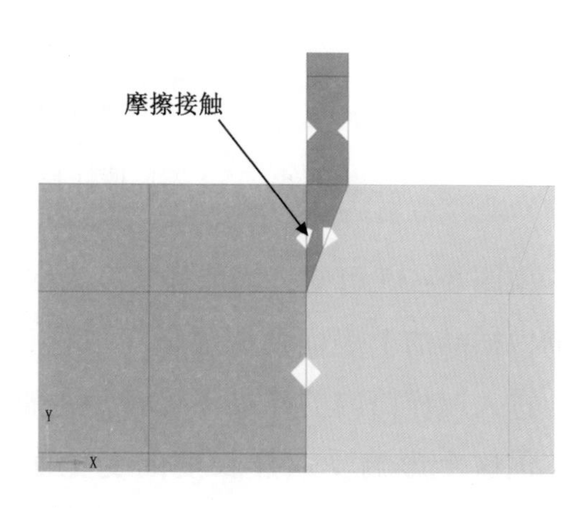

图6－34 取样筒与地层接触部分放大图

模型所设置的边界条件为：底面约束x、y方向位移，左右两边界约

束 x 方向的位移，模型顶面为自由边界，取样筒刃脚处约束住 x 方向的位移。

6.4.4.2　有限元结果分析

图 6－35 为不同取样长度下样品的竖向位移云图。

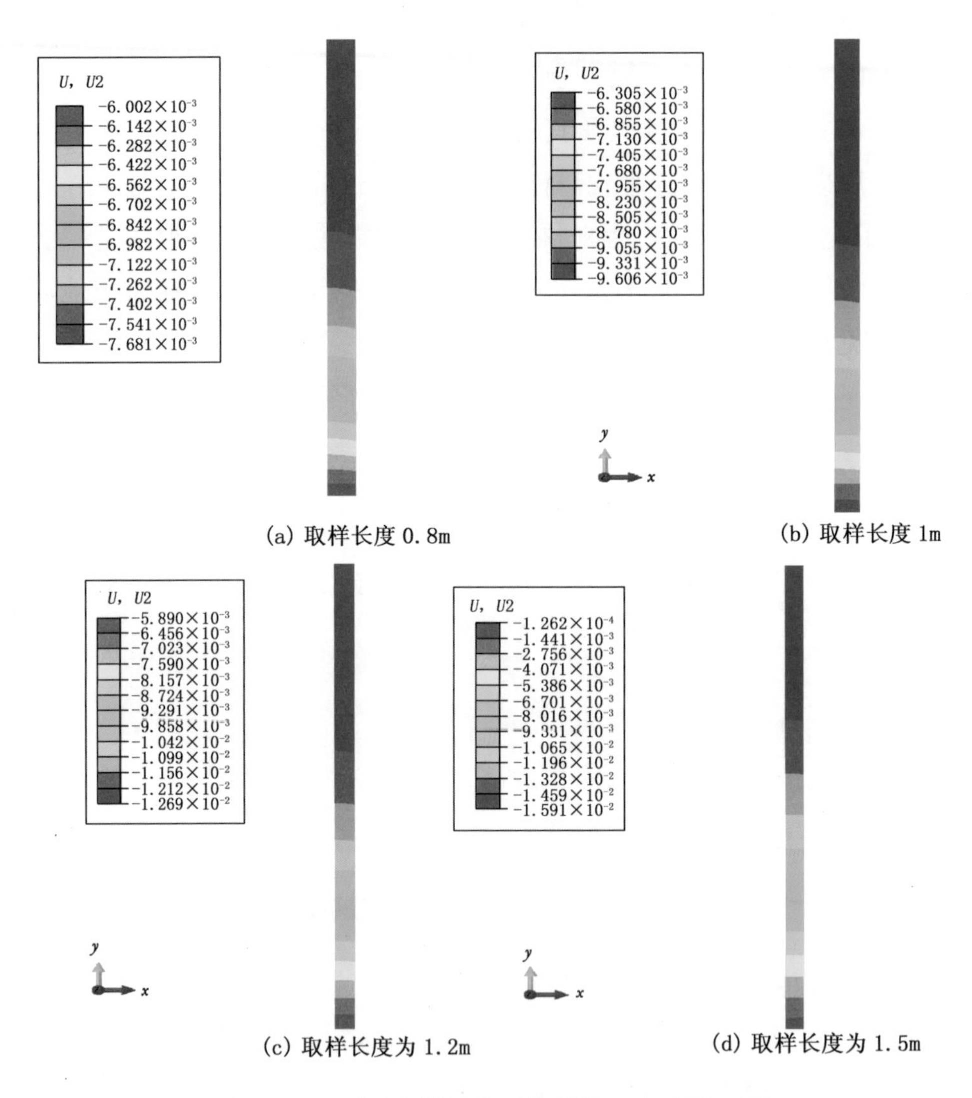

(a) 取样长度 0.8m　(b) 取样长度 1m

(c) 取样长度为 1.2m　(d) 取样长度为 1.5m

图 6－35　不同取样长度下样品的竖向位移云图

由图 6－35 可知，当取样长度为取样筒设计长度时，完成取样作业后，取样筒内样品的上表面要明显低于取样筒以外地层的上表面，这说明取样过程中，进入取样筒内的样品不可避免地都会受到取样筒与样品间摩擦阻力的影响，但这个影响受取样长度的变化而变化。根据分析结果，当取样长度为 0.8m 时，样品上方表面的竖向位移为 7.681mm，当取样长度增大到 1.5m 时，样品上方表面的竖向位移增大到 16mm。由此可知，随着取样长度的增加，样品的竖向位移在逐渐增大。这给取样筒长度的设计提供了理论依据，即想要获得影响更小的样品，要合理设计取样筒的长度，并不是一次取样越长越好。对于天然气水合物的取样更需要合理设计取样筒长度，因为目前对天然气水合物分布和特性还不明确，取样的目的就是为取得原位样品，并保证取样收获率，而天然气水合物本身受温度压力的影响就已经较大，因此为减少取样筒长度对它的影响，取样筒也不应设计较长。根据数值分析结果及已使用的一些取样器情况，取样筒长度在 1m 左右为宜，这样可以把摩擦阻力对天然气水合物样品的影响降到最低，还能提高取样收获率。

样品顶端竖向位移随着不同取样长度的变化曲线如图 6－36 所示。由图可知随着取样长度的增大，样品顶端的竖向位移几乎同步线性增大。在取样筒的实际设计中可以根据这种线性关系，优化出既能保证一定的取样长度又能尽可能减小对样品扰动程度的取样方案。

样品的竖向位移随着钻入深度的变化曲线如图 6－37 所示。由图可知随着钻入深度的增大，样品顶端的竖向位移逐渐增大，并且该曲线的变化规律与一维固结试验中的压缩曲线相一致，因此可用室内的一维压缩试验来近似模拟研究取样过程中样品的变形和受力特性，为取样筒的设计和实际取样操作提供理论参考。

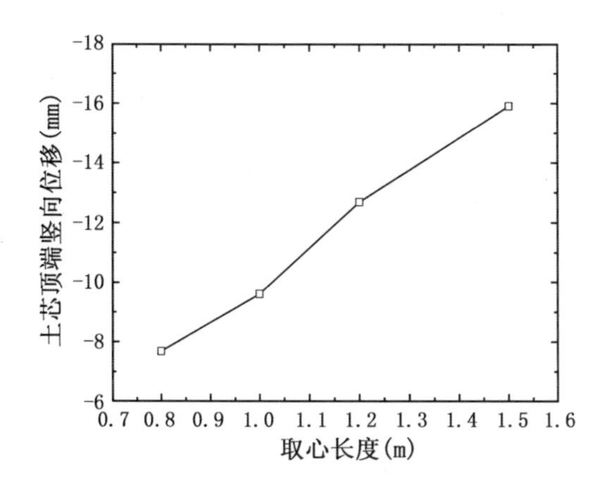

图 6－36　样品顶端竖向位移随取样长度的变化曲线

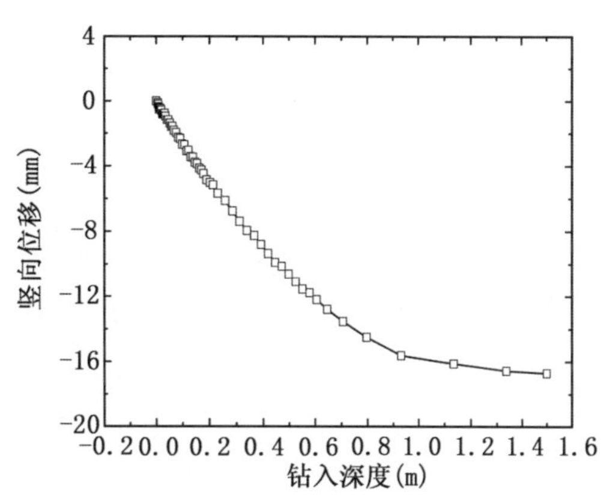

图 6－37　样品竖向位移随钻入深度变化曲线

6.4.5　取样长度实例计算

天然气水合物一般赋存于水深大于 300m 的海床底下，在中国南海海床中的天然气水合物根据前期的物理化学探测分析，一般埋藏在水深超过 1000m，海底以下 200m 左右的岩层中。由于目前获得的深海沉积层的土工参数资料较少，根据文献调研的数据，假定目标岩层为黏性土层，土力学参数如表 6－2。分别对内径为 30mm、55mm、94mm 的取样筒工作过程中可能出现“桩效应”时岩样的长度进行了分析。

表 6－2　计算所用土力学参数

γ'（kN/m^3）	ϕ（°）	C（kPa）	c_f（kPa）	δ_f（°）
7.5	15	20	0.5	3

当采用 K. Terzaghi 公式计算取样筒内岩样临界长度时，选取超载岩层的厚度为 0.3m。计算结果如表 6－3。由于没有考虑岩样的变形及由此在取样筒下端产生的“拱效应”问题，实际取得的岩样长度应该略低于计算值。

表 6－3　取样筒内岩样临界长度计算结果

内径（m）	q_u（kPa）（据 K. Terzaghi 公式）	岩样长度（m）	q_u（kPa）（据 SY/T 1009—2002）	岩样长度（m）
0.03	629.46	0.77	360	0.66
0.055	629.61	1.39	360	1.18
0.094	629.97	2.30	360	1.95

从上述计算过程及图 6－38 可知：当出现“桩效应”时，取样筒内岩样长度随取样筒内径的扩大而增加，这是符合实际情况的。从表 6－3 也可以看出，据 SY/T 1009—2002 计算出来的下部岩层承载力与采用 K. Terzaghi 公式计算出

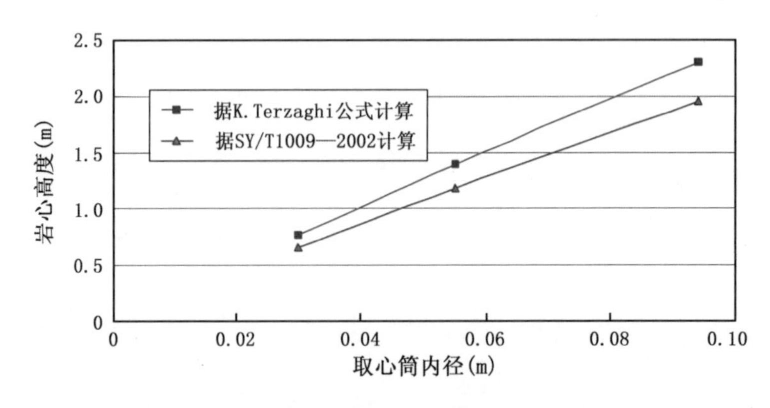

图 6－38　岩样临界长度随取样筒内径的变化

来的承载力值小很多，但是计算出来的岩样长度差别并不大，这从一个侧面说明“桩效应”的产生主要是由于取样筒内壁和岩样之间产生的较大摩擦阻力，岩层的强度并不是影响取样长度的决定因素。因此，当目标岩层均一性较好时，为了提高取样收获率，应该主要研究如何降低取样筒和岩样之间的摩擦阻力，即减小两者之间的摩擦系数。

小结

本节主要介绍了海上绳索取样工具配套工具的设计思路，包括海上绳索取样使用的钻杆，打捞和释放工具，保压取样工具的锁紧机构和直接与天然气水合物样品接触的保压取样筒的设计，为今后海上天然气水合物钻探取样设备的研发和取样技术的完善奠定了基础。

7 海上天然气水合物保温保压筒研究

7.1 保温保压筒受力分析

通过对保温保压筒的受力情况进行数值模拟及室内实验，保证筒体的结构强度和安全性，从而进行结构优化。

7.1.1 数值建模

保温保压筒长度为3500mm，上端是活塞密封，下端是球阀密封。为方便进行数值模拟，建模时对其进行简化：上端是活塞密封，简化为平盖封头；下端是球阀密封，简化为球形封头。

7.1.1.1 平盖封头厚度

圆形平盖的厚度 δ_p 计算公式如下所示：

$$\delta_p = D_c \sqrt{\frac{Kp_c}{[\sigma]^t \phi}} \tag{7-1}$$

式中 δ_p——圆形平盖厚度，mm；

D_c——平盖计算直径，mm；

p_c——承受的压力载荷，MPa；

$[\sigma]^t$——材料的许用应力，MPa；

ϕ——焊头接头系数。

查得：40Cr钢板的屈服应力 σ_s 为340MPa，取安全系数 n 为2，得到材料的许用应力 $[\sigma]^t$ 为170MPa，圆形平盖承受的压力载荷 p_c 为20MPa。

选择平盖与圆筒通过角焊连接，取 K 为0.4，平盖计算直径 D_c 为43mm。由于结构的特殊性，属于高压容器，应对其焊接接头进行100%的无损探伤，因此取焊接接头系数 ϕ 为1.00。

将以上各值代入式（7－1），得到圆形平盖的计算厚度 δ_p 的具体数值为：

$$\delta_p = 43 \times \sqrt{\frac{0.4 \times 20}{170 \times 1.00}} = 9.11\text{mm}$$

在 GB 6654—1996《压力容器用钢板》和 GB 3531—1996《低温压力容器用低合金钢钢板》中规定，压力容器专用钢板的厚度负偏差不大于 0.25mm，因此使用该标准中当钢板厚度不大于 5mm 时，可取钢板厚度偏差 C_1 为 0。考虑到设备在温度变化较明显、环境酸碱性变化较大的特殊工作环境当中使用，需要增加一定的腐蚀裕量。在此，取钢板的腐蚀裕量 C_2 为 2mm。

代入上述数值，得出所需钢板的设计厚度 δ_{pd} 为：

$$\delta_{pd} = \delta_p + C_1 + C_2 = 9.11 + 0 + 2 = 11.11\text{mm}$$

对钢板的厚度进行圆整，选择钢板的名义厚度 δ_{pn} 为 12mm。

7.1.1.2　半球形封头的厚度

半球形封头厚度 δ 的计算公式如下所示：

$$\delta = \frac{p_c D_i}{4[\sigma]^t \phi - p_c} \tag{7-2}$$

式中　δ——半球形封头计算厚度，mm；

D_i——球壳的内径，mm。

材料许用应力及焊接接头系数的选取同上，球壳的内径 D_i 为 42mm，半球壳承受的压力载荷 p_c 为 20MPa。

将数值代入式（7－2），求得半球形封头的计算厚度为：

$$\delta = \frac{20 \times 42}{4 \times 170 \times 1.00 - 20} = 1.27\text{mm}$$

由于所用半球形封头的名义厚度满足：

$$\delta_n = 14\text{mm} \geqslant 1.27\text{mm}$$

所以，结构是安全的。

7.1.1.3　网格划分

根据筒体、平盖封头和半球形封头的外形尺寸可以建立数值模型。由于筒体和两个封头外形尺寸上存在较大的差异，因此采用不同的划分精度对其进行网格划分，如图 7－1 至图 7－3 所示。

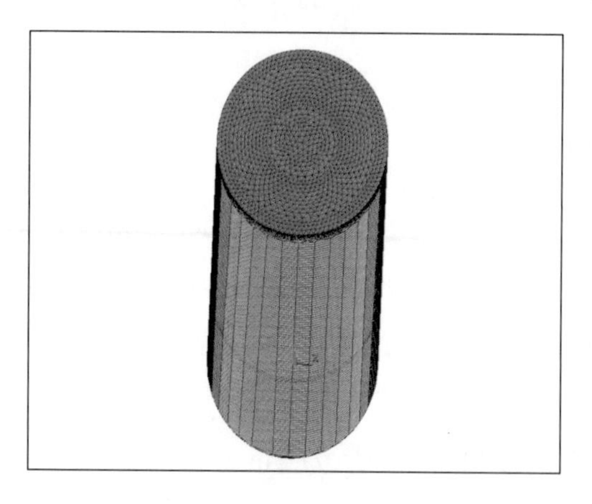

图7－1　平盖封头网格划分结果显示

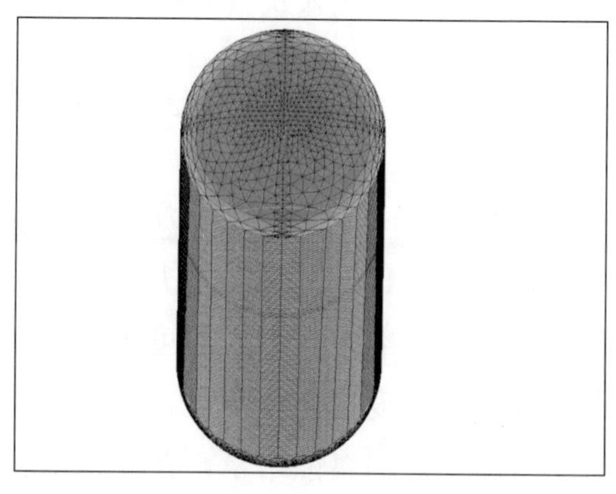

图7－2　半球形封头网格划分结果显示

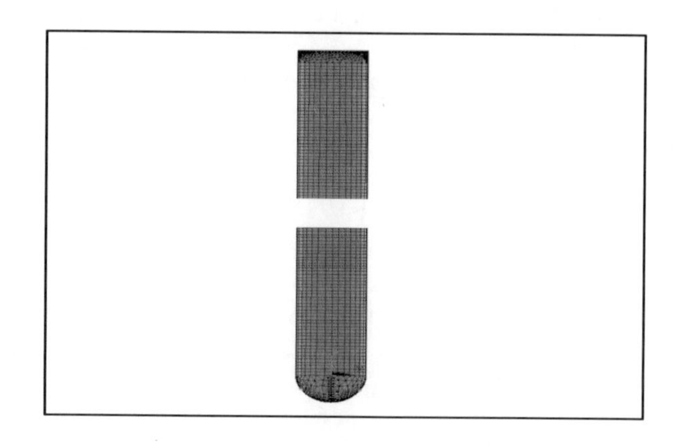

图7－3　筒体上网格划分结果显示

7.1.2　加载与求解

7.1.2.1　施加约束载荷

模型所受压力载荷分别为内压、外压，在设计工况下，保温保压筒工作的极限环境为海底2000m，在不考虑海水密度随温度及海水深度变化的情况下，将其密度取为与4℃时水的密度相等，因此，2000m水柱所产生的压力为20MPa。在实验条件下，保温保压筒所处的环境为大气压。在外筒承受的外压载荷为0.1MPa的情况下，可以使内筒所承受的内压载荷达到20MPa。因此，模型所受内压p_i为20MPa，外压p_o为0.1MPa。

由于平盖封头和筒体、半球形封头与筒体的连接处几何形状发生突变而导致整体结构的几何不连续，连接处势必产生局部应力。由于材料具有一定的韧性和可塑性，而且在结构的各部分产生的初始应力不同，在接触面附近的局部区域，材料会发生局部的变形，通过应力的再分配，使连接处附近的局部区域内的高应力得到缓解，从而使整个结构趋于安定。因此，考虑到平盖封头、半球形封头在与筒体连接的局部区域当受到外加载荷时存在边缘效应，连接处会产生位移。故而，在这两个连接面上施加横推力产生的位移载荷。

7.1.2.2　求解应力场分布

计算模型应力场的分布情况，包括两部分的应力，即：薄膜应力和边缘应力。通过有限元分析软件可以较快速地计算出结构模型上的应力，包括：主应力、切应力或者三向应力的分布情况。图 7－4 为保温保压筒的应力场分布云图。

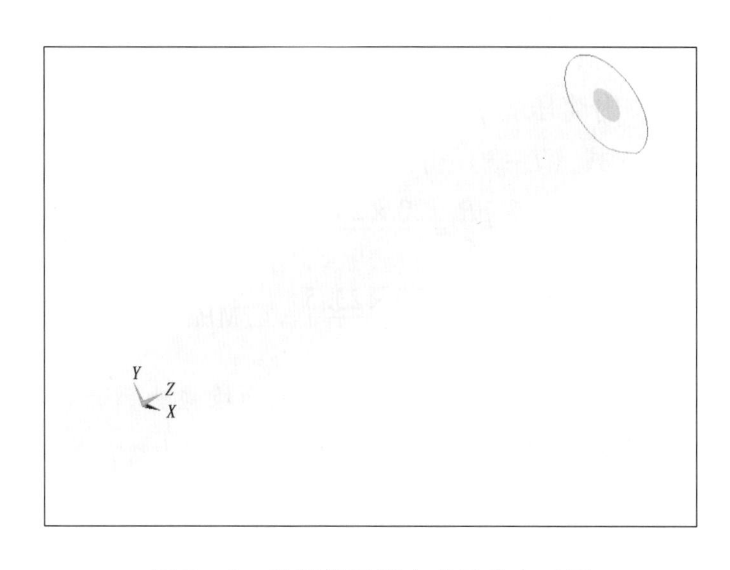

图 7－4　保温保压筒应力场分布云图

7.1.3　计算模型应力的理论分析

由于该模型的结构是由几种简单的壳体组合而成，沿壳体轴线方向的厚度、载荷、温度和材料的物理性能都可能会出现突变，从而引起壳体结构中薄膜应力的不连续。由于这种总体结构的不连续性，组合壳在连接处附近的局部区域内出现衰减很快的应力增大现象，即边缘效应。因此，可以把壳体应力的解分解为两部分，即：薄膜解和有矩解。前者可以通过壳体的无力矩理论进行求解，后者可通过有力矩理论进行求解。将上述两种解叠加后就可以得到保持组合壳体结构连续的最终解。

7.1.3.1　保温保压筒的薄膜应力

在不考虑保温保压筒边缘应力的情况下，根据无力矩理论得到计算筒体薄膜应力（包括轴向应力和周向应力）的公式为：

$$\sigma_{\theta}=\frac{pR}{\delta}$$
$$\sigma_{\phi}=\frac{pR}{2\delta} \tag{7-3}$$

式中 σ_{θ}——轴向应力，MPa；

p——内筒压力，MPa；

R——内筒中径，mm；

δ——筒体壁厚，mm；

σ_{ϕ}——周向应力，MPa。

对于内筒而言，内筒压力 p 为 20MPa，筒体的壁厚 δ 为 5mm，中径 R 为 23.5mm，将数据带入式（7－3）得出筒体的轴向应力和周向应力分别为：

$$\sigma_{\theta}=\frac{pR}{\delta}=\frac{20\times23.5}{5}=94\text{MPa}$$
$$\sigma_{\phi}=\frac{pR}{2\delta}=\frac{20\times23.5}{2\times5}=47\text{MPa}$$

7.1.3.2　保温保压筒的圆柱壳与半球壳连接的边缘应力

（1）保温保压筒内筒圆柱壳的边缘应力最大总应力。

根据《化工设备设计力学基础》有关半球壳与圆柱壳连接处边缘应力的推导公式，得到圆柱壳边缘区总应力的理论计算公式如下：

$$\sum\sigma_{\phi}=\frac{pR}{2\delta}\mp\frac{3p}{4\delta^2\beta^2}\mathrm{e}^{-\beta x}\sin\beta x$$
$$\sum\sigma_{\theta}=\frac{pR}{\delta}-\frac{pR}{4\delta}e^{-\beta x}\cos\beta x\mp\frac{3\mu p}{4\delta^2\beta^2}\mathrm{e}^{-\beta x}\sin\beta x \tag{7-4}$$

式中 β——应力衰减系数；

x——至不连续点距离。

对式（7－4）求导数，可知：当 $\beta x=\pi/4$ 时，$\sum\sigma_{\phi}$ 有极大值；当 $\beta x-1.858$ 时，$\sum\sigma_{\theta}$ 有极大值。将泊松比 $\mu=0.277$ 代入式（7－4），得到它们的值分别为：

$$\left(\sum\sigma_{\phi}\right)_{\max}=0.646\frac{pR}{\delta}\quad（在外表面\ \beta x=\pi/4\ 处）$$
$$\left(\sum\sigma_{\theta}\right)_{\max}=1.028\frac{pR}{\delta}\quad（在外表面\ \beta x=1.858\ 处） \tag{7-5}$$

将内筒承受的内压载荷、中径和筒体壁厚代入式（7－5），得到与半球壳连接边缘区保温保压筒内筒的轴向应力和周向应力的最大总应力分别为：

$$(\sum\sigma_{\phi})_{\max} = 0.646\frac{pR}{\delta} = 0.646\times\frac{20\times23.5}{5} = 60.72\text{MPa}$$

$$(\sum\sigma_{\theta})_{\max} = 1.028\frac{pR}{\delta} = 1.028\times\frac{20\times23.5}{5} = 96.63\text{MPa}$$

（2）保温保压筒内筒圆柱壳边缘区最大总应力到内筒两端面的距离。

查阅关于圆柱壳的边缘弯曲解的内容，得到参数β的计算公式如下：

$$\beta = \frac{\sqrt[4]{3(1-\mu^2)}}{\sqrt{Rt}} \tag{7-6}$$

由于所选材料为40Cr，实验条件为室温t为26℃。查表得到40Cr材料在室温下的泊松比μ为0.277。将上述数据代入式（7－6）计算出该无量纲参数为：

$$\beta = \frac{\sqrt[4]{3\ (1-0.277^2)}}{\sqrt{23.5\times5}} = 0.119$$

轴向最大总应力到圆筒两端面的距离为：

$$x_{\phi} = \frac{\pi/4}{\beta} = \frac{3.14}{0.119\times4} = 6.60\text{mm}$$

周向最大总应力到圆筒两端面的距离为：

$$x_{\theta} = \frac{1.858}{\beta} = \frac{1.858}{0.119} = 15.61\text{mm}$$

（3）边缘应力的作用范围。

不同性质的连接边缘存在不同的边缘应力，但都有明显的衰减波特性。对于圆柱壳，由边缘内力沿轴向的变化规律（图7－5），经过一个周期（2π）变化以后，即当离开边缘的距离x超过$2\pi/\beta$时，边缘应力已经衰减完了；而当x超过π/β时，实际上已经衰减掉大部分（约95.7%）。对于保温保压筒所采用的40Cr材料而言，内筒圆柱壳边缘应力的作用范围只局限在$x\leqslant\pi/\beta=2.5\sqrt{Rt}$的范围之内，即：$x\leqslant2.5\times\sqrt{23.5\times5}=27.1\text{mm}$。

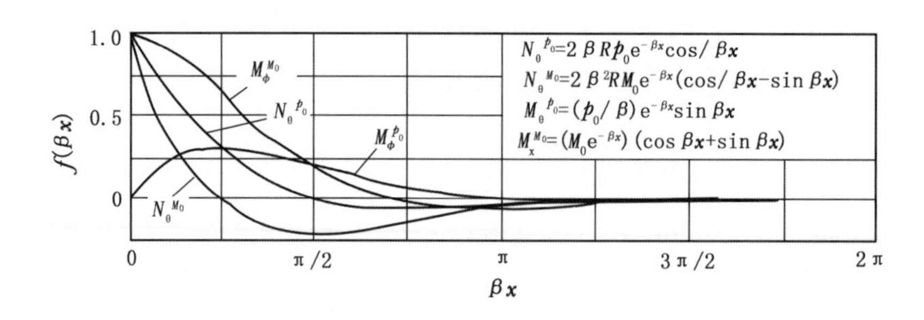

图 7－5　圆柱壳的边缘内力衰减曲线

7.1.3.3　保温保压筒的圆柱壳与平盖封头连接的边缘应力

（1）保温保压筒内筒圆柱壳的边缘区最大总应力。

根据《过程设备设计》有关圆平板与圆柱壳连接处边缘应力的推导公式，得到圆柱壳边缘区总应力的计算公式为：

$$\sigma_{\phi} = \frac{pR}{2\delta} \mp \frac{pR}{2\delta} e^{-\beta x} \sqrt{\frac{3}{1-\mu^2}} (2-\mu)(\cos\beta x + \sin\beta x - 2)$$

$$\sigma_{\theta} = \frac{pR}{\delta} + \frac{pR}{2\delta} e^{-\beta x} (2-\mu) \left[(\cos\beta x - \sin\beta x - 2) \mp \mu \sqrt{\frac{3}{1-\mu^2}} (\cos\beta x + \sin\beta x - 2) \right] \quad (7-7)$$

对式（7－7）求导数，可知：当 $\beta x = 0$ 时，$\sum \sigma_{\phi}$、$\sum \sigma_{\theta}$ 同时达到极大值。将 $\mu = 0.277$ 代入式（7－7），得到它们的值分别为：

$$\left(\sum \sigma_{\phi}\right)_{\max} = 2.05 \frac{pR}{\delta} \quad （在内表面\ \beta x = 0\ 处）$$

$$\left(\sum \sigma_{\theta}\right)_{\max} = 0.568 \frac{pR}{\delta} \quad （在内表面\ \beta x = 0\ 处） \quad (7-8)$$

将内筒承受的内压载荷、中径和壁厚代入式（7－8），得到保温保压筒内筒边缘区的轴向和周向的最大总应力分别为：

$$\left(\sum \sigma_{\phi}\right)_{\max} = 2.05 \frac{pR}{\delta} = 2.05 \times \frac{20 \times 23.5}{5} = 192.7\text{MPa}$$

$$\left(\sum \sigma_{\theta}\right)_{\max} = 0.568 \frac{pR}{\delta} = 0.568 \times \frac{20 \times 23.5}{5} = 53.39\text{MPa}$$

（2）边缘应力的作用范围。

同上，对于保温保压筒所采用的 40Cr 材料而言，内筒圆柱壳边缘应力的

作用范围只局限在 $x \leqslant \pi/\beta = 2.5\sqrt{R\delta}$ 的范围之内。即：

$$x \leqslant 2.5 \times \sqrt{23.5 \times 5} = 27.1\mathrm{mm}$$

7.1.3.4　保温保压筒的圆柱壳与球形封头连接的边缘应力

（1）半球壳的边缘应力最大总应力。

半球壳边缘区总应力的计算公式为：

$$\begin{aligned}\sum \sigma_{\phi} &= \frac{pR}{2\delta} \mp \frac{p}{8\delta\beta}e^{-kw}\tan w(\cos kw + \sin kw) \mp \frac{3p}{4t^2\beta^2}e^{-kw}\sin kw \\ \sum \sigma_{\theta} &= \frac{pR}{2\delta} + \frac{pR}{4\delta}e^{-kw}\cos kw \mp \frac{3\mu p}{4\delta^2\beta^2}e^{-kw}\sin kw\end{aligned} \qquad (7-9)$$

其中，$k = \sqrt[4]{3(1-\mu^2)}\dfrac{r_1}{\sqrt{r^2\delta}} = \sqrt[4]{3(1-\mu^2)}\sqrt{\dfrac{r_1}{\delta}}$。

半球中的最大应力为周向应力，在边缘 $w = 0$ 处，得到半球壳边缘区的最大总应力为：

$$\left(\sum \sigma_{\theta}\right)_{\max} = 0.75\frac{pR}{\delta} \qquad \text{（内外表面相同）} \qquad (7-10)$$

将内筒承受的内压载荷、中径和壁厚代入公式（7－10），得到半球壳边缘区的最大总应力为：

$$\left(\sum \sigma_{\theta}\right)_{\max} = 0.75 \times \frac{20 \times 23.5}{5} = 70.5\mathrm{MPa}$$

由此可见，当用等厚度的半球壳与圆柱壳连接时，边缘效应的影响是很小的，可以只按照薄膜应力进行设计计算而不需要考虑边缘效应的影响。

（2）边缘应力的作用范围。

不同性质的连接边缘存在不同的边缘应力，但都有明显的衰减波特性。对于半球壳，由边缘内力沿轴向的变化规律，经过一个周期（2π）变化以后，即当离开边缘的距离 x 超过 $2\pi/\beta$ 时，边缘应力已经衰减完了；而当 x 超过 π/β 时实际上已经衰减掉大部分（约 95.7%）。对于保温保压筒所采用的 40Cr 材料而言，内筒圆柱壳边缘应力的作用范围只局限在 $x \leqslant \pi/\beta = 2.5\sqrt{\delta/R}$ 的范围之内：

$$x \leqslant 2.5 \times \sqrt{\frac{5}{23.5}} = 1.15\text{mm}$$

7.1.4 应力分布云图分析

圆柱筒体模型中的应力可以简单地分为两类，即：圆柱筒体上的薄膜应力和圆柱筒体两端处的边缘应力。

通过理论公式求得保温保压筒上的最大应力发生在圆筒与平盖封头连接处，即圆筒与平盖封头连接端的内筒的内表面。

根据软件分析的结果，模型上的最大应力发生在内筒与平盖封头连接端的内表面。根据云图显示的边缘区的最大总应力为轴向：

$$\left(\sum \sigma_{\phi}\right)_{\max 1} = 178\text{MPa}$$

根据有关圆平板与圆柱壳连接处边缘应力的推导公式（7－8），得到圆柱壳边缘区总应力的值为：

$$\left(\sum \sigma_{\phi}\right)_{\max 2} = 192.7\text{MPa}$$

计算分析得到的最大应力值与由理论公式得到的边缘区的最大总应力值存在一定的差距代入数据，计算前者与后者之间的相对误差为：

$$B = \frac{\left(\sum \sigma_{\phi}\right)_{\max 2} - \left(\sum \sigma_{\phi}\right)_{\max 1}}{\left(\sum \sigma_{\phi}\right)_{\max 2}} = \frac{192.7 - 178}{192.7} = 7.63\% \tag{7-11}$$

由此发现，通过两种方法得到的边缘应力的最大值是相差不大的。由此，验证了所建模型的正确性及得到结果的精确性。

7.1.5 保温保压筒应力试验

7.1.5.1 保温保压筒应力试验方案

（1）试验目的：①测量保温保压筒的承压性能；②测量保温保压筒在内压作用下的应力分布。

（2）试验方法：采用常规无损应力检测法中的电阻应变计检测法。

（3）试验装置设计及流程如图7－6所示。

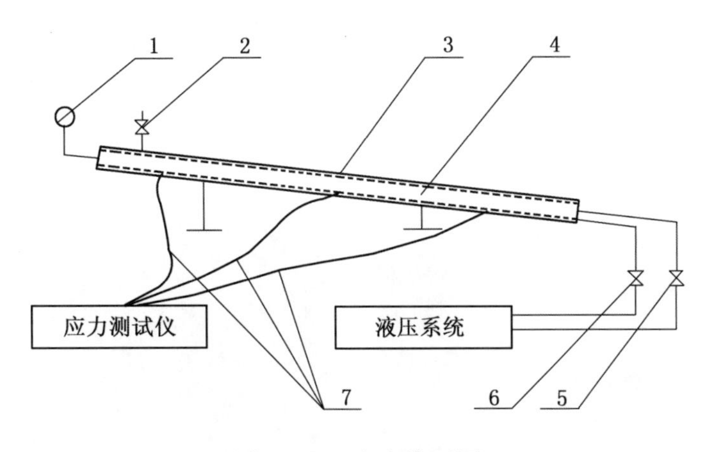

图7－6　试验装置图

1—压力表；2—排气阀；3—外筒；4—内筒；5—进油阀；6—回油阀；7—应变片引线

（4）贴片方案。

①轴向：应变片的黏贴方式如图7－7所示（由于轴对称，所以只表示筒的一半）。应变片1、2、3间距为15mm，应变片4位于筒体1/4处，应变片5位于筒体中点。共5个应变片贴点，沿环向贴片。对称的另一半筒体应变片布置与图7－7相同，编号分别为6、7、8、9，轴向共布9个应变片。

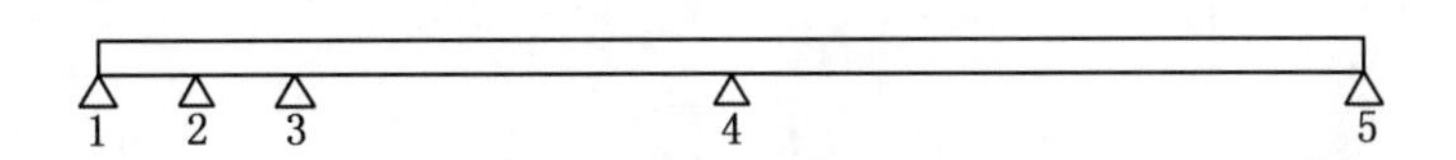

图7－7　应变片轴向分布图

②环向：在图7－7中1、2、4处，整个圆周均布贴应变片两只，具体分布如图7－8所示，环向片共6只。

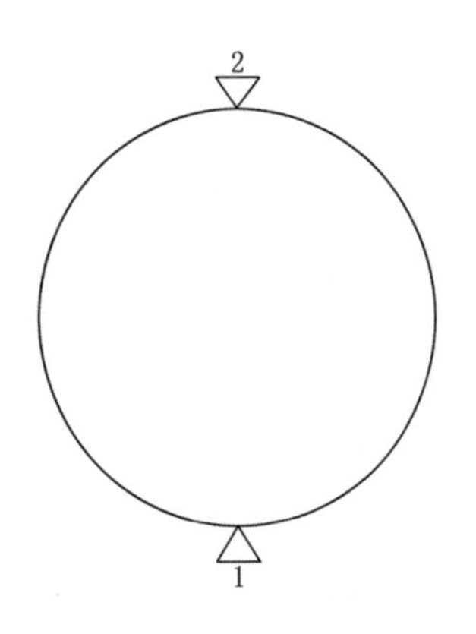

图7－8　应变片环向分布图

应变片个数总计为15个。

7.1.5.2　压力试验

（1）试验准备。

具体步骤如下：①对保温保压筒体进行打磨；②黏贴应变片及接线端子（图7－9）；③焊接导线；④固定应变片、导线及接线端子（图7－10）；⑤为防止在引出导线的过程中把导线拉断，对导线进行二次固定；⑥在外筒的指定位置焊接线柱（图 7－11）；⑦从接线柱中把导线引出，然后对应焊接到接头上；⑧安装好接头，密封；⑨在外筒已打好的孔内插入热电偶，用环氧树脂密封（图 7－12）。

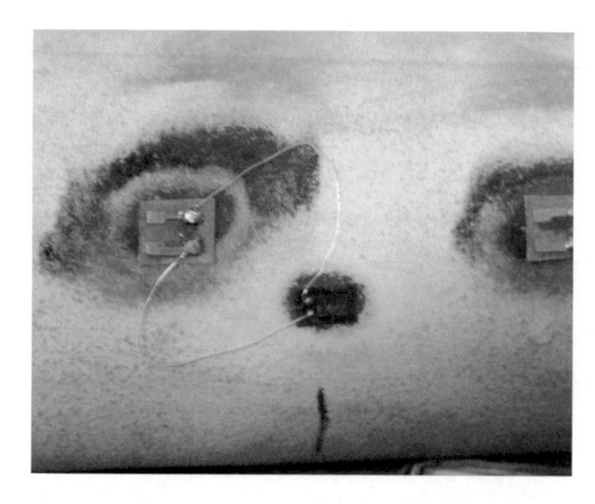

图 7－9　黏贴应变片及接线端子

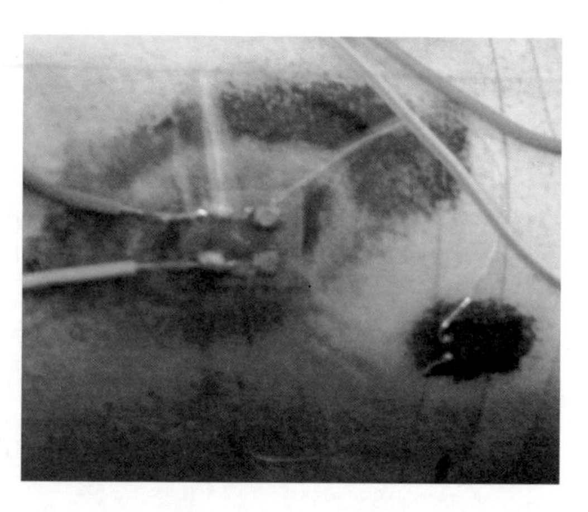

图 7－10　固定应变片、导线及接线端子

图 7－11　外筒焊接线柱

图 7－12　插入热电偶

（2）试验过程。

具体步骤如下：①连接设备，对应变仪进行调试；②根据测量所选用的桥路贴补偿片，连接应变片和应变仪，连接后试调仪器；③对应变片和补偿片的运行情况进行确认，保证实验数据的准确性；④加压实验，记录各个压力值下内筒的应变量。

（3）试验数据处理。

①理论计算。

保温保压筒内管的内外径之比 K 值为 1.238，大于 1.2，故以厚壁筒的理论为依据进行计算。

径向应力为：

$$\sigma_{r}=\frac{p}{K^{2}-1}\left(1-\frac{R_{o}{}^{2}}{r^{2}}\right) \tag{7-12}$$

其中，$K=\frac{R_{o}}{R_{i}}=\frac{26}{21}=1.238$，表示厚壁圆筒的厚度特征；$p=20\text{MPa}$。

显然，σ_r 数值在内壁处最大，为 -20MPa；在外壁处最小，数值为0。

周向应力为：

$$\sigma_{\theta}=\frac{p}{K^{2}-1}\left(1+\frac{R_{o}^{2}}{r^{2}}\right) \tag{7-13}$$

在内壁处：

$$\sigma_{\theta,\max}=p\frac{K^{2}+1}{K^{2}-1}=20\times10^{6}\frac{1.238^{2}+1}{1.238^{2}-1}=95.1\text{MPa}$$

在外壁处：

$$\sigma_{\theta,\min}=p\frac{2}{K^{2}-1}=20\times10^{6}\frac{2}{1.238^{2}-1}=75.1\text{MPa}$$

轴向应力：

$$\sigma_{z}=p\frac{1}{K^{2}-1}=37.55\text{MPa} \tag{7-14}$$

②实验数据对比。

内壁处的周向应变为：

$$\varepsilon_{\theta}=[\sigma_{r}-\mu(\sigma_{\theta}+\sigma_{z})]/E \tag{7-15}$$

将各项应力值代入公式（7－15），得到周向应变与内压 p 的关系为：

$$\varepsilon_{\theta}=1.537\times10^{-5}p$$

选取测试点10，做出其周向应力曲线图与理论计算值比较，如图7－13所示。

内壁处的轴向应变为：

$$\varepsilon_{z}=[\sigma_{z}-\mu(\sigma_{r}+\sigma_{\theta})/E] \tag{7-16}$$

将各项应力值代入公式（7－16），得到不同压力下的应变大小为：

$$\varepsilon_{z}=3.82\times10^{-6}p$$

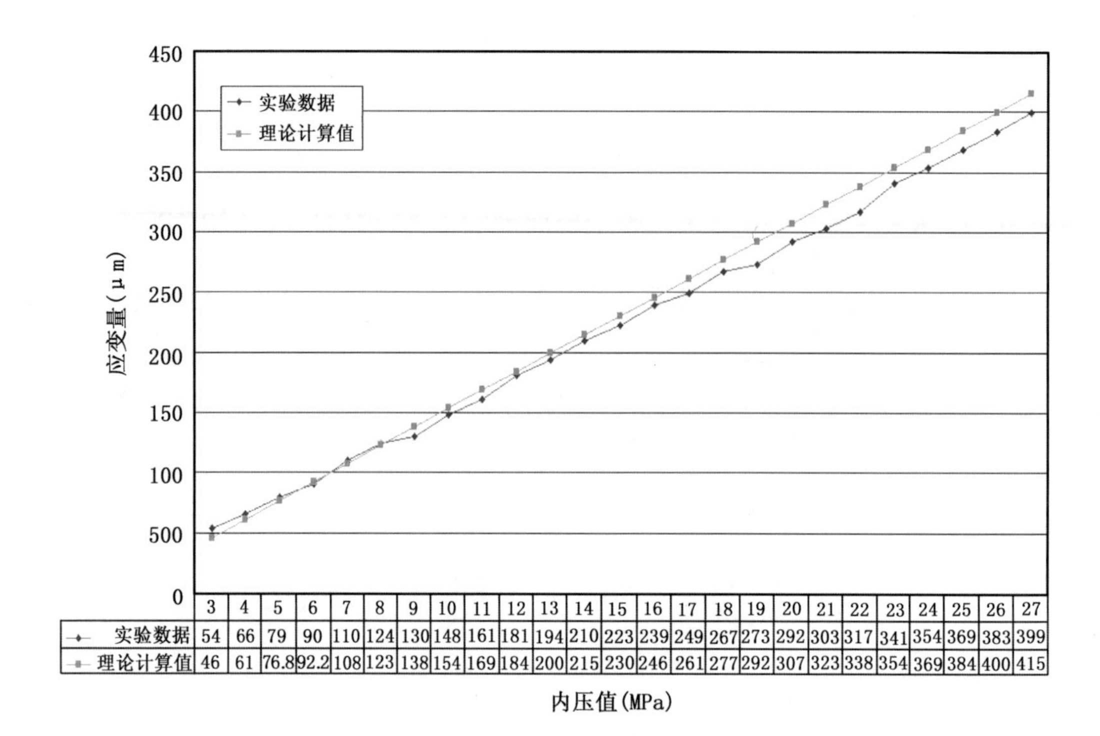

内压值(MPa)	3	4	5	6	7	8	9	10	11	12	13	14	15	16	17	18	19	20	21	22	23	24	25	26	27
实验数据	54	66	79	90	110	124	130	148	161	181	194	210	223	239	249	267	273	292	303	317	341	354	369	383	399
理论计算值	46	61	76.8	92.2	108	123	138	154	169	184	200	215	230	246	261	277	292	307	323	338	354	369	384	400	415

图 7 - 13　测试点 10 周向应力曲线与理论计算值对比

选取测试点 6，做出其轴向应力曲线图与理论计算值比较，如图 7 - 14 所示。

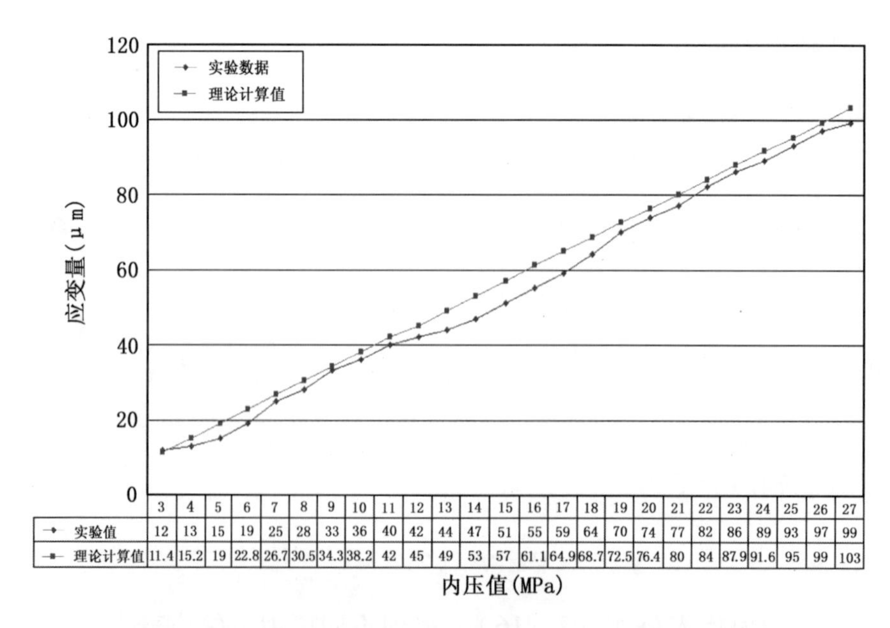

内压值(MPa)	3	4	5	6	7	8	9	10	11	12	13	14	15	16	17	18	19	20	21	22	23	24	25	26	27
实验值	12	13	15	19	25	28	33	36	40	42	44	47	51	55	59	64	70	74	77	82	86	89	93	97	99
理论计算值	11.4	15.2	19	22.8	26.7	30.5	34.3	38.2	42	45	49	53	57	61.1	64.9	68.7	72.5	76.4	80	84	87.9	91.6	95	99	103

图 7 - 14　测试点 6 轴向应力曲线与理论计算值对比图

由图 7 – 14 可以看出实验数据和理论计算值基本吻合，实验数据略有波动，原因为：①电应变片灵敏系数 K 的变化产生的误差；②电桥非线性带来的误差；③长导线引起的测量误差；④应变测试为高灵敏度实验，周围的温度、湿度及周围的测试环境的波动引起读数的变化。

各测试点的压力应变关系图如图 7 – 15 所示。

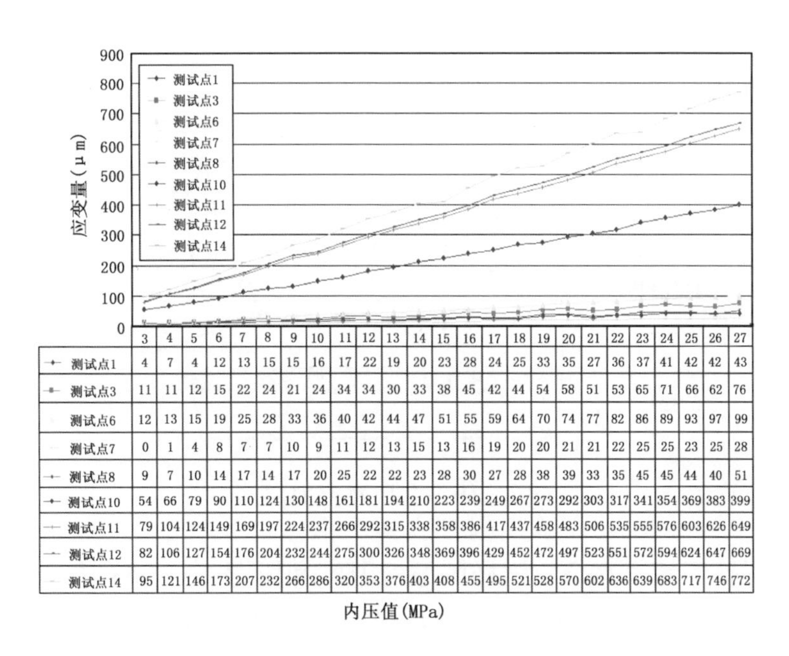

	3	4	5	6	7	8	9	10	11	12	13	14	15	16	17	18	19	20	21	22	23	24	25	26	27
测试点1	4	7	4	12	13	15	15	16	17	22	19	20	23	28	24	25	33	35	27	36	37	41	42	42	43
测试点3	11	11	12	15	22	24	21	24	34	34	30	33	38	45	42	44	54	58	51	53	65	71	66	62	76
测试点6	12	13	15	19	25	28	33	36	40	42	44	47	51	55	59	64	70	74	77	82	86	89	93	97	99
测试点7	0	1	4	8	7	7	10	9	11	12	13	15	13	16	19	20	20	21	21	22	25	25	23	25	28
测试点8	9	7	10	14	17	14	17	20	25	22	22	23	28	30	27	28	38	39	33	35	45	45	44	40	51
测试点10	54	66	79	90	110	124	130	148	161	181	194	210	223	239	249	267	273	292	303	317	341	354	369	383	399
测试点11	79	104	124	149	169	197	224	237	266	292	315	338	358	386	417	437	458	483	506	535	555	576	603	626	649
测试点12	82	106	127	154	176	204	232	244	275	300	326	348	369	396	429	452	472	497	523	551	572	594	624	647	669
测试点14	95	121	146	173	207	232	266	286	320	353	376	403	408	455	495	521	528	570	602	636	639	683	717	746	772

图 7 – 15　各测试点的压力应变关系图

从图 7 – 15 可以看出各测试点的压力应变曲线基本为直线，这符合圆筒在弹性范围内的弹性应变关系。但有的曲线应变偏大，这是由于贴的应变片主要在焊接的残余应力区，在焊缝周围的应力比较大，导致读数的失实，是正常的现象。

7.2　保温技术研究

由于天然气水合物赋存环境为低温、高压地层，为了获取原位样品，对它的取样需要特殊的保温技术。经过大量的分析和论证，考虑到钻具外形尺寸的限制，采用金属真空保温瓶内外表面喷涂等离子材料的被动保温方式和半导体制冷的主动保温方式。

7.2.1 真空被动保温方式

被动保温方式就是在保温筒上做好保温材料或保温方式后被动地接受温度的传递、辐射和对流。一旦选用的保温材料和方式确定后，它的保温效果是一定的，与被保温物体的实际温度无关。

7.2.1.1 保温筒结构

保温筒采用金属真空保温瓶结构如图7-16所示。

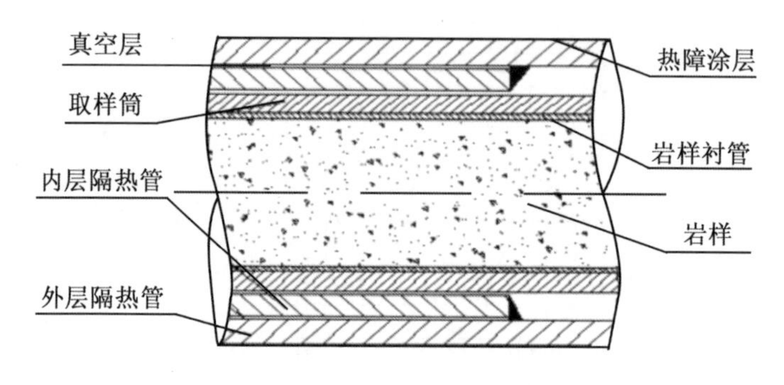

图7-16 金属真空保温筒

为尽量保持天然气水合物岩样的原位温度和压力，对岩样基本设置了5层保护，从里到外依次为：岩样衬管、取样筒、内层隔热管、外层隔热管和热障涂层。起到保温作用的是热障涂层和内层隔热管与外层隔热管之间抽出的真空层。

（1）热障涂层。

热障涂层是一种表面热防护涂层，它主要是为了满足不同领域内高温部件工作的需要，运用各种表面技术手段将隔热材料涂敷在工作部件的表面，从而起到隔热、耐氧化腐蚀、抗热气流冲刷的作用。

氧化锆（ZrO_2）是热障涂层的首选涂层材料，它具有熔点高、热传导率低、热膨胀系数大等优点。目前，普通微米级ZrO_2广泛应用于各种涂层的制备。随着纳米材料及其技术的发展，为了进一步提高热障涂层的隔热性能，国内外近十年来开展了大量的研究工作。由于钇稳纳米ZrO_2热导率低、且具有热反射作用和传导阻热的效果，因此使用它制备的涂层成为最具潜力和发展性的高性能热障涂层之一。

ZrO_2是一种耐高温的氧化物，熔点为2700℃，由于ZrO_2涂层特殊的加工工艺（纳米喷涂），致使其导热系数是变化的，晶界面积越大，涂层的导热系数越小。同时孔隙的均匀分布也有利于导热系数的降低，所以ZrO_2涂层的热导率是随着喷涂工艺和温度变化而变化的。一般采用纳米喷涂工艺制备的钇稳ZrO_2涂层的导热系数约为0.8～1.7W/（m·K）。如图7－17、图7－18所示，温度越高，热障涂层的导热系数越小；而在温度比较低的情况下，其导热系数相比高温时会比较大。因此，对于低温环境下的设备，如天然气水合物取样用的保温筒，工作的环境仅为0～20℃，纳米ZrO_2涂层所能起到的作用可能会很有限。根据普遍采用的设备涂层厚度，保温筒的涂层厚度也设定在0.5mm以下，并取导热系数$\lambda=0.85W/(m \cdot K)$。

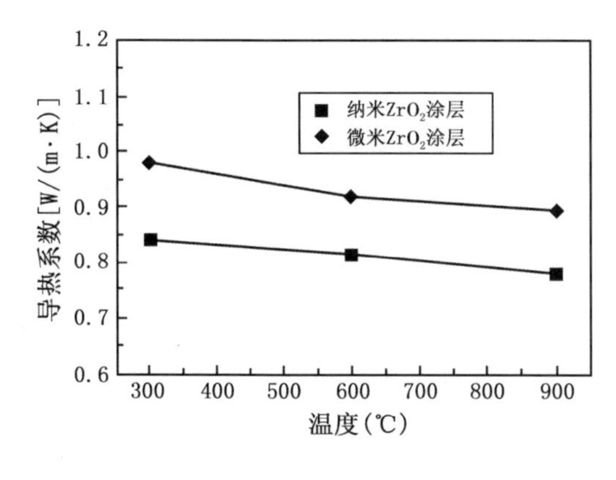

图7－17　涂层隔热效果

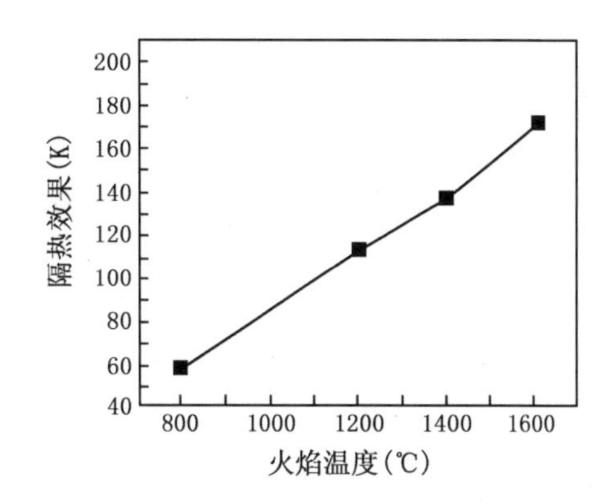

图7－18　温度对氧化锆涂层导热系数的影响

（2）真空层。

高真空绝热一般要求绝热空间保持1.33×10^{-6}Pa以下的压强，这样可以消除气体的对流传热和绝大部分的残余气体导热，从而达到良好的绝热效果。由于是苏格兰物理学家和化学家詹姆斯·杜瓦爵士于1892年发明了这种绝热型式，因此这种双壁夹层保持高真空的低温管道和容器，人们习惯上称之为杜瓦管和杜瓦瓶。

为了提高这类绝热结构的性能，必须尽可能减少残余气体的导热。而残余气体的导热除了与气体种类、压力和温度等因素有关，还与真空容器壁的表面状态有关。因为残余气体运动会与容器壁发生碰撞产生能量交换，如果容器壁表面光洁、气体碰撞到容器壁后马上返回、能量交换不充分，就能够减少能量的损失，所以为了提高真空层的隔热性能，首先要保持高真空绝热空间具有较低的压强（即较高的真空度），行业内通常采用放置吸气剂的方法，其次要保证真空容器内壁表面光洁，减少残余气体造成的能量损失，那么容器壁内表面就需要经过特殊表面处理。

高真空绝热容器具有结构简单、紧凑、热容量小、制造方便等优点，但是由于高真空绝热空间高真空度的获得与保持比较困难，因此一般在大型装置中很少得到应用。而天然气水合物取样器中的保温保压筒由于尺寸限制和使用环境，正需要这样结构简单、紧凑的低温容器，因此采用杜瓦瓶式的真空被动保温方式是可行的。

7.2.1.2　保温筒热传导理论

保温筒的使用环境为深海，其内部装有低温天然气水合物样品，温度约为 0～2℃，外部环境温度为 20～25℃，热量是由保温筒的外壁依次逐步向内传递的。根据保温筒结构，热量传递到样品需经过外筒、隔热涂层、内外隔热筒之间的真空层及取样筒等。

由于水的温度只比室温略高，其辐射传热很小，而通常我们规定在物体温度低于 400℃时，可忽略辐射传热的影响，所以在热交换计算中，一般都不考虑辐射传热。

对流传热是指流体与固体壁面直接接触时的传热，是流体的对流与导热两者共同作用的结果。在低温绝热状态下，只要有 10^{-3} Pa 的真空度，就可以防止自然对流传热，也就是说只要采用抽真空的措施，使内外筒之间的空气没有流体的特性，只呈纯导热的状态，就能防止自然对流传热。因此对保温筒的传热分析中，需要考虑的传热方式仅为气体的热传导。

（1）气体热传导理论。

气体的热传导主要由分子的移动及相互碰撞产生，因此与它的流态有很大的关系。通常以克努森数（Kn）来表征稀薄气体的流态。

$$Kn = l/L \tag{7-17}$$

式中　l——气体分子的平均自由程；

L——绝热空间的特征尺度。

按克努森数 Kn 的大小，将稀薄气体分成 4 种状态：

①当 $Kn < 0.01$ 时，为连续介质状态；

②当 $0.01 < Kn < 0.1$ 时，为滑流状态（或称为温度跃变状态）；

③当 $0.1 < Kn < 10$ 时，为转变状态；

④当 $10 < Kn$ 时，为自由分子状态。

绝热空间夹层中气体的导热系数不仅随气体种类而异，而且还和气体的状态参数（温度、压强等）有关，即与气体分子的平均自由程有关。

气体分子的平均自由程可按下式计算：

$$l = 6.44 \times 10^3 \frac{\mu}{p}\sqrt{\frac{T}{M}} \tag{7-18}$$

式中 T——气体分子的热力学温度；

M——气体相对分子质量。

保温筒的工作温度为0～20℃，取工作温度为热力学温度300K，则空气在不同压力下的平均自由程如表7－1所示。

表7－1 压力与平均自由程的关系（$T=300$K）

压力（Pa）	平均自由程（cm）	压力（Pa）	平均自由程（cm）
1.01×10^{5}	6.21×10^{-6}	1.333×10^{-3}	4.72×10^{2}
133.3	4.72×10^{-3}	1.333×10^{-4}	4.72×10^{3}
13.33	4.72×10^{-2}	1.333×10^{-5}	4.72×10^{4}
1.333	4.72×10^{-1}	1.333×10^{-6}	4.72×10^{5}
1.333×10^{-1}	4.72	1.333×10^{-7}	4.72×10^{6}
1.333×10^{-2}	4.72×10^{1}		

在连续介质状态（$Kn<0.01$）时，在其传输过程中，分子之间相互碰撞的几率远远超过气体分子与壁面间的碰撞几率，此时气体的导热系数λ遵从公式（大气压下气体的导热系数）：

$$\begin{aligned} \lambda &= 0.25(9\gamma - 5)\mu c_v \\ \gamma &= \frac{c_p}{c_v} \\ \mu &= \mu_0 \frac{1+\frac{c}{273}}{1+\frac{c}{273+t}}\sqrt{\frac{t+273}{273}} \end{aligned} \tag{7-19}$$

式中 c_v——气体的比定容热容；

γ——比热比；

c_p——气体的比定压热容；

t——主体温度，℃；

μ——气体的动力黏度。

在温度为20℃的条件下，空气的动力黏度$\mu = 17.9 \times 10^{-6}$ Pa · s。

对于单原子气体，0.25 ×（$9\gamma - 5$）为2.5；对于双原子气体，0.25 ×（$9\gamma - 5$）为1.9；对于多原子气体，0.25 ×（$9\gamma - 5$）为1.75甚至更小。

空气的摩尔质量$M = 2.9 \times 10^{-2}$ kg/mol，空气中气体分子平均质量$m_0 = M/n =$（2.9×10^{-2}）/（6.02×10^{23}）$= 4.8 \times 10^{-26}$ kg。

比热比γ和气体的比定容热容c_v与温度的关系如表7－2所示。

表7－2　比热比γ和气体的比定容热容c_v与温度的关系

气 体	比热比γ	c_v［J/（kg · K）］
空气	1.403	$717.756 \times (1 + 3.45 \times 10^{-5} T + 6.30 \times 10^{-8} T^2)$
氮气	1.405	$735.612 \times (1 + 3.45 \times 10^{-5} T + 6.30 \times 10^{-8} T^2)$
氧气	1.398	$644.349 \times (1 + 3.45 \times 10^{-5} T + 6.30 \times 10^{-8} T^2)$

表中空气的比定容热容为：

$$c_v = 717.756 \times (1 + 3.45 \times 10^{-5} T + 6.30 \times 10^{-8} T^2)$$

将已知条件带入式（7－19），可得到连续介质状态时空气的导热系数λ。

在自由分子状态，即$10 < Kn$时，高真空度空气的导热系数为：

$$\lambda = \alpha\left(\frac{\gamma + 1}{\gamma - 1}\right)\sqrt{\frac{R}{2\pi}}p\frac{L}{\sqrt{MT}} \tag{7-20}$$

式中　α——总适应系数；

R——摩尔气体常数，$R = 8.314$ J/（mol · K）；

p——绝热空间夹层中气体的气压。

要想使气体传热量减少到足够小的数值（小于辐射热的5%），容器绝热空间必须保持$p < 1.33 \times 10^{-3}$ Pa。

总适应系数为：

$$\alpha = \frac{\alpha_1\alpha_2}{\alpha_2 + \alpha_1(1 - \alpha_2)A_1/A_2} \tag{7-21}$$

目前只能通过试验测定α_1和α_2，其值与气体的种类、温度、固体表面材料的种类及表面粗糙度等因素有关，介于0和1之间。对于完全漫反射，$\alpha = 1$；对于完全镜反射，$\alpha = 0$；因无实验数据，因此采用表7－3的推荐值。

表 7-3　氮气、氢气和空气的推荐 α 值

热力学温度（K）	不同气体推荐的 α 值		
	氮气	氢气	空气
300	0.3	0.3	0.8～0.9
77	0.4	0.5	1

根据保温筒真空层厚度，绝热空间的特征尺度 L 为 1.5mm。

将已知条件带入式（7-14），可得到在自由分子状态下时空气的导热系数。

在连续介质流与自由分子状态之间，存在滑流状态和转变状态，此时 $0.01 < Kn < 10$。在此状态下，气体的导热系数可通过对连续介质流状态的导热系数进行修正得到，即：

$$
\begin{aligned}
\lambda &= \frac{\lambda_0}{1 + 2\beta Kn} \\
\beta &= \frac{2\varepsilon(2 - \alpha)}{(\gamma + 1)\alpha} \\
\varepsilon &= \frac{1}{4}(9\gamma - 5) \\
\gamma &= \frac{C_p}{C_v} \\
Kn &= \frac{1}{L}
\end{aligned}
\tag{7-22}
$$

式中　λ_0——大气压下气体的导热系数。

综上所述，带入各已知条件后，稀薄空气的导热系数见表 7-4 所示。

表 7-4　稀薄空气导热系数

Kn 取值范围	计算导热系数所选用的公式	对应的导热系数 λ [W/（m·K）]
$Kn < 0.01$，即 $p > 419$Pa	$\lambda = 0.25(9\gamma - 5)\mu c_v$	0.0248
$0.01 < Kn < 10$，即 $0.419\text{Pa} < p < 419\text{Pa}$	$\lambda = \frac{\lambda_0}{1 + 2\beta Kn}$	$\frac{0.0248p}{p + 17.95}$
$10 < Kn$，即 $p < 0.419$Pa	$\lambda = \alpha\left(\frac{\gamma + 1}{\gamma - 1}\right)\sqrt{\frac{R}{8\pi}}p\frac{L}{\sqrt{MT}}$	$1.5 \times 10^{-4}p$

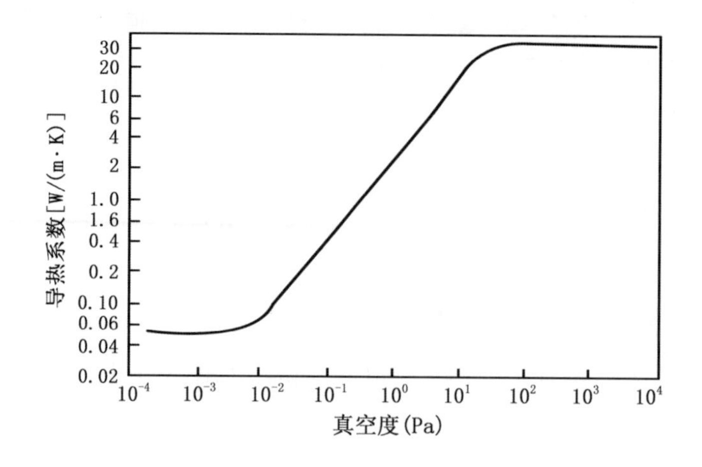

图 7－19　气体导热系数与真空度的关系

根据工程实践，残余气体导热系数 λ 与真空度的关系如图 7－19 所示。从图 7－19 可以看出：残余气体压力为 10^3Pa 时，导热系数保持为常数，即该压力范围内的导热系数与绝热层中气体压力无关；当压力进一步降低，即压力为 $10^{-3} \sim 10^3$Pa 之间时，导热系数随着压力的降低而下降，基本呈线性关系；当压力小于 10^{-3}Pa 时，导热系数又趋于稳定，并且数值很小。

（2）综合传热分析。

根据保温筒结构，导热模型简化为 4 层圆筒壁，各层材料的导热系数由内到外分别为：40Cr 钢 λ_1、氧化锆涂层 λ_2、真空层 λ_3、外层 40Cr 钢 λ_4，在温度变化比较小的前提下（20℃左右）均被视为常数。层与层之间接触良好，相互接触的表面温度相等，各等温面皆为同心圆柱面。因为热量由多层圆筒壁的最外壁传导到最内壁时，要依次经过各层，所以多层圆筒壁的导热过程可以视为各单层圆筒壁串联进行的导热过程，每层的导热速率如下所示。

第一层：

$$\phi_1 = \frac{2\pi L\lambda_1(t_1 - t_2)}{\ln\dfrac{r_2}{r_1}} = \frac{2\pi L(t_1 - t_2)}{\dfrac{1}{\lambda_1}\ln\dfrac{r_2}{r_2}} \qquad (7-23)$$

第二层：

$$\phi_2 = \frac{2\pi L(t_2 - t_3)}{\dfrac{1}{\lambda_2}\ln\dfrac{r_3}{r_2}} \qquad (7-24)$$

第三层：

$$\phi_3 = \frac{2\pi L(t_3 - t_4)}{\frac{1}{\lambda_3}\ln\frac{r_4}{r_3}} \tag{7-25}$$

第四层：

$$\phi_4 = \frac{2\pi L(t_4 - t_5)}{\frac{1}{\lambda_4}\ln\frac{r_5}{r_4}} \tag{7-26}$$

对于稳定传热过程，多层圆筒壁的热流量等于各单层圆筒壁的热流量，即：$\phi_1 = \phi_2 = \phi_3 = \phi_4 = \phi$。所以将以上 4 式相加，并经过整理可得 4 层圆筒壁的导热速率 ϕ 方程式：

$$\phi = \frac{2\pi L(t_1 - t_5)}{\frac{1}{\lambda_1}\ln\frac{r_2}{r_1} + \frac{1}{\lambda_2}\ln\frac{r_3}{r_2} + \frac{1}{\lambda_3}\ln\frac{r_4}{r_3} + \frac{1}{\lambda_4}\ln\frac{r_5}{r_4}} \tag{7-27}$$

7.2.1.3　保温筒传热过程数值模拟

天然气水合物样品在从被采集到送入实验室进行研究的整个过程中所处的条件为：温度不高于2℃，压力为20MPa。

根据设计要求，保温筒内筒内壁处的初始温度设计为2℃；而由于保温筒的工作环境为从海平面以下2000m到海平面，从而将外筒外壁处的温度设计为2～26℃，取外筒外壁的温度为26℃。因此，对于模型的温度场分析可以采用稳态分析方法进行热力学分析。图7－20为对保温筒上端施加温度载荷10h后

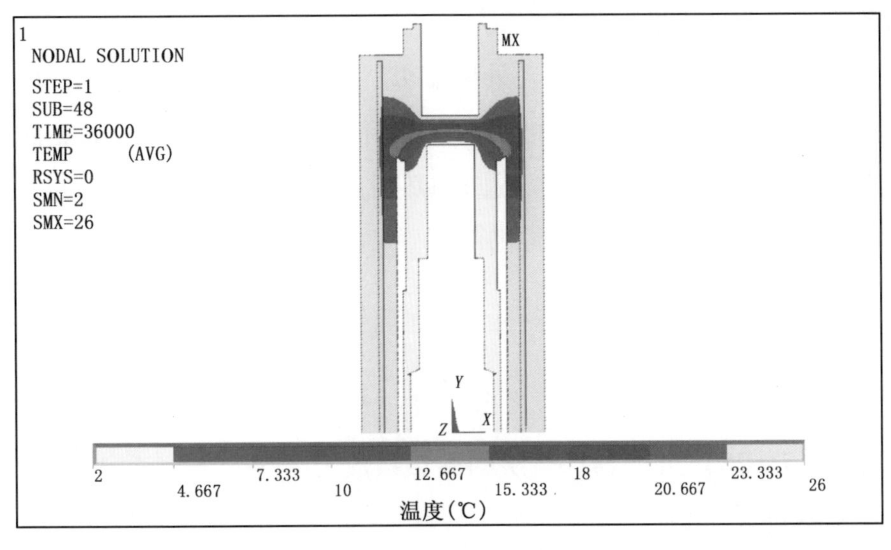

图 7－20　保温筒上端施加温度载荷 10h 后的温度场分布情况

的温度场分布情况。

从图 7 – 20 中的温度场分布图可以发现，经历足够长的时间之后，衬筒上的温度仍然维持在 2℃左右。虽然在活塞与筒体接触的局部区域温度变化最为显著，但是该区域的内壁温度仍然维持在 2℃左右。由此可见，在相当长的时间内，该保温筒都有足够好的保温性能将采集到的天然气水合物样品维持在要求的温度范围之内。

7.2.1.4 保温筒传热试验研究

（1）试验目的。

验证保温筒的保温性能，真空度的保持状况，并根据实际的测试参数对真空层的真空度提出建议值。

（2）试验装置。

保温筒、加热棒、热电偶、XMTE 数字调节仪，加热介质为水。

（3）试验原理。

在海底天然气水合物取样过程中，保温筒内部为低温天然气水合物样品，外部为高温环境。由于实验室条件的限制，采用热态实验模拟水合物取样时的温差工况，即保温筒内为高温介质，外部为室温，控制加热介质使其保持与室温温差稳定在 25℃。待保温筒的热传递稳定后，读取外隔热筒壁的温度，验证该保温筒的保温效果。

通过试验装置可以测得内隔热筒中的介质温度和外隔热筒内、外壁的温度，根据综合传热分析和在同一截面上的热流量相同等理论，可以求得真空层的导热系数，具体理论推导如下：

根据测量得到的外隔热筒内、外壁温差，可由式（7 – 26）计算得到在此截面上外隔热筒的热流量。同时可由内隔热筒内壁介质温度和外隔热筒外壁温度根据式（7 – 27）计算得到整个截面的热流量。因为在同一截面上的热流量相同，即 $\phi_4=\phi$，将两公式约分简化得：

$$\frac{t_4-t_5}{\frac{1}{\lambda_4}\ln\frac{r_5}{r_4}}=\frac{t_1-t_5}{\frac{1}{\lambda_1}\ln\frac{r_2}{r_1}+\frac{1}{\lambda_2}\ln\frac{r_3}{r_2}+\frac{1}{\lambda_3}\ln\frac{r_4}{r_3}+\frac{1}{\lambda_4}\ln\frac{r_5}{r_4}} \tag{7-28}$$

根据式（7 – 28）可得到真空层的导热系数 λ_3。

（4）实验过程。

①将加热棒、支架及热电偶放入保温筒内，注满加热介质水，拧紧封闭

接头；

②记录室温（保温筒外隔热筒外壁温度）和保温筒内隔热筒温度；

③接通电源，加热棒开始工作，通过内隔热筒内的热电偶记录水的温度，当水温达到与室温相差25℃时停止加热，同时记录水温、外隔热筒外壁和内壁的温度；

④通过接通和断开电源使水温维持恒定，每隔10min记录一次外隔热筒外壁和内壁的温度，直到外隔热筒的温度稳定。

（5）数据处理。

试验数据如表7－5所示。由试验数据得到时间—温度曲线如图7－21所示。

表7－5　实验数据表

时间	9:00	9:15	9:25	9:35	9:50	10:00	10:10	10:15	10:30	10:40
水温（℃）	10	40	40	40	40	40	40	40	40	40
外隔热筒内壁温度(℃)	12	18	19.5	22	23.5	26	26	25.5	26	26
外隔热筒外壁温度(℃)	12	17	19	22	23	25	25	26	26	26

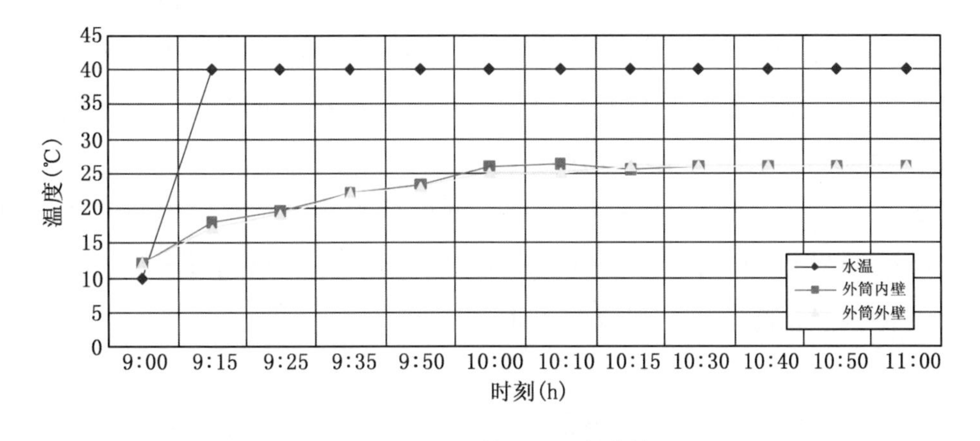

图7－21　时间—温度曲线

将保温筒内水温加热到$t_1=40$℃并保持在40℃的条件下一段时间，待传热稳定后测得外隔热筒外壁温度稳定在$t_5=26$℃时，同时由温度热电偶测得外隔热筒内壁温度平均为26.05℃。

根据实测数据进行真空层导热系数λ_3的推导，已知室温$t_0=11$℃，内筒中水的温度$t_1=40$℃，内隔热筒内壁半径$r_1=21$mm，外壁半径$r_2=26$mm，材料为40Cr，导热系数为$\lambda_1=32.6$ W/（m·K）；内隔热筒外壁为氧化锆涂层，厚度为0.5mm，即$r_3=26.5$mm，在此温度下纳米氧化锆的导热系数为$\lambda_2=0.85$ W/（m·K）；将中间密闭空气层做为一个传热层，其厚度为1.5mm，即

r_4 =28mm，由于条件限制，现实中容器不可能完全抽真空，因此可以通过求该传热层空气的导热系数 λ_3，来检验此层的真空度；外隔热筒厚度为7mm，即 r_5 =35mm，该层材料与内隔热筒相同，因此导热系数 λ_4 =32.6 W/（m·K）。保温筒各层具体参数见表7－6。

表7－6　保温筒各层具体参数值

位置参数	内隔热筒内壁	内隔热筒外壁	氯化锆涂层外壁	外隔热筒内壁	外隔热筒外壁
温度 t（℃）	t_1-40	t_2	t_3	$t_4-26.05$	t_5-26
半径 r（mm）	r_1-21	r_2-26	$r_3-26.5$	r_4-28	r_5-35
导热系数 λ[W/(m·K)]	$\lambda_1-32.6$		$\lambda_2-0.85$	λ_3（真空层）	$\lambda_4-32.6$

将数据带入式（7－28）得出：

$$\frac{26.05-26}{\frac{1}{32.6}\ln\frac{35}{28}}=\frac{40-26}{\frac{1}{32.6}\ln\frac{26}{21}+\frac{1}{0.85}\ln\frac{26.5}{26}+\frac{1}{\lambda_3}\ln\frac{28}{26.5}+\frac{1}{32.6}\ln\frac{35}{28}}$$

经计算得到 λ_3 =0.0283，与此温度下空气的标准导热系数值0.0276相差不大，误差为2.5%，可见该保温筒真空层的真空度没有得到保证。究其原因，可能是抽真空时没有抽好，也可能是在运输过程中碰撞使真空层的密封产生缝隙，导致真空层的真空度无法保证。

由式（7－27）可以得到，如果真空度保持很好，真空层内空气的导热系数 λ_3 应该无限趋近于0，使式（7－27）的分母，即热阻趋近于无穷大，热流量将会变得很小，能够满足保温的要求。

根据热通量公式（7－23）至公式（7－26），且 $\phi_1=\phi_2=\phi_3=\phi_4=\phi$，以及实验数据，经过计算可以得到保温筒未知位置的温度：保温筒内隔热筒外壁的温度为 t_2 =39.95℃；氧化锆涂层外壁的温度为 t_3 =39.79℃。

7.2.1.5　试验结论

（1）热量计算。

通常规定在物体温度低于400℃时，可忽略辐射传热的影响，但是由于保温筒的高保真性，并且真空层的热传导已经很小，故不忽略辐射传热。

甲烷天然气水合物的比热容 c 在273K时约为1800J/（kg·K），密度 ρ 为910kg/m^3。该型保温筒容积 $V_s=\pi R^2L=4570\text{cm}^3$，水合物吸收的热量 $Q_s=cm\Delta t$，假设天然气水合物吸收热量温度升高 Δt 摄氏度，则 $Q_s=1800\times910\times4.57\times10^{-3}\Delta t=7485.66\Delta t$。

由于选用40Cr钢作为容器，其导热系数为41W/（m·K），并且厚度仅为5mm，其温度和水合物几乎一样，所以把内隔热筒和水合物均视为研究对象。

内隔热筒体积为：

$$V_n = \pi\ (r_2^2 - r_1^2)\ L \tag{7-29}$$

内隔热筒吸收热量为：

$$Q_n = cm\Delta t = 461 \times 7850 \times 2.43 \times 10^{-3} \Delta t = 8759\ \Delta t \tag{7-30}$$

水合物和内隔热筒共同吸收的热量为：

$$Q_x = Q_s + Q_n = 16244.66\Delta t \tag{7-31}$$

假设外隔热筒外壁温度与天然气水合物温差为20K，则热传递热流量为：

$$\phi_c = \frac{2\pi L\ (t_1 - t_5)}{\frac{1}{\lambda_2}\ln\frac{r_3}{r_2} + \frac{1}{\lambda_3}\ln\frac{r_4}{r_3} + \frac{1}{\lambda_4}\ln\frac{r_5}{r_4}}$$

将各种参数带入，得到：

$$\phi_c = \frac{414}{0.0358 + \frac{0.055}{\lambda}}$$

辐射传热公式为：

$$\phi_f = \varepsilon_0 c_0 A_1 \left[\left(\frac{T_2}{100}\right)^4 - \left(\frac{T_1}{100}\right)^4\right]\phi_{1-2} \tag{7-32}$$

代入参数得到辐射传热的热流量为：

$$\phi_f = 0.043 \times 5.67 \times (2 \times 3.14 \times 0.026 \times 3.3) \times \left[\left(\frac{293.15}{100}\right)^4 - \left(\frac{273.15}{100}\right)^4\right] \times 1 = 2.38$$

若保温筒在2h内由海底提升至钻井船上，则在这2h内由外界传递到位于保温筒内的水合物和内筒的热量为：

$$Q = (\phi_c + \phi_f)\ t = \frac{2.98 \times 10^6}{0.0358 + \frac{0.055}{\lambda}} + 17136 \tag{7-33}$$

如果这些热量全部被天然气水合物和内筒吸收并用于温度的提升，则：

$$Q_x = Q = cm\Delta t \tag{7-34}$$

将 Q_x、Q 代入，得到 Δt 与 λ 的关系方程为：

$$\Delta t = \frac{183.4\lambda}{0.0358\lambda + 0.05} \tag{7-35}$$

得到的曲线如图 7－22 所示。

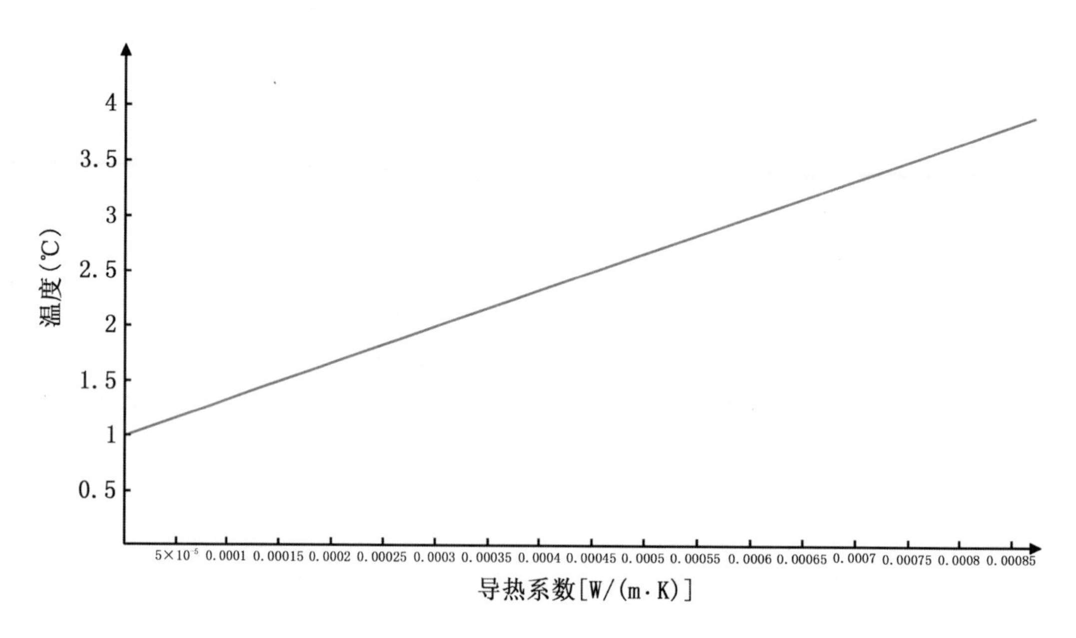

图 7－22　温差与真空层导热系数之间的关系

温差 Δt 与导热系数 λ 的对应值截取部分数据如表 7－7 所示。

表 7－7　温差 Δt 与导热系数 λ 的对应值

λ [W/(m·K)]	Δt (℃)	λ [W/(m·K)]	Δt (℃)
0	1.0000	0.00080	3.6662
0.00005	1.1667	0.00085	3.8328
0.00010	1.3334	0.00090	3.9993
0.00015	1.5001	0.00095	4.1659
0.00020	1.6668	0.00100	4.3324
0.00025	1.8335	0.00105	4.4989
0.00030	2.0002	0.00110	4.6654
0.00035	2.1668	0.00115	4.8319
0.00040	2.3335	0.00120	4.9983
0.00045	2.5001	0.00125	5.1648
0.00050	2.6667	0.00130	5.3312
0.00055	2.8333	0.00135	5.4977
0.00060	2.9999	0.00140	5.6641
0.00065	3.1665	0.00145	5.8305
0.00070	3.3331	0.00150	5.9969
0.00075	3.4997	0.00155	6.1633

残余气体导热系数与真空度的关系如图7－23所示。

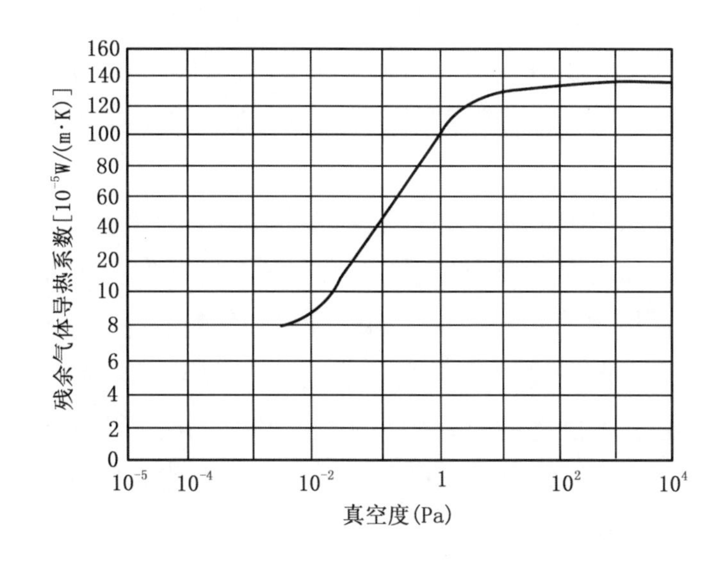

图7－23　残余气体导热系数与真空度的关系

对于天然气水合物，波诺马列夫对大量实验数据进行整理，得出确定不同密度的天然气水合物形成条件的方程式为：

当 $T>273.15K$ 时：

$$\lg p=2.0055+0.0541\ (B+T-273.1) \quad (7-36)$$

式中 B 与天然气水合物相对密度 δ 的关系如表7－8所示。

表7－8　B 与天然气水合物相对密度 δ 关系

δ	B_1	B	δ	B_1	B	δ	B_1	B
0.56	24.25	77.4	0.66	14.76	46.9	0.80	12.74	39.9
0.58	20.00	64.2	0.68	14.34	45.6	0.85	12.18	37.9
0.60	17.67	56.1	0.70	14.00	44.4	0.90	11.66	36.2
0.62	16.45	51.6	0.72	13.72	43.4	0.95	11.17	34.5
0.64	15.47	48.6	0.75	13.32	42.0	1.00	10.77	33.1

由表7－8可见，随着温度的升高，因为天然气水合物的自保性，天然气水合物要保持原状，就要有一部分水合物汽化以增大保温筒内的压力，使水合物能够达到新的平衡。

要使天然气水合物最大程度的保持其原有状态，就需要对其温度的升高做严格的控制，当然，水合物的汽化也会吸收一部分热量使水合物有一定程度的降温。

选取水合物的升温为2℃，此时水合物对应的真空层导热系数约为0.00028W/（m·K），查图7－23得到此时真空层的气压约为0.05Pa。事实上，要保持水合物的温度波动在2℃以下，必须保证真空度在$10^{-2}\sim10^{-3}$Pa之间，当然，为了达到最好的保温效果，建议真空度能达到10^{-3}Pa。研究表明：当真空度较低，即$p>10$Pa时，真空度变化对热导率的影响不大；当真空度为$10\sim10^{-2}$Pa区间，随着真空度的提高，热导率急速下降；当真空度优于10^{-3}Pa时，热导率趋近恒定值。此时水合物的升温会保持在1℃左右，但是由于辐射传热的存在，无论真空度达到多高，总是有一部分热量会被内隔热筒所接受，用于升温。由于水合物的自保性，其主动的汽化过程也会吸收一部分热量，因此大部分水合物能够保持原样，只有一小部分水合物损失。

（2）氧化锆涂层位置。

原方案氧化锆涂层的位置位于内隔热筒的外壁，这样能够有效的加大保温筒整体的热阻，但是热量的传递过程是由圆筒的外壁依次逐步向内传递的，并且纳米氧化锆涂层的导热系数是随温度而变化的，温度越高其导热系数越小，所以该氧化锆涂层至于外隔热筒外壁，因为这个位置温度最高，能够最有效地利用纳米氧化锆涂层的热障性能。鉴于纳米氧化锆涂层的造价很高，如果真空层能够得到很好的保持，可以使用其原厚度。经过文献查阅，当其厚度为0.8mm时其导热系数相对稳定，对于温度变化不是很敏感，所以改为使用0.8mm的涂层厚度。另外，热量的传递过程是由圆筒的外壁依次逐步向内传递的，在最外层喷涂纳米氧化锆涂层能够有效地减缓热量向外壁和真空部的传递，在一定的取样时间内（2h）热量传递的越慢，对于取样成功的保证就越大。

（3）外隔热筒壁厚。

外隔热筒在整个取样过程中相当于一个受外压的容器，7mm的壁厚较大，虽然加大壁厚能够加大热阻、减缓热流量，但是40Cr的热导率很大，在有真空层对保温效果保证的前提下建议减小保真空器的外壁厚度，这样既能使保温筒整体更加紧凑，又能有效节省材料。

40Cr的弹性模量$E=210$GPa。

假设该保温筒计算厚度为δ，则：

$$L_{cr}=1.17D_o\sqrt{D_o/\delta}=1.17\times66\times\sqrt{\frac{66}{5}}=281\text{mm}$$

而该保温筒长 $L = 3300\text{mm}$，$L > L_{cr}$，所以该保温筒为长圆筒。

$$[p] = \frac{2.2E}{m}\left(\frac{\delta}{D_o}\right)^3 = \frac{2.2 \times 210 \times 10^9}{3} \times \left(\frac{5}{66}\right)^3 = 67\text{MPa}$$

而实际工作压力 $p = 20\text{MPa} < [p]$，所以计算厚度 $\delta = 5\text{mm}$ 满足要求。同时取钢板厚度偏差 C_1 和腐蚀裕量 C_2 均为0，则外隔热筒最终厚度为 $\delta_n = 5\text{mm}$。

这样，经过重新设计后的保温筒，改成如表7-9所示结构。

表7-9 保温筒结构

位置参数	内隔热筒内壁	内隔热筒外壁	真空层厚度	外隔热筒内壁	外隔热筒外壁	涂 层
半径 r（mm）	$r_1 - 21$	$r_2 - 26$	—	$r_4 - 28$	$r_5 - 33$	—
厚度 δ（mm）	5		2	5		0.8

其中真空层的真空度应保持在0.001Pa以下，热障涂层（纳米氧化锆涂层）厚度为0.8mm。

7.2.2 主动保温方式

目前，国际上的水合物保温保压取样筒主要以保压为主，但是，研制高压取样筒存在较大的风险。同时，当压力太高（≥20MPa）时，造价昂贵的高保压设备可重复使用的可能性大大降低。因此，从技术、经济的角度，开发能主动保温的保温筒势在必行。

从制冷学的角度，实现制冷可以采用如下方式：蒸汽压缩式制冷、吸收—吸附式制冷、热电制冷等。蒸汽压缩式制冷是一项非常成熟的制冷技术，但采用该方式需要压缩机、蒸发器、电源等装置，体积较大、部件繁多、结构较复杂，而且，很难实现井下远程控制；吸收—吸附式制冷原理、结构简单，但装置体积较庞大，目前用于井下还存在较大的技术困难；热电制冷方式制冷迅速，部件体积较小，可以根据实际空间机动设计，而且运行过程中非常稳定、安全，已经成功应用于军事、医疗及各种尖端仪器、仪表上。因此，选择采用热电制冷方式来实现保温筒的主动保温。其中半导体制冷片的设计、加工，水下大容量直流电源的研制、水下保温层的设计及铺设等是研究的关键问题。

7.2.2.1 主动保温筒关键部件

（1）半导体制冷片。

半导体制冷又称电子制冷，或者温差电制冷，是从 20 世纪 50 年代发展起来的一门介于制冷技术和半导体技术边缘的学科，它利用特种半导体材料构成的 P—N 结，形成热电偶对，产生珀尔帖效应，即通过直流电制冷的一种新型制冷方法，与压缩式制冷和吸收式制冷并称为世界三大制冷方式。

半导体制冷的原理也被称为“帕尔帖效应”，其物理机理为：电荷载体在导体中运动形成电流，由于电荷载体在不同的材料中处于不同的能级，当它从高能级向低能级运动时，就会释放出多余的热量。反之，就需要从外界吸收热量即表现为制冷（图 7 - 24）。

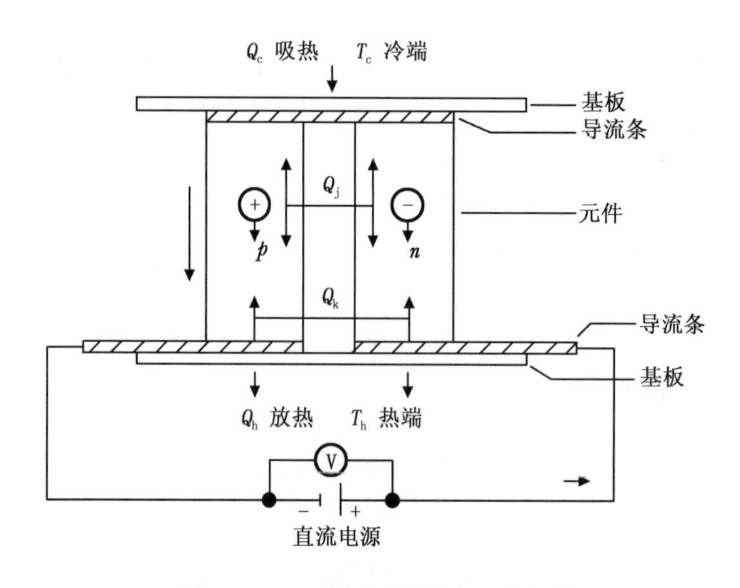

图 7 - 24　半导体制冷原理示意图

半导体制冷的效果主要取决于电荷载体运动的两种材料的能级差，即热电势差。纯金属的导电导热性能好，但制冷效率极低（不到 1%）。半导体材料具有极高的热电势，可以成功的用来做小型的热电制冷器。20 世纪 50 年代，苏联科学院半导体研究所，约飞院士对半导体进行了大量研究，于 1945 年前发表了研究成果，表明碲化铋化合物固溶体具有良好的制冷效果。这是最早的也是最重要的热电半导体材料，至今还是温差制冷中半导体材料的一种主要成分。约飞院士的理论得到实践应用后，有众多的学者对其进行研究，直到 20 世纪 60 年代半导体制冷材料的优值系数达到相当水平，才得到大规模的应用。

半导体制冷片的工作运转是用直流电流，它既可制冷又可加热，通过改变直流电流的极性来决定在同一制冷片上实现制冷或加热。半导体制冷片的工作过程是：当一块 N 型半导体材料和一块 P 型半导体材料联结成电偶对时，在这个电路中接通直流电流后，就能产生能量的转移，电流由N型元件流向P型元件的接头吸收热量，成为冷端。由P型元件流向N型元件的接头释放热量，成为热端。吸热和放热的大小是通过电流的大小及半导体材料N、P的元件对数来决定。制冷片内部是由上百对电偶联成的热电堆，以达到增强制冷或制热的效果。

应用于半导体制冷片中的N型和P型半导体材料，不仅需要N型和P型半导体特性，还要根据掺入的杂质改变半导体的温差电动势率、导电率和导热系数，使这种特殊半导体能成为需要的制冷材料。目前国内常用材料是以碲化铋为基体的三元固溶体合金，其中P型是Bi2Te3—Sb2Te3，N型是Bi2Te3—Bi2Se3，采用垂直区熔法提取晶体材料。半导体制冷片成品的设计参数如表7-10所示：

表7-10　半导体制冷片的规格

型号	规格（mm）	工作电压（V）	工作电流（A）
TEC1-17-4	25×25×9.0	DC 1.5	5.0

半导体制冷片的加工工序为：陶瓷板的制模、烧制—半导体材料的提纯、线切割—手工安放P型、N型半导体材料—高温炉焊接—后续处理及检测。

半导体制冷片加工完成后，装配前100%测试所有制冷片的电阻，剔除质量有瑕疵的制冷片。同时100%测试制冷片接通标准电源后的ΔT—U—I情况，淘汰所有次品，带散热片半导体制冷片如图7-25所示。

半导体制冷片的安装方法一般有3种，即：焊接、黏合、螺栓固定。安装前，要用无水乙醇将制冷片的两端面擦除干净。保温筒制冷片的安装采用了黏

图7-25　带散热片半导体制冷片

合的方法，用一种具有导热性能较好的硅胶，均匀地涂在制冷片的冷端，硅胶层的厚度约为0.05mm，将制冷片的冷端在安装面平行的挤压，并且轻轻的来回旋转确保各接触面的良好接触，通风放置12h让其自然固化。

（2）锂离子电池组。

半导体制冷片工作需要直流电源，且工作电流较高，电池的容量也需要较大。经过技术经济的比较，可采用锂离子电池组，电池组的电动势为48V，工作电流为10A，容量约为50A·h。

所谓锂离子电池是指分别用两个能可逆地嵌入与脱嵌锂离子的化合物作为正负极构成的二次电池。人们将这种靠锂离子在正负极之间的转移来完成电池充放电工作的独特机理的锂离子电池形象地称为“摇椅式电池”，俗称“锂电”。锂离子电池工作原理示意图如图7－26所示。

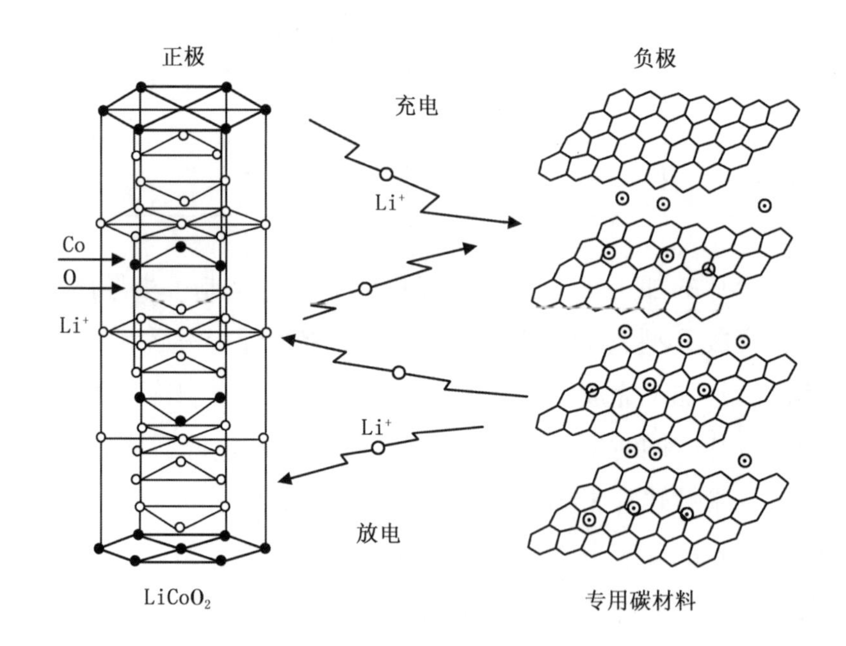

图7－26　锂离子电池工作原理示意图

锂离子电池正负极的化学反应如下。

①正极反应：

$$LiCoO_2 \underset{放电}{\overset{充电}{\rightleftharpoons}} Li_{1-x}CoO_2 + xLi^+ + xe^-$$

②负极反应：

$$C + xLi^+ + xe^- \underset{放电}{\overset{充电}{\rightleftharpoons}} CLix$$

③电池反应：

$$LiCoO_2 + C \underset{放电}{\overset{充电}{\rightleftharpoons}} Li_{1-x}CoO_2 + CLix$$

当电池充电时，锂离子从正极中脱嵌，在负极中嵌入，放电时反之。这就需要一个电极在组装前处于嵌锂状态，一般选择相对锂而言电位大于3V且在空气中稳定的嵌锂过渡金属氧化物做正极，如$LiCoO_2$、$LiNiO_2$、$LiMn_2O_4$。

作为负极的材料则选择电位尽可能接近锂电位的可嵌入锂化合物，如各种碳材料，包括天然石墨、合成石墨、碳纤维、中间相小球碳素等及金属氧化物，包括SnO、SnO_2、锡复合氧化物$SnBxPyOz$［$x=0.4\sim0.6$，$y=0.4\sim0.6$，$z=(2+3x+5y)/2$］等。

电解质采用LiPF6的乙烯碳酸脂（EC）、丙烯碳酸脂（PC）和低黏度二乙基碳酸脂（DEC）等烷基碳酸脂搭配的混合溶剂体系。隔膜采用聚烯微多孔膜如PE、PP或其复合膜，尤其是PP、PE、PP3层隔膜不仅熔点较低，而且具有较高的抗穿刺强度，起到了热保险作用。外壳采用钢或铝材料，盖体组件具有防爆断电的功能。

锂电池在比容量、无记忆效应、长寿命、环保等综合性能远远超过其他二次电池。但是锂电池存在安全性方面的问题，其主要原因是电池在使用过程中由于种种原因造成内部或外部短路，产生几百安的过大电流，极易引起爆炸、着火等事故。锂离子电池最大的隐患是应用钴酸锂的锂离子电池在过充的情况下，甚至正常充放电时，锂离子在负极堆积形成枝晶，刺穿隔膜，形成内部短路。内部短路时，内部形成大电流，温度上升导致隔膜熔化，短路面积扩大，进而形成恶性循环。外部短路情况主要发生在当外部负载过低时，电池瞬间大电流放电。在内阻上消耗大量能量，产生巨大热量。

解决锂离子电池的安全性问题，可从如下几个方面着手：

①选择安全的正极材料。

目前的正极有钴酸锂和锰酸锂两种量产的材料。钴酸锂在小电心方面是很成熟的体系，由于钴酸锂在分子结构方面的特点，充满电后，仍旧有大量的锂离子留在正极，当过充时，残留在正极的锂离子将会涌向负极，在负极上形成枝晶是采用钴酸锂材料的电池过充时必然的结果，甚至在正常充放电过程中，也有可能会有多余的锂离子游离到负极形成枝晶。选择锰酸锂材料，在分子结构方面保证了在满电状态，正极的锂离子已经完全嵌入负极炭孔中，从根本上避免了枝晶的产生。同时，锰酸锂稳固的结构使其氧化性能远远低于钴酸锂，分解温度超过钴酸锂100℃，即使由于外力发生内部短路（针刺）、外部短路、过充电时，也完全能够避免由于析出金属锂而引发燃烧、爆炸的危险。

②选择热关闭性能好的隔膜。

隔膜的作用是在隔离电池正负极的同时，允许锂离子的通过。当温度升高时，在隔膜熔化前进行关闭，从而使内阻上升至2000Ω，让内部反应停止下来。

③防爆阀。

当内部压力或温度达到预置的标准时，防爆阀将打开，开始进行卸压，以防止内部气体积累过多，发生形变，最终导致壳体爆裂。

④保护电路。

通常保护电路需起到防止过充电、过放电、超大电流的作用。其主要原理是通过测量每一只电心的电压和总电流，控制开关电路进行整个回路的关断。电池保护板在电路的设计上并没有过高的难度。但电路的设计是否合理、可靠性是否足够高，目前还没有统一的标准。保护电路是基于大约数十个电阻、电容，开关MOS管等电子元器件组成的PCB电路，各个元器件都存在失效的可能性。失效的保护电路会出现开路或导通两种状态，为开路的状态时会导致用户不能使用电池组，而导通的状态将会考验电心抗过充的能力。

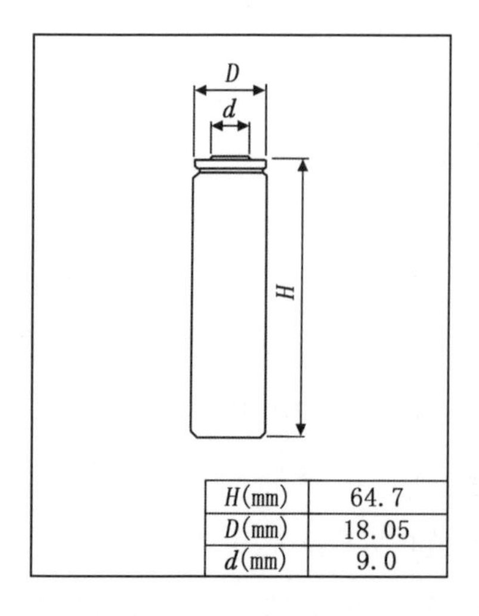

H(mm)	64.7
D(mm)	18.05
d(mm)	9.0

图7－27　SANYO锂电池电心

一般情况下，选择好的电心，利用工艺成熟、稳定性高的电池保护板，可以加工出性能及安全性均较高的锂电池。但是井下锂电池组的加工还有如下难题：一是锂电池的安装空间是一个有限环形空间，在电心的装配上存在一定的难度；二是保护电路板的设计、安装；三是电池的防水、防震问题等。

经过对比，保温筒采用日本原装SANYO锂电电心，联接保护电路板，逐节组装成所需的电池组（图7－27），其电心使用参数如表7－11所示，放电曲线如图7－28所示。

表 7-11　SANYO 锂电池电心使用参数

容量（mA·h）		2600	电动势（V）	3.7
使用温度（℃）	充 电	0~40	充电方法	固定电流、固定电压
	放 电	-20~60	充电电压（V）	4.2
	保 存	-20~50	充电电流（mA）	1900

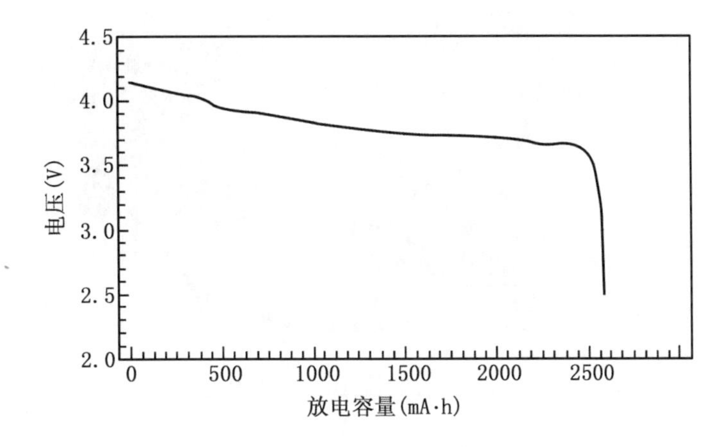

图 7-28　SANYO 锂电池电心放电曲线

（试验温度为 20℃）

（3）电池保护板。

均衡大功率锂电池保护板的作用是过充电、过放电、过电流等保护功能，并在充电过程中对各单体电池之间进行均衡充电，以保证电池组长久使用的可靠性。

（4）控制电路。

由于安装空间的限制，需要时间控制电路，通过电位器的调节来控制电路的接通时间。

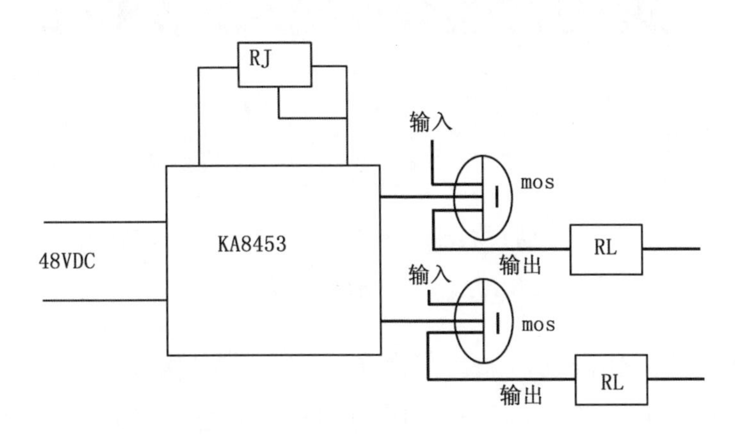

图 7-29　延时控制电路原理示意图

延时控制电路实现原理示意图如图 7 - 29 所示，大电流延时控制电路板如图 7 - 30 所示。

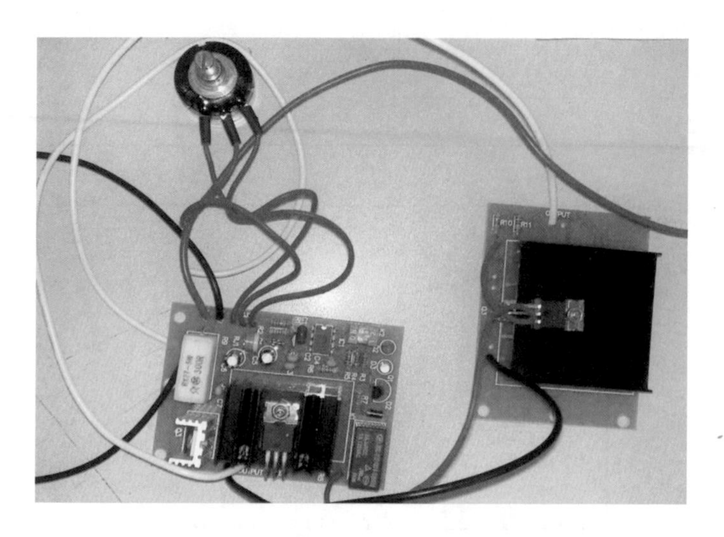

图 7 - 30　大电流延时控制电路板

（5）隔热层。

由于天然气水合物原位样品温度较低，在取心筒提升过程中，必须有效地阻止保温筒内外的热量交换，因此，必须在保温筒的外壁铺设隔热层。一般的隔热材料均为多孔介质，为了保证其功效，应阻止水汽进入保温层的气孔中。但是取心工具内存在钻井液等流体，如果隔热层只做成由单一的保温材料铺设而成，钻井工作过程中很难保证完全无水汽进入隔热层中，因此，设计了防水海绵—环氧树酯复合式双重功能的保温层（图 7 - 31）。

图 7 - 31　防水海绵—环氧树酯复合式保温层结构

1—橡胶海绵层；2—加筋结构物层；3—隔水层

橡胶海绵又叫多孔橡胶，一般称为海绵橡胶或泡沫橡胶。橡胶海绵的最大特点是具有优异的减震性、隔音性、隔热性和绝缘性，其用途十分广泛，在航空、汽车、化学、仪器、仪表、家电、食品和包装等工业中，以及在各种医疗器械，卫生用品，体育用品等方面都有应用。

膨胀珍珠岩是一种无毒、无味、不燃、不腐、耐酸碱、保温、隔音隔热、内部呈蜂窝状结构产品，是由酸性火山玻璃质熔岩（珍珠岩）经破碎，筛分至一定粒度，再经预热，在1400℃以上高温延时烧结而制成的一种白色或浅色的优质绝热保温材料，可与不同的胶结剂配制成保温材料，其参数见表7－12。

表7－12　膨胀珍珠岩化学组成及参数

成分	SiO_2	Al_2O_3	K_2O	Na_2O	CaO	MgO
含量（%）	69～72	12～18	3～4.5	3～4.5	0.1～0.2	0.2～0.5
项目	堆积密度（kg/m^3）	导热系数［W/（m·K）］	含水率（%）	使用温度（℃）	粒径（两种）	
参数	93	0.055	<2	－256～800	0.15～1.18	2～3

与膨胀珍珠岩配制的胶结剂为改性的环氧树酯。固化后的环氧树脂具有良好的物理化学性能，它对金属和非金属材料的表面具有优异的黏接强度，介电性能良好、变定收缩率小、制品尺寸稳定性好、硬度高、柔韧性较好、对碱及大部分溶剂稳定。应用环氧树脂时根据使用的对象不同，对环氧树脂的性能也有不同的要求，有的要求低温快干、有的要求绝缘性能优良等，需要对环氧树脂加以相应改性。改性的方法大致有如下几种：添加固化剂、添加反应性稀释剂、添加填充剂、添加其他热固性或热塑性树脂、改良环氧树脂。试验中采用了添加固化剂及添加反应性稀释剂两种改性方法。

7.2.2.2　主动保温筒试验研究

（1）试验目的。

①测试采用半导体制冷片制冷的主动保温筒结构原理是否可行；

②测试不通电情况下主动保温筒的自身保温效果；

③测试通电情况下主动保温筒的保温效果；

④确定同样大小的制冷空间、达到同样的制冷效果，所需的最少制冷片个数。

（2）试验内容。

①测试不通电情况下主动保温筒的自身保温效果；

②测试24片制冷片工作时，主动保温筒的保温效果；

③测试48片制冷片工作时，主动保温筒的保温效果；

④测试电池组放电效果；

⑤测试保温筒长时间保温效果。

（3）测试内容。

①主动保温筒中心温度；

②主动保温筒管壁外侧温度；

③主动保温筒保温层外侧温度；

④锂电池组放电电流、电压。

（4）测试设备。

主动保温筒试验装置、温度传感器、智能 PID 温度控制仪(图 7－32)、转换开关(图 7－33)、锂电池组、外接电源转换器、电流表、电压表、循环水筒。

图 7－32　智能 PID 温度控制仪

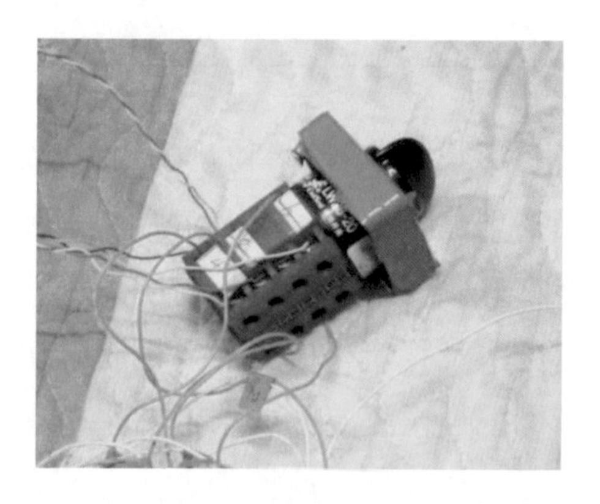

图 7－33　转换开关

（5）试验前的准备。

主动保温筒上半导体制冷片分成几组，外贴导热铜块向外散热，其他部位均用绝热保温材料密封，并做防水处理。为了测试主动保温筒上相同截面位置处管中心、管壁外侧和保温层外侧的温度，用金属杆贴温度传感器插入筒中测中心温度，在同一截面处的管壁外侧和保温层外侧也贴温度传感器测该处温度。为了解主动保温筒不同位置的温度，在主动保温筒上确定了 3 个截面进行测试（图 7－34）。半导体制冷片通电导线和温度传感器导线均从主动保温筒

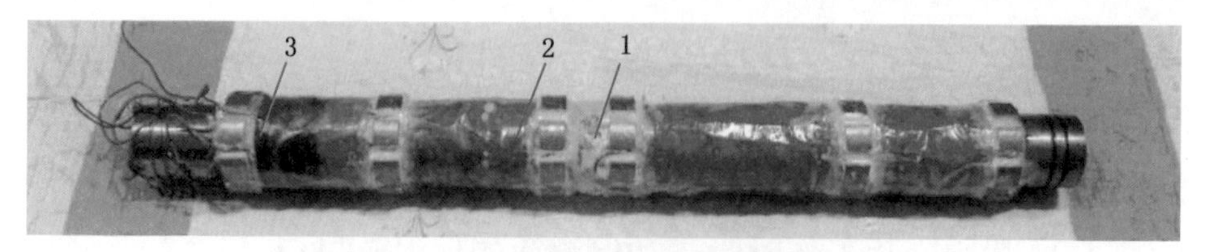

图 7－34　贴片筒贴温度传感器截面位置

1、2、3 代表有传感器的截面位置

上端引出。

试验前先将主动保温筒下端机械密封，并作保温防水处理。由于整个主动保温筒上共 9 个温度传感器，数量多、智能 PID 温度控制仪少、采用了转换开关进行显示控制，将各传感器与转换开关和温度控制仪连接，检测无误后，将主动保温筒竖起插入测中心温度的金属杆，装入已经冻好的碎冰块，上端用泡沫和保温材料密封（图 7－35）后，接通温度控制仪电源，开始试验。

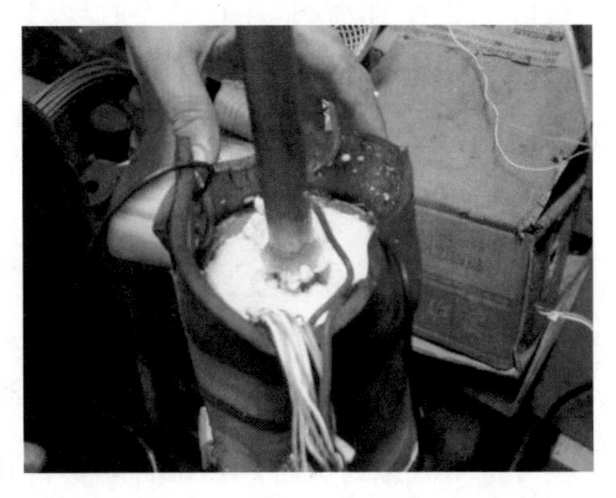

图 7－35　贴片筒上端密封保温情况

（6）试验过程。

①不通电情况下主动保温筒的自身保温效果试验。

不通电情况下主动保温筒的自身保温效果测试结果如表 7－13 所示。

表 7－13　主动保温筒自身保温效果测试结果（不通电）　单位:℃

传感器位置		时间					
		第一天					第二天
		16:00	16:30	17:00	17:30	19:30	7:47
主动保温筒管内中心	N1 传感器	1.6	1.6	1.8	1.8	2.5	22.8
	N2 传感器	1.8	2.2	3.1	2.4	2.7	23.5
	N3 传感器	1.8	1.6	1.6	1.6	4.7	23.8
主动保温筒管壁外侧	1 号传感器	2.4	2.5	2.7	3.1	3.8	23.0
	2 号传感器	3.0	3.2	5.8	4.2	3.8	23.3
	3 号传感器	2.8	6.5	8.9	9.3	11.6	23.9
主动保温筒保温层外侧	4 号传感器	10.4	9.9	10.0	10.3	10.1	23.5
	5 号传感器	10.4	10.1	11.7	11.0	10.7	23.7
	6 号传感器	10.5	11.0	12.8	13.6	15.0	24.0

试验结果分析：从表 7－13 中可以看出保温层外的温度明显要高于管内中心和管壁外侧的温度，说明保温层起到了保温作用。3.5h 中，在保温层作用下管内冰块缓慢融化，但比在没有保温层的情况下要慢得多。从温度上看，主动保温筒截面 1 位置由于受外界干扰少，管内中心温度上升缓慢，3.5h 只上

升了0.9℃，说明保温层保温效果良好。

由于主动保温筒上半导体制冷片不制冷，成为导热通道，加快了管内冰块的融化，所以该试验只是证明了在贴有半导体制冷片的情况下，保温层起到的保温作用。

②24片制冷片工作时主动保温筒的保温效果试验

为确定同样大小的制冷空间，达到同样的制冷效果，所需的制冷片个数最少。将分为6组、每组4片、均布在主动保温筒上的24片制冷片首先连接在外接直流电源上，进行保温试验。将剩余的24片制冷片分为3组、每组8片，通过开关和电流表连接在电池上，控制每组通电情况和电池放电情况。

为将半导体制冷片制冷过程中散发的热量迅速带走，贴片筒放入一根能形成水循环的铝管中进行试验，测试结果如表7－14所示。

表7－14　24半导体制冷片制冷主动保温测试结果　　单位：℃

传感器位置		时间			
		9:30	10:00	10:45	11:10
主动保温筒管内中心	N1传感器	1.4	1.4	1.7	1.8
	N2传感器	1.4	1.5	1.6	4.0
	N3传感器	1.4	1.8	2.3	2.3
主动保温筒管壁外侧	1号传感器		3.9	6.8	4.3
	2号传感器			13.5	11.7
	3号传感器			19.7	14.6
主动保温筒保温层外侧	4号传感器			26.9	20.7
	5号传感器			28.1	21.7
	6号传感器				
水容器内	7号传感器		26.6	26.8	27.5

试验结果分析：从表7－14中可以看出，水温在不断升高，说明开启的制冷片在工作。但从管壁外侧温度不断升高可以看出，制冷效果与被动保温时比较不但没有好转，反而更坏。

分析原因是由于主动保温筒和铝管间隙较小，水循环不好，导致制冷片热端散发的热量不能被迅速被带走、冷端制冷效果不好。还有另一个最主要的原因是不制冷的制冷片构成了导热通道，水温由于制冷片热端散发的热量不断升高，水中的热量由于水循环不畅不能及时被带走，又由导热通道传回管内，相当于有24片在制冷而又有24片在给冰加热，所以冰融化的更快。

③48片制冷片工作时主动保温筒的保温效果试验。

48片制冷片接外接电源启动进行主动保温。为加快水循环，将主动保温筒放入一个较大的筒内，使水从下向上返出，快速带走制冷片热端散发出的热量，使制冷效果更好。48片外接电源主动保温测试结果如表7－15所示。

表7－15　48片外接电源主动保温结果　　单位:℃

传感器位置		时间									
		14:15	14:25	14:35	15:00	15:05	15:10	15:20	15:35	15:50	16:00
主动保温筒管内中心	N1传感器	1.6	1.6	1.6	1.8	1.9	1.7	2.1	2.1	2.1	2.5
	N2传感器	1.6			2.2	1.7	1.8	2.2	2.5	1.8	1.2
	N3传感器	1.5			1.6	1.5	1.6	1.5	1.5	1.5	1.5
主动保温筒管壁外侧	1号传感器	1.0	0.4	－0.2	－1.6	－1.9	－2.1	－2.4	－3.1	－3.5	－4.1
	2号传感器	2.2			1.0	1.0	1.1	1.2	1.4	1.3	1.2
	3号传感器	2.7			3.9	3.9	4.0	4.1	4.3	4.3	4.2
主动保温筒保温层外侧	4号传感器	22.3			21.4	21.4	21.2	21.3	21.3	21.3	21.2
	5号传感器	17.7			17.5	17.6	17.4	17.6	18.0	18.3	18.0
	6号传感器										
水容器内	7号传感器				26.3	24.2	23.8	21.4	24.8		27.4

试验结果分析：电源接通后，截面1由于在较近的两组制冷片之间，温度降低很快，管壁温度在20min内迅速减低到0℃以下，且随着时间的推移温度还在降低，说明制冷片工作正常，并开始制冷保温。由于金属杆多插入10多厘米，使得N2与1和4对应上，从表7－15中可以看出，在105min内，N2变化并不大，并在最后开始降温，1在0℃以下持续降低，4基本没变化。保温层内外温差最高达到25.3℃。

以被动保温时的初始冰水混合物温度1.6℃为基准，主动保温开始阶段也为1.6℃左右，并且长时间保持，说明冰并没有融化，主动保温筒起到了保温作用。截面1的管壁外侧温度持续降低，并保持在0℃以下，说明制冷片工作正常，并开始制冷，但只要筒内还处于冰水混合物状态，管内中心温度就不会有太大变化。截面1在管壁外侧温度持续降低的情况下，保温层外温度没有太大变化，说明保温筒采用的绝热保温材料的保温效果很好。总的来说，该主动保温筒的保温效果良好，并有一定的制冷效果。

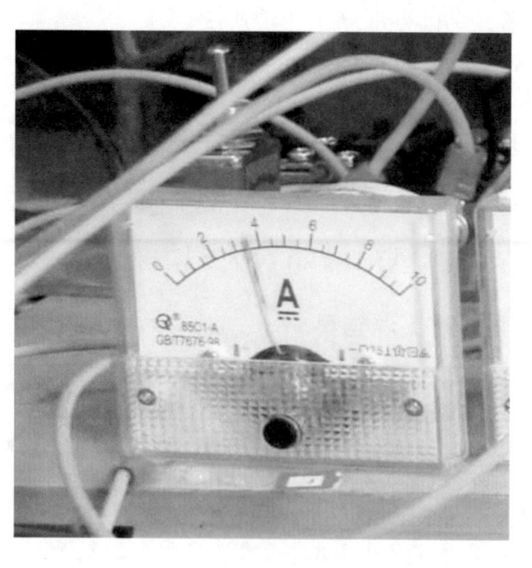

图 7－36　电池放电电流

④电池组放电效果测试。

为测试电组池工作情况，将 24 片制冷片用电池供电，24 片制冷片用外接电源供电。电池放电电流（图 7－36）中电流表显示为 3.48A。

24 片制冷片电池供电及 24 片制冷片外接供电主动保温测试结果如表 7－16 所示。

试验结果分析：截面 1 所在位置由于制冷片数目较多，制冷效果好，在之前长时间制冷基础上，转变供电方式后，管壁外侧的 1 号传感器又迅速降到 0℃以下，并最低达到－5.3℃。在制冷片持续制冷的情况下，管内中心的 N2 传感器在 90min 后变为－1.1℃，证明此时截面 1 处管内已经开始结冰，实现了保温筒的制冷作用。去掉转换供电方式所需的时间，在持续供电情况下，主动保温筒内的冰水混合物大概在 3h 内会重新结冰，即该主动保温装置在 3h 内可以保持筒内冰水混合物不融化，3h 后还会结冰。与 1 号传感器同截面的 4 号传感器在良好的水冷却情况下，一直保持在 20℃左右的温度，说明保温层保温效果很好。在 2h 中电池放电电流保持在 3.48A，说明电池工作正常。

表 7－16　24 片制冷片电池供电及 24 片制冷片外接供电主动保温结果　单位：℃

传感器位置		时间					
		16:05	16:15	17:25	17:35	17:45	17:50
主动保温筒管内中心	N1 传感器	2.5	2.0	2.1	2.5	2.6	2.2
	N2 传感器	0.9	1.6	0.2	－1.1	－2.0	－3.0
	N3 传感器	1.5	1.5	1.6	1.6	1.6	1.6
主动保温筒管壁外侧	1 号传感器	0	－0.4	－3.2	－4.3	－4.8	－5.3
	2 号传感器	3.1	3.0	2.3	1.6	1.5	1.6
	3 号传感器	7.8	6.4	4.8	4.4	4.7	4.8
主动保温筒保温层外侧	4 号传感器	19.5	21.2	20.6	19.8	19.7	19.6
	5 号传感器	17.3	17.7	18.1	17.7	17.4	17.5
	6 号传感器						
水容器内	7 号传感器	24.9	24.7	25.0	25.2	24.6	

⑤主动保温筒长时间保温效果试验。

从之前的数据只能说明主动保温筒内一点开始结冰，但能否长时间的保持并在管内大范围的结冰还需要长时间试验，为保证持续供电，半导体制冷片暂时全部采用外接电源供电，测试结果见表 7－17 和图 7－37。

表 7－17　长时间供电主动保温测试结果　　单位:℃

传感器位置		时间		
		第一天		第二天
		18:00	19:45	7:30
主动保温筒管内中心	N1 传感器	1.5	1.5	0.8
	N2 传感器	0	－2.2	－2.7
	N3 传感器	16.	1.6	4.1
主动保温筒管壁外侧	1 号传感器	－1.7	－4.9	－5.3
	2 号传感器	3.5	3.7	3.8
	3 号传感器	7.2	6.2	6.0
主动保温筒保温层外侧	4 号传感器	22.7	22.6	22.3
	5 号传感器	19.2	19.9	20.5
	6 号传感器			
水容器内	7 号传感器		26.0	25.3

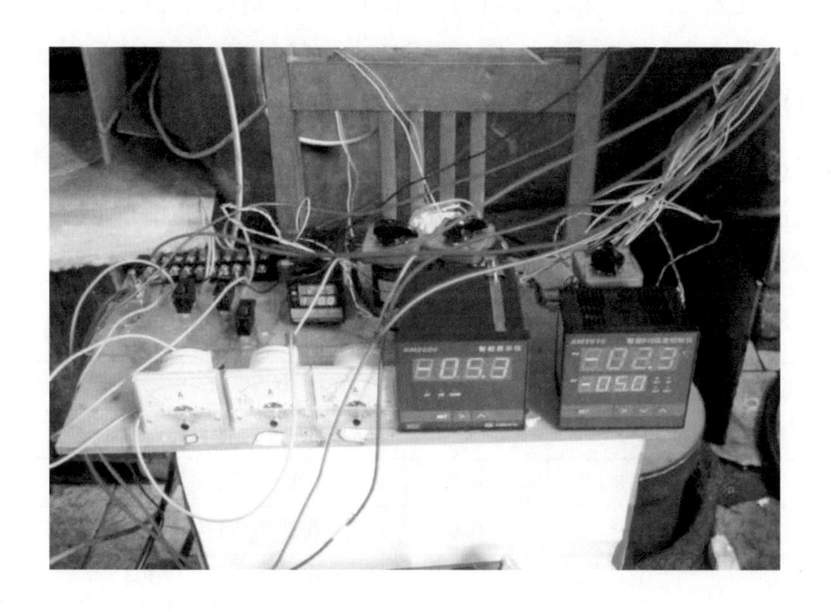

图 7－37　长时间供电主动保温结果

试验结果分析：在持续通电 13.5h 后，各处温度均没有太大变化，N3 传感器变高是因为贴片筒在装入冰水混合物时有空隙，重新结冰后冰面下降，从而使 N3 传感器暴露在冷空气中。管壁外侧的1号传感器长时间为 -5.3℃，说明在 25℃左右的水温冷却下，制冷片最低能降到 -5℃左右，可达到筒内保温。

为观察筒内制冷情况，迅速拆卸了装置，取出冰块（图 7-38）。

图 7-38 主动保温筒冷却效果

（7）试验总结。

天然气水合物钻探取心工具主动保温筒室内试验历时 4d。对主动保温筒自身保温效果的试验说明冰水混合物在 3.5h 中缓慢的融化，但由于保温层的作用，融化速度要比不用保温材料慢。采用 24 片制冷片制冷，由于装置结构设计不合理，即不制冷的制冷片构成向内的导热通道，导致不保温。采用 48 片制冷片制冷，不论采用什么方式供电，都证明了该主动保温装置是能够实现保温、甚至制冷。从观测的温度看，在长时间供电的情况下，保温 3.5h 左右后，可实现制冷，即冰水混合物重新开始结冰。只要供电情况良好，水冷却效果良好，该装置就能够长时间保温（表 7-18）。

表 7-18 主动保温筒内、外温度（环境温度为 21.2℃）

时间 \ 传感器位置	10 月 30 日				
	N1	N2	W1	W2	W3
10:05	0.8	0.8	0.8	1.2	
10:35	1.0	0.9	0.8	1.2	
11:00	1.0	1.0	0.9	1.4	
12:30	1.1	1.2	1.1	1.7	1.1
13:05	1.1	1.2	1.1	2.2	1.2

续表

时间 \ 传感器位置	10月30日				
	N1	N2	W1	W2	W3
14:00	1.2	1.3	1.2	4.6	1.8
14:30	1.1	1.2	1.1	4.9	1.9
16:20	1.1	1.4	1.3	5.7	1.9
17:15	1.0	1.7	1.3	6.0	1.8
18:00	1.0	1.6	1.1	6.1	1.8
19:35	1.2	1.1	1.3	5.6	1.0
20:10	1.3	1.0	1.5	5.0	0.9
20:30	1.3	1.1	1.6	5.4	1.1
21:00	1.5	1.1	1.7	5.7	1.3

7.3 电气控制系统研究

保温保压筒上的电气控制系统，主要是实时采集记录钻进过程中保温保压筒内的温度、压力；接受霍尔传感器的信号控制密封球阀关闭等功能，是实现水合物取样电气化控制的关键部件。

7.3.1 电气控制系统功能及技术参数

7.3.1.1 功能

电气控制系统具有以下功能：

(1) 实时采集温度、压力数据，并将采集的数据存储到存储器中；

(2) 具有系统自检功能，能够对自身工作情况进行检测；

(3) 可以根据压力数据模式设置采集时间间隔；

(4) 可以根据压力数据模式设置电磁阀驱动参数；

(5) 可以根据霍尔传感器信号设置电磁阀驱动参数；

(6) 可以设定时间参数来驱动电磁阀；

(7) 具备真时钟，实时记录采集数据及动作时间；

(8) 具备与PC通信功能，可以将数据传递给PC及由PC设置参数；

(9) 具备电池实际容量分析功能，以分析电池寿命；

(10) 具备采集数据掉电保护功能。

7.3.1.2 技术参数

电气控制系统技术参数如下所示：

（1）数据记录容量：标准模式 5 万组；

（2）温度采集记录范围为 -100 ~ 170℃；记录分辨率为 0.1℃；传感精度为小于 ±0.5℃；记录间隔为正常模式 5s，压力触发模式 0.5s；

（3）压力采集记录范围：记录分辨率、传感精度；

（4）记录间隔：正常模式 5s 与温度记录同步，压力触发模式 0.5s 与温度记录同步；

（5）压力触发模式：5 组；

（6）压力触发模式记录时长：5s；

（7）电磁阀定时工作模式：可设置启用或关闭；最多 10 组（十开十关）循环定时，定时范围在 1 ~ 999min；

（8）霍尔传感中心误差小于 3cm（开发时请提供磁铁样品、与霍尔间隙或参数）；

（9）采集处理时连续工作时间大于 20h；

（10）包含驱动电磁阀（自保持式）10 次的连续工作时间大于 15h；

（11）电磁阀驱动输出：脉冲式，DC 24V 3A［脉冲宽度（驱动时间）按电磁阀要求设定］。

7.3.2 电气控制系统研制

电气控制系统实时控制并采集记录，工作在深海，要求系统工作可靠，以适合深海温度、压力及钻探时的强震动环境。

为加强海底密封及抗压能力，装载电器的容器采用圆环柱形，因此把电路板设计成长条形，并采用模块化结构，其结构如图 7 -39 所示。电路板装入耐压密闭环形筒，也作为电池仓，提供两种电源，通过电源板转换后为 CPU 和

图 7 -39 电路板安装实物图

外围驱动电路及传感器提供电源，便于安装和调试；圆筒的下端预留电缆接头，一端预留与上位机通信的485接口。

7.3.2.1　系统硬件

（1）主CPU板。

主CPU板主要功能是指挥协调整个系统的工作，包括：通过RS232接口与声纳发生器进行通信；读取输入开关信号的状态；设置输出开关信号的状态；控制A/D转换器读取各种传感器的数值；通过串口命令控制温度压力监测板的工作；读取系统时间等。

中央处理控制单元是整个自动控制部分的核心和关键，而控制单元中CPU的选择又是其最重要的部分，因此，根据我们的经验和试验，CPU选用WINBOND公司的W77E58。这是一种性能优异的单片机，32K字节的FLASh存储器；1K片内SRAM，速度快，是传统单片机的3倍以上；双串口。

时钟芯片采用DALLAS公司的DS12C887，走时准确，掉电数据保存时间可以长达10年，并且已经解决千年虫问题。

存储器采用ATMEL公司的93C46，这是一款通用的EEPROM存储器，久经考验，数据存储可靠，抗干扰能力强。

485通信芯片是MAX1487E，带有故障保护和ESD保护，确保485能够正常通信；232通信芯片是MAX202E，带有ESD保护，确保232能够正常通信。I/O（输入和输出）扩展分别采用74HC245和74HC574，这是两款通用芯片，久经考验，可靠性高。总线采用高速光电隔离芯片6N137，导通速度为n秒级，足以满足各种总线的速度要求。

（2）输入输出I/O板。

输入输出I/O板主要功能是通过光电隔离进行数据采集（包括各种传感器的数据，输入开关量信号），并且根据主CPU板的命令设置输出开关量信号的状态，控制不同电磁阀的通断。

（3）A/D和D/A板。

A/D转换器采用TI公司的TLC2543，12位精度、11路单端输入、转换速度快、精度高、转换稳定性好；基准采用AD公司的REF195，基准电压为2.5V，大电流输出，温度稳定性好，漂移小，初始精度高；I/O隔离采用521－4，导通速度为微秒级，适用于速度较慢、电流较大的I/O隔离。

（4）数据存储板。

数据存储板主要功能是记录温度和压力，以及各种工作状态。还具有用FUZZY 算法控制温度和压力的功能。并通过 RS485 接口与计算机（上位机）进行通信，以便上位机可以下载各种数据记录。数据记录板是通过串口与主CPU 板进行通信的。单片机同样采用 WINBOND 公司的 W77E58。数据记录芯片采用 DALLAS 的 DS1245，128K 字节的存储空间，内嵌锂电池，掉电数据保存时间可以长达 10 年。

（5）输出控制及继电器板。

输出控制及继电器板主要功能是通过继电器进行功率扩展，从而可以用TTL 电平控制高电压的电磁阀，继电器的闭合与断开通过 I/O 和 A/D 板进行控制。

（6）电源板。

电源板主要功能是产生各种电压，供给系统使用，主要有 DC5V、DC12V、DC24V 等。DC5V 供给 CPU 及其外围元件；DC12V 供给传感器和继电器；DC24V 供给传感器。

电源稳压芯片采用 SPEX 公司的 SPX1587AT，1.5A 输出能力，低压差，减少电池耗电，延长电池寿命。

（7）外部传感器。

传感器的可靠性和准确性是控制过程中的重点，因此选用技术成熟的进口传感器，输出信号采用 4 ~ 20mA 标准信号。

①温度传感器。

温度传感器用于对保温保压筒内的温度进行实时监控。温度的检测方法有多种，常用的有电阻式、热电偶式、P—N 结型、辐射型及石英谐振型等。它们都是基于温度变化引起其物理参数（如电阻值、热电势等）变化的原理。电阻温度传感器以电阻作为温度敏感元件，根据敏感材料不同又可分成热电阻式和热敏电阻式。热电阻一般用金属材料制成，如铂、铜、镍等，热敏电阻是以半导体材料制成的陶瓷器件，如锰、镍、钴等金属的氧化物与其他化合物按不同配比烧结而成。

在一定温度范围内，阻值与温度近似呈线性关系，由于铂电阻测温范围宽、精度高、制作误差小，结构简单且已有统一的国际标准，铂电阻温度传感器已广泛应用于许多场合的温度测量与控制。热敏电阻具有体积小、灵敏度高、反应速度快、分辨率高等优点，在各个领域广泛用作测温控温及温度补偿的敏感元件，其缺点是线性度低、稳定性差。

电阻温度计的测量电路最常用的是电桥电路，精度较高的是自动电桥。为消除由于连接导线电阻随环境温度变化而造成的测量误差，常采用三线和四线连接法。电阻温度计的测量电路如图 7－40 所示。

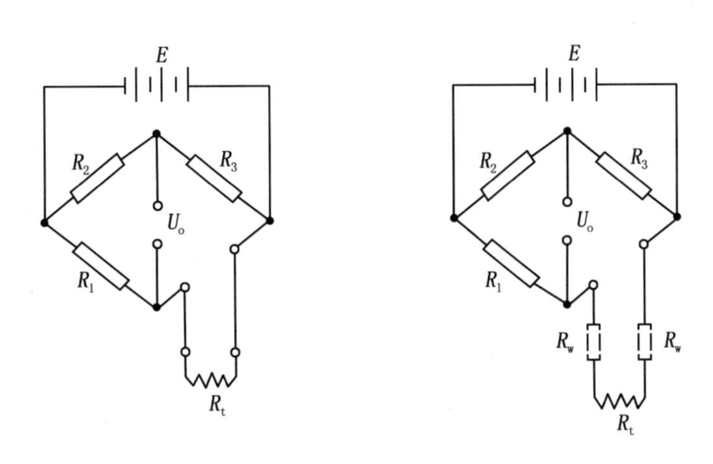

图 7－40　电阻温度计的测量电路

综上所述，根据铂电阻测温的优点，本温度传感器的热电阻选用 Pt100 电阻，测量电路采用三线连接法。

②压力传感器。

压力传感器用于对保温保压筒内的压力进行实时监控。压力传感器采用不锈钢封装，考虑安装环形空间尺寸，其外形如图 7－41，采用压阻式敏感芯体，体积小、灵敏度高、稳定性好。敏感芯体受压后产生电阻变化，再通过放大电路将电阻变化转换为标准信号输出。放大电路集成在电气控制系统电路板上。

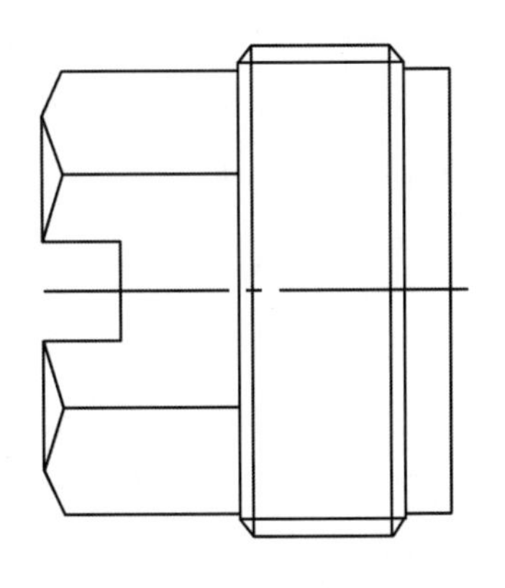

图 7－41　压力传感器

7.3.2.2　控制软件

控制软件主要按照保温保压取心系统工作程序实现各种控制、监测和识别功能，同时实现数据存储、读取、应急处理，以及在甲板上与上位机进行通信。

7.3.2.3　系统技术保证

由于本系统用于海底样品采集，采集一次样品的成本高、时间长，而且海面上的操作人员无法看到系统的工作情况。如果系统工作不稳定、不可靠，会造成很大的浪费。因此，需从以下几个方面保证本系统的可靠性。

（1）硬件的可靠性设计。

①中央控制单元与和外界有关的电路全部进行光电隔离，包括：总线隔离和输入输出信号隔离。如与声纳发生器通信的232接口，A/D转换器、输入的开关量信号，电磁阀的驱动输出等全部与中央控制单元之间采用光电隔离。这样来自外界的干扰信号无法到达CPU及其周边的电路，确保CPU正常工作和数据的可靠保存。

②采用硬件看门狗，如果一旦出现程序混乱的情况，看门狗可以产生复位信号，使CPU重新启动，不会造成死机的情况。

③电源的设计采用多路电源，分别供给不同的功能单元，互相之间没有联系，也就不会造成系统各个单元之间的相互干扰。

④采用双CPU方式，主CPU完成任务的调度和协调，副CPU进行温度和压力的采集、存储和控制，各司其职，不会造成混乱。

（2）软件的抗干扰设计。

①软件陷阱：在程序的适当位置嵌入软件陷阱，可以捕捉到跑飞的PC指针，把程序拉回到正常的轨道上来；

②容错处理：在数据的存储方面采用容错算法，一个数据采用多个备份，用加权仲裁法进行判断，即使个别数据出现混乱，程序也能找出正确的数据；

③扰动恢复：一旦程序因为干扰而出现扰动，扰动恢复算法可以在尽量短的时间里，使程序平稳下来，把错误运行率降至最低；

④数字滤波：在数据采集方面，采用数字滑动滤波的算法，干扰信号和假信号不会被数据采集系统采集到CPU单元，保证采集数据的精度和准确性。

（3）新技术应用。

针对保温保压取心系统运行及其应用环境特点，采用了一些新的技术，其中主要有以下几点：

①采用了性能优异的W77E58单片机，它可以完成以往单片机不能完成的工作，省去了很多外围的电路，既降低了成本，又提高了可靠性。

②低功耗设计：由于本系统采用自带电池供电，为了节约电能，延长使用时间，采用了低功耗设计。其中，除芯片全部采用低功耗器件外，还采用了3V、5V混合系统，以尽量降低系统功耗。硬件采用SHUTDOWN技术，当某个器件暂时不用时，关闭其电源，以减小功耗；软件采用IDLE技术，当CPU空闲时，进入休眠状态，降低功耗，需要工作时，再将其唤醒。电池稳压系统采用低压差的稳压器件，本身功耗低、发热小，使稳压系统的功耗降至最低。

③多串口技术：普通单片机只有一个串口，无法满足本系统的要求，本系统采用了创新的多串口技术，把串口扩展到了 4 个，满足了系统与上位计算机、系统与外围设备及系统内部的通信要求。

④采用了先进的电池管理系统：当电池出现过压、过流、过热、欠压、容量不足时，会及时报警，并采取相应的措施保护电池不受到损害，同时启动备份电池组供电，使系统能够继续正常工作一段时间，以便完成数据保护，并通知操作人员采取相应的应急措施。

⑤采用先进的 FUZZY－PID 算法对压力和温度进行精确的监控，可以达到满度的千分之一。

⑥采用新颖的面向对象，事件驱动的编程框架，软件结构清晰，不同模块之间不会产生冲突。系统可扩展性好，方便以后系统的升级。设计的电气系统控制板如图 7－42 所示。

图 7－42　电气系统控制板

7.4　电气控制舱和压力补偿系统设计

7.4.1　电气控制舱

控制舱内主要由过渡接头、壳体、封口盖组成，装有压力传感器、温度传感器、霍尔传感器、控制板、电池、液压管路。舱体的主要功能是将以上控制元件固定在舱内完全密封。其结构示意图如图 7－43 所示。由于控制元件在地面安装，电气控制舱在取样钻具工作过程中外筒将承受外压，因此壳体必须有足够的强度。根据设计参数对电气控制舱的壳体进行了强度校核。

根据设计参数，控制舱壳体直径 $D_o=130\text{mm}$，壁厚 $\delta=12\text{mm}$，壳体材料

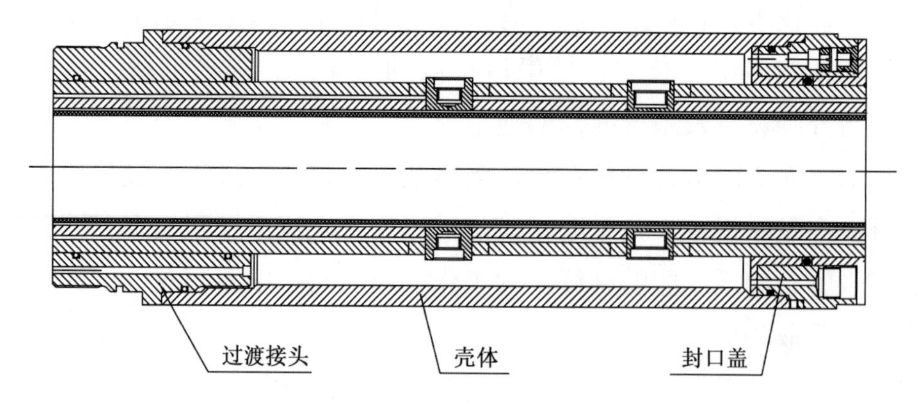

图 7-43　控制舱结构示意图

选 20，其抗拉强度为 $[\sigma]^{t}=520\text{MPa}$。

其临界应力为：

$$p_{\mathrm{cr}}=2.2E\left(\frac{\delta}{D_{\mathrm{o}}}\right)^{3}=2.2\times200\times10^{9}\times\left(\frac{0.012}{0.130}\right)^{3}$$

$$p_{\mathrm{cr}}=346\ \text{MPa}$$

许用设计外压为：

$$[p]=\frac{p_{\mathrm{cr}}}{m}=\frac{477}{3}=115.3\ \text{MPa}$$

受均匀外压圆筒的稳定（安全）系数 m 取 3。

$$p_{\mathrm{c}}=22\text{MPa}\leqslant[p]=115.3\text{MPa}$$

壳体强度满足要求。

7.4.2　压力补偿系统

压力补偿系统主要由后端接头体、充气接头体、壳体和活塞组成，是用来对保压筒在上行过程中的压力损失进行补充的。在随取样工具进入井筒前，在补偿系统的活塞右腔内充入 5MPa 的氮气，压力低于目标层的压力，到达目标层后，假设环境压力为 20MPa，即活塞左腔充满 20MPa 高压钻井液或海水，目标层的压力大于补偿系统内的压力，使活塞压缩氮气，达到压力平衡。当补偿系统随取样工具上行时，环境的压力出现变化，打破了压力平衡，使活塞向相反方向运动，补偿系统内的压力降低，直到补偿系统内和保温保压筒内的压力达到平衡。

8　海上天然气水合物取样钻头研究

取心钻头是破碎岩石、形成岩心的关键工具。因此，取心钻头选择合理与否，将直接影响取心质量与效率。20 世纪 80 年代以前，国内各油田广泛采用钢体式硬质合金取心钻头，该钻头对于松软地层取心比较适合，但对于中硬—硬地层取心就很不理想。实践证明：对中硬—硬地层，各种类型的金刚石取心钻头比钢齿或硬质合金取心钻头都有着极大的优越性。一是使用效果好；二是钻头工作平稳、速度快、岩心收获率高、使用寿命长、综合经济效益好；三是适用范围广。从软到极硬地层，以及松散或破碎地层，均有与之相适应的、能满足各种地质条件和不同取心需求的各种系列金刚石取心钻头。20 世纪 90 年代后期发展了 PDC 取心钻头，对 PDC 取心钻头的设计也很重视，除了根据地层岩性的特点设计外，还对钻头的轮廓、水力参数、优化布齿，根据分析每个齿的切削力状况进行前倾角和侧倾角的设计，使每个切削齿的受力更加均匀、合理，并设计相关软件。

天然气水合物埋藏比较浅，一般赋存于海底以下 0～1500m 的松散沉积层中；或者是高纬度大陆地区永冻土带及水深 100～250m 以下极地陆架海区。对钻井用钻头研制不是太困难，为了保证钻头的取心速度和钻进速度，目前常用的有两种切削元件的取心钻头：一是硬质合金切削元件钻头，这种钻头切削速度快但寿命短，遇到较硬地层很难钻进，一般适应于较软的地层；另一种钻头就是 PDC 金刚石复合片取心钻头，这种钻头切削速度适中，寿命长，能钻进数千米，适应于软到中硬地层取心作业。

8.1　硬质合金取心钻头

硬质合金取心钻头就是使用硬质合金块作为切削元件做成的取心钻头，它是把硬质合金块焊接在带有各种形状的钻头刚体上，根据硬质合金块的不同形状做成不同结构的钻头，并适合不同软硬地层的取心作业。

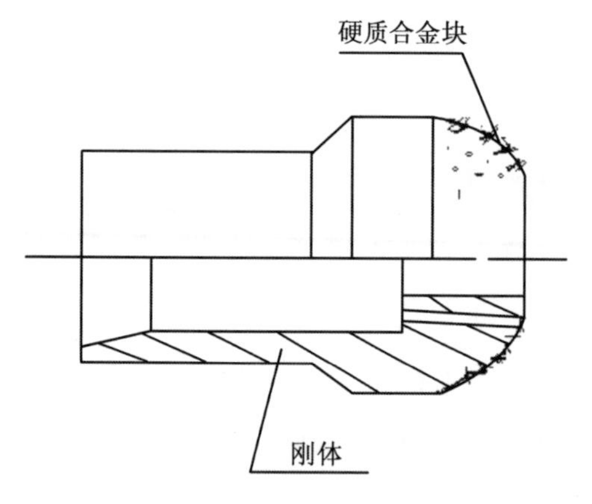

图 8－1　锥度硬质合金刚体取心钻头

8.1.1　锥体取心钻头

锥体取心钻头就是钻头的刚体做成带有锥度形状的结构，在刚体的锥度斜面和顶部钻孔镶焊多棱状的硬质合金块（图 8－1）。这种钻头的合金块出刃短，不适合太软的地层，比较适合在砂岩中使用。

8.1.2　刮刀硬质合金取心钻头

刮刀取心钻头是在刚体上焊接或直接铣出刮刀片的一种取心钻头，硬质合金切削元件通过气体焊接在刮刀片上，形成一个完整的取心钻头（图 8－2）。该钻头主要适宜在软沉积物或软砂泥岩中使用，在这种地层中取心还具有较高的机械钻速、成本低、制造容易等特点。其是在软地层进行取心的优先选择钻头。

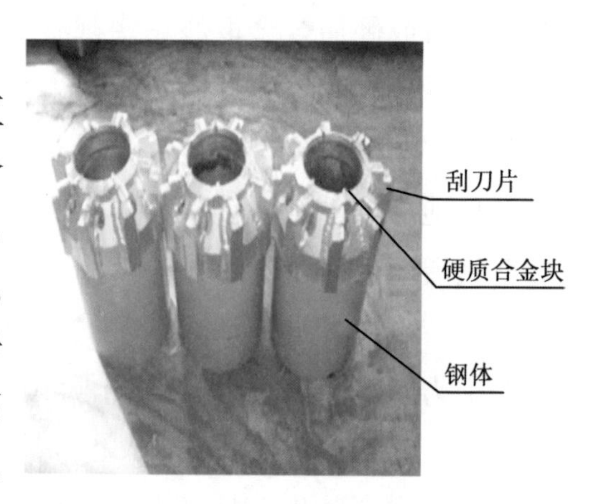

图 8－2　刮刀硬质合金取心钻头

8.2　PDC 取心钻头

在成岩地层取心时，岩性比较坚硬，钻进困难，用硬质合金取心钻头难以达到取心要求，因而要研究适合钻硬岩地层的取心钻头。PDC 复合片取心钻头适用范围广、钻速快，复合片 PDC 取心钻头是非常合适的，有利于提高取心速度和岩心收获率。

8.2.1　PDC 取心钻头切削齿受力影响因素

PDC 取心钻头是一种切削型钻头。各个切削齿在钻压和旋转扭矩的联合作用下连续吃入并剪切刃前岩石。根据钻头与岩石的相互作用原理，切削齿在破碎岩石的同时也受到岩石的反作用力。岩石对切削齿的反作用力主要由岩石破碎阻力（由岩石强度决定）和切削齿与岩石面上的摩擦阻力两部分构成。但无论切削齿的受力情况如何，都可分解为正压力 F_n、切向力 F_c 和侧向力 F_l3 个分力（图 8 -3）。

对 PDC 取心钻头切削齿的切削破岩过程进行分析，可以将影响 PDC 切削齿受力的因素归纳为以下几种。

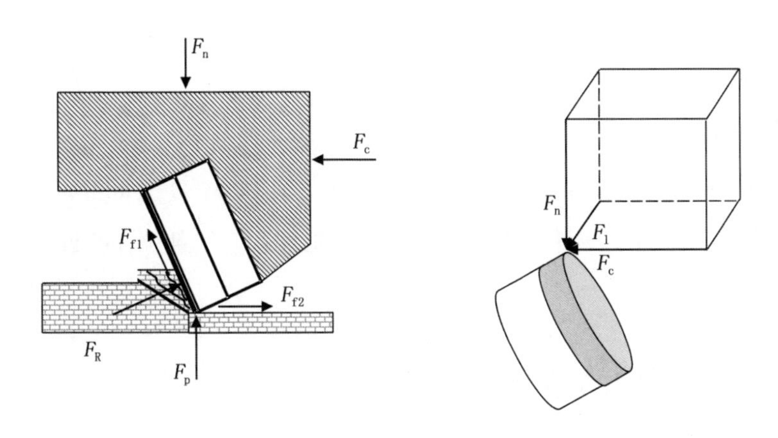

图 8 -3　PDC 取心钻头切削齿受力图

8.2.1.1　切削参数

描述井底切削状态的参数有切削面积 S_c、切削体积 δ 和接触弧长 A_c。对切削齿受力有影响的参数可能是切削面积和接触弧长（图 8 -4）。理论上，切削面积越大和接触弧长越大，切削齿受力就越大。

8.2.1.2　切削断面形状

为了能够完全覆盖井底和实现各切削齿的均匀磨损，PDC 取心钻头上的各切削齿任一井眼剖面上的切削断面常常有部分或完全重叠的现象，称为切削齿的重叠切削作用。

重叠切削作用使得各切削齿的切削断面形状极不规则，且形状各异。切削断面形状上的差别，直接影响切削齿的切削面积和接触弧长，从而影响切削齿的受力，如图 8 -4、图 8 -5 所示。

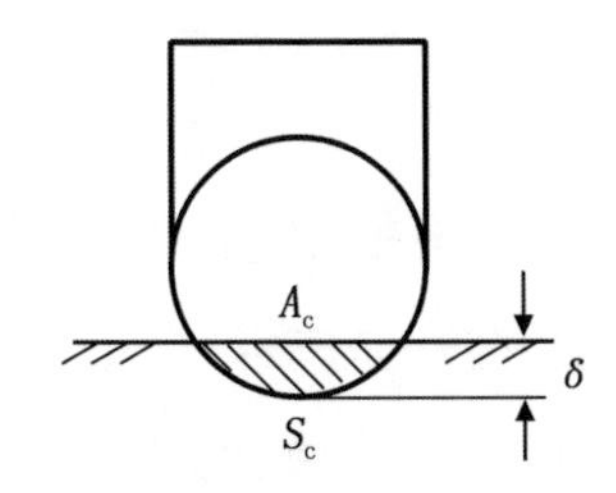

图 8 -4　切削面积和接触弧长

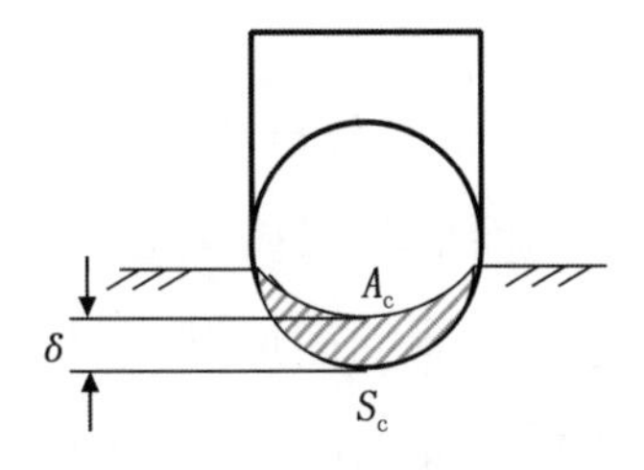

图 8 -5　切削断面形状的影响

8.2.1.3 切削齿工作角

切削齿的工作角包括前倾角和侧倾角。实践证明，切削齿的工作角对 PDC 取心钻头的破岩效率有较大的影响。由此可以推断出，切削齿工作角的大小将影响切削齿的受力。

8.2.1.4 岩石性质

岩石性质是影响切削齿受力的重要因素之一。岩石越硬、破碎岩石所需要的作用力就越大。

8.2.1.5 切削齿的磨损面积

在保持切削深度不变的情况下，切削齿受力随着磨损面积的增大而增大，这一点已从磨损后的钻头需要更大的钻压才能保持一定的钻进速度这一现场经验中得到证实。

8.2.2 PDC 取心钻头结构

钻井实践表明：钻头结构设计直接影响钻头的性能。在性质相近的地层中使用不同结构的钻头时，使用效果有着很大的差别；相同设计的钻头钻进不同性质的地层时也有着截然不同的表现。因此，国内外钻头设计者越来越重视 PDC 钻头设计技术的发展。国外各大钻头公司（如 Hughes - Christensen、Reed、Smith、Hycalog、DBS）一直致力于 PDC 钻头设计理论与方法的研究和计算机设计软件的开发。现代的 PDC 钻头设计已基本实现了模型化和电算化，钻头性能有了显著的提高。但是，在 PDC 取心钻头的优化设计理论与方法方面则研究得较少，钻头结构设计仍然停留在“模仿—试验—改进”的经验设计阶段。

以 PDC 取心钻头的受力及磨损模型的研究为基础，对 PDC 取心钻头的冠部剖面形状设计、布齿设计、侧向力平衡设计等问题进行了深入研究，探索取心钻头结构及布齿优化设计的数学模型及设计计算方法，形成了切实可行的优化设计技术。

8.2.2.1 冠部剖面形状设计

冠部剖面形状对破岩效率、切削齿磨损及钻头工作的稳定性有着明显的影响。因此，冠部剖面形状设计是 PDC 取心钻头设计的关键技术之一。

在 PDC 取心钻头发展的初期，冠部剖面形状设计与传统的天然金刚石钻头完全相同。经过多年的反复试验与改进，设计形成了多种冠部剖面形状设计，主要对单锥直线型、单锥抛物线型、双圆弧型、圆弧—短抛物线型、双锥形及圆弧型等进行了设计。

（1）单锥直线型剖面设计。

单锥直线型剖面由平直段、过渡圆弧段和直线形外锥组成（图8－6），单锥直线型剖面公式为：

$$\begin{cases}(r-\frac{d_b}{2}-w)^2+(h-h_0+r_0)^2=r_0^2\\h=k(r-\frac{D_b}{2})\end{cases} \tag{8-1}$$

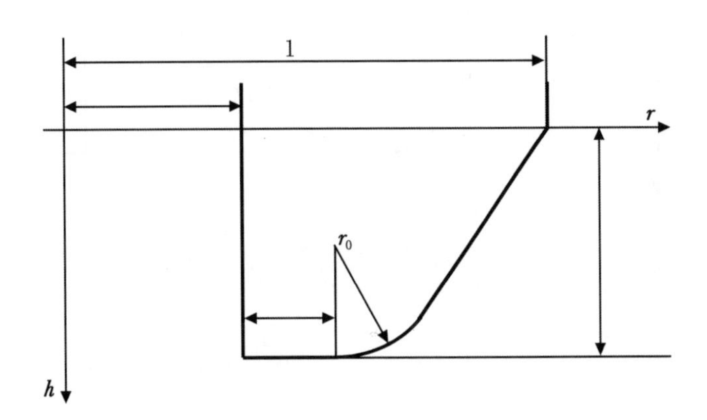

图8－6　单锥直线型剖面设计图解

外锥斜率公式为：

$$\begin{cases}k=\dfrac{2[r_0^2-(h_0-r_0)^2]}{2A(h_0-r_0)-\sqrt{4A^2(h_0-r_0)^2+4(h_0^2-2h_0r_0)(r_0^2-A^2)}}\\A=\dfrac{D_b-d_b}{2}-w\end{cases} \tag{8-2}$$

式中　k——外锥直线方程斜率；

A——外锥直线方程截距；

D_b——钻头体外径，mm；

d_b——钻头体内径，mm；

w——平直段宽度，mm；

h——轴向长度，mm；

h_0——钻头冠部高度，mm；

r——径向长度，mm；

r_0——过渡圆弧半径，mm。

（2）单锥抛物线型剖面设计。

单锥抛物线型剖面为抛物线形曲线（图 8－7）。在图示坐标系中，抛物线型曲线方程为：

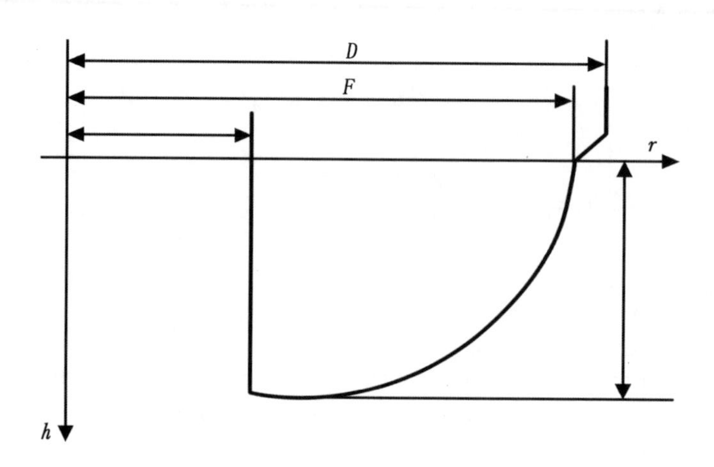

图 8－7　单锥抛物线型剖面设计解析图

$$h = h_0\left[1 - \left(\frac{2r - d_b}{2R_c - d_b}\right)^n\right] \tag{8-3}$$

式中　R_c——钻头剖面终点半径，mm。

（3）双圆弧型剖面设计。

双圆弧剖面由两段圆弧组成（图 8－8）。在图示坐标系中，双圆弧型剖面公式为：

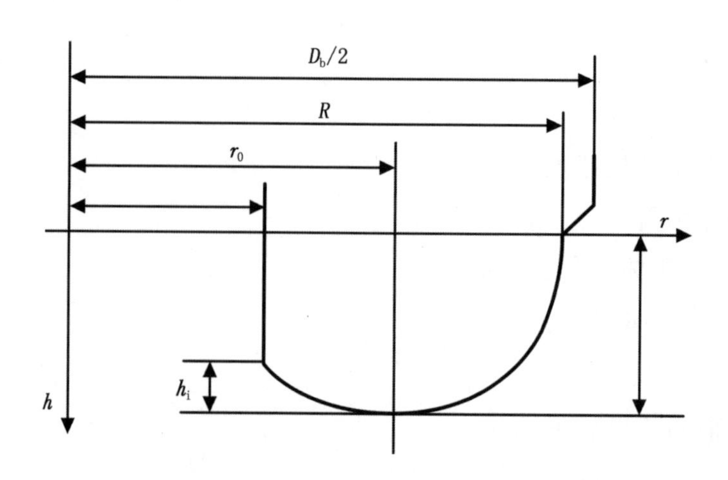

图 8－8　双圆弧型剖面设计解析图

$$\begin{cases}(r-r_0)^2+(h-h_1)^2=R_1^2\\(r-r_2)^2+(h-h_0)^2=R_2^2\\R_1=h_0-h_1\end{cases} \tag{8-4}$$

（4）短抛物线型剖面设计。

短抛物线型剖面由圆弧与抛物线形曲线两部分组成，形状如图 8 -9 所示。在图示坐标系中，短抛物线型剖面方程如下：

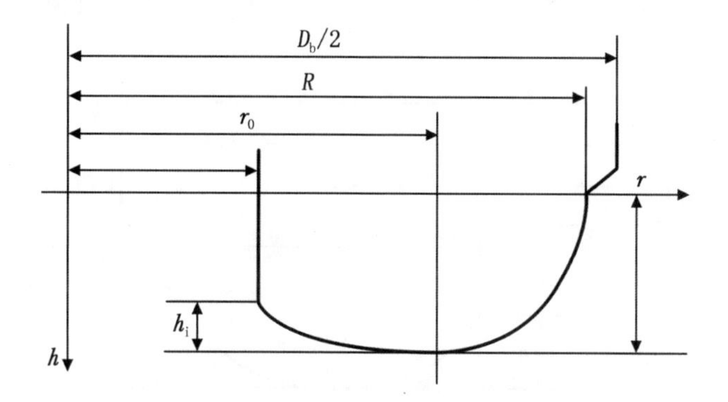

图 8 -9　短抛物线型剖面设计解析图

$$\begin{cases}(r-r_0)^2+(h-h_1)^2=R^2\\h=h_0\left[1-\left(\dfrac{r-r_0}{R_c-r_0}\right)^n\right]\\R=h_0-h_1\end{cases} \tag{8-5}$$

（5）双锥型剖面设计。

双锥型剖面由内锥直线、冠顶圆弧和外锥直线组成，形状如图 8 - 10 所示。在图示坐标系中，双锥型剖面形状的方程为：

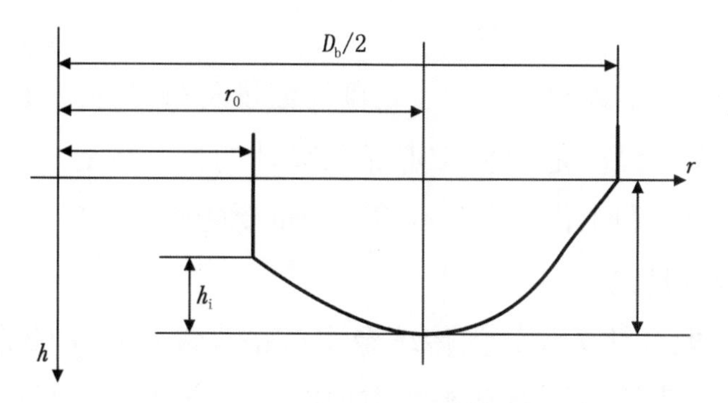

图 8 - 10　双锥型剖面设计解析图

$$
\begin{cases}
h = k_1 r + h_0 - h_i \\
(r - r_0)^2 + (h - h_1) = R^2 \\
h = k_2 (r - \dfrac{D_b}{2}) \\
R = h_0 - h_1
\end{cases}
\tag{8-6}
$$

（6）圆弧型剖面设计。

圆弧型剖面形状为一圆弧线，如图 8－11 所示。圆弧型剖面方程为：

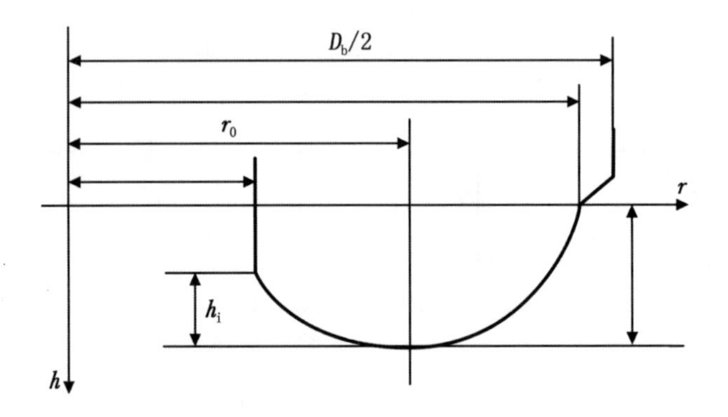

图 8－11 圆弧型剖面设计解析图

$$
\begin{cases}
(r - r_0)^2 + (h - h_1)^2 = R^2 \\
h_1 = \dfrac{h_0^2 - (R_c - r_0)^2}{2h_0} \\
R = h_0 - h_1 \\
h_i = h_0 - h_1 + \sqrt{(h_0 - h_1)^2 - \left(\dfrac{d_b - 2r_0}{2}\right)^2}
\end{cases}
\tag{8-7}
$$

8.2.2.2 布齿设计

布齿设计包括切削齿尺寸选择、切削齿数量及布置方式设计、切削齿工作角设计等内容。布齿设计是 PDC 取心钻头设计的核心内容，对 PDC 取心钻头的钻进效率、稳定性和工作寿命都有着十分重要的影响。

（1）布齿设计理论。

早期的 PDC 取心钻头设计受传统金刚石钻头设计理论的影响很大。切削齿的布置采用了与表镶金刚石钻头相类似的布齿方法，将 PDC 切削齿按一定的规则镶嵌在钻头冠部表面上，即所谓的散布式布齿。这种布齿结构因切削齿出露高度低和水力清洗效果差，常常使 PDC 取心钻头不能有效地剪切破碎岩石和产生“泥包”。

刮刀钻头在软地层中的高效剪切破岩作用和良好水力清洗效果，使 PDC 取心钻头的设计开始关注刀翼式布齿结构，同时开展了切削齿尺寸、布置方式及布齿密度、工作角等对 PDC 取心钻头性能的影响规律研究。提出了切削齿尺寸应随地层硬度增加而减小，最佳后倾角为 20°，按等体积或等功率原则布置切削齿，以增大切削齿密度提高寿命等设计理论和方法。并在软到中硬的均质地层中取得了令人振奋的钻进效果。

天然气水合物主要在软沉积物中，但也不排除在软到中硬的地层中。因为为了提高 PDC 取心钻头在软硬交错地层、硬地层、研磨性地层中的钻井效率，设计者基于传统经验和对 PDC 取心钻头磨损规律的认识，提出了金刚石总体积最大化的设计理论。即通过减小切削齿尺寸、增加切削齿数量和刀翼数量、加长钻头冠部以布置更多切削齿等方法来改善 PDC 取心钻头钻进效果。

PDC 取心钻头的布齿设计对钻进速度和钻头寿命的影响通常是相互矛盾的。追求较高的钻头寿命，必然要增大切削齿密度，从而导致钻进速度降低；反之，降低布齿密度可提高钻进速度，虽然会对钻头寿命造成一定的负面影响，但可显著提高钻井效率和降低钻进成本。

综上所述可以得出以下几点结论：

①刀翼式布齿结构因切削齿出露大、水力清洗效果好，破岩效率高；

②以增加刀翼数量、钻头冠部长度和布齿密度来提高钻头寿命的做法将导致钻进效率降低；

③增大切削齿后倾角并不能明显改善切削齿的耐久性，反而会降低切削齿的吃入性能；

④PDC 取心钻头的布齿设计应以提高钻进速度为主，以提高钻头寿命为辅。首先要保证可以获得较高钻进速度，然后再考虑如何提高钻头的工作寿命，以提高其钻井效率。

（2）切削齿尺寸选择。

国内外生产厂家提供了很多尺寸的 PDC 切削齿供钻头设计者选用。目前应用比较多的切削齿主要有 ϕ19mm、ϕ13mm 和 ϕ8mm 3 种规格。

多年来的实践经验表明，ϕ19mm 切削齿适合于软到中软地层，ϕ13mm 切削齿适合于中到中硬地层。ϕ8mm 切削齿设计用于较硬地层，ϕ13mm—ϕ9mm

和 ϕ13mm—ϕ11mm—ϕ9mm 两种混和布齿结构，在硬灰岩和硬砂中能取得比较好的钻进效果。

为帮助钻头设计者合理地选择 PDC 切削齿，根据经验建立了地层可钻性级值与切削齿尺寸的经验关系（表 8 – 1）。

（3）径向布齿设计。

径向布齿设计是将所有的切削齿布置在钻头剖面线上，确定各切削齿的径向坐标 R_c 和高度坐标、切削齿数量 N 和井底切削覆盖图。

表 8 – 1　PDC 切削齿尺寸与地层可钻性的经验关系

地层分类	软	中	中硬
可钻性 K_d	$K_d \leqslant 3.5$	$3.5 < K_d \leqslant 5$	$5 < K_d < 7$
切削齿尺寸（mm）	ϕ19	ϕ13	ϕ8 ~ ϕ13

径向布齿设计一般应满足以下两方面的要求：

①在设计钻速水平下，保证井底切削覆盖良好；

②使各切削齿的磨损相对均匀，提高切削齿的利用率。

（4）井底切削覆盖设计。

对 PDC 取心钻头磨损的分析发现，钻头内侧附近切削齿一般都没有明显的磨损。因此，在 PDC 取心钻头设计中，内侧部位一般设计较少的切削齿，布齿密度最低，由内向外，布齿密度越来越大，如图 8 – 12 所示。只要钻头内侧附近切削齿的切痕在设计钻速下能够覆盖井底，则其他部位（冠顶、外锥等）切削齿肯定能满足完全覆盖井底的要求。因此，井底切削覆盖设计事实上是钻头内侧部位切削齿的布齿设计。

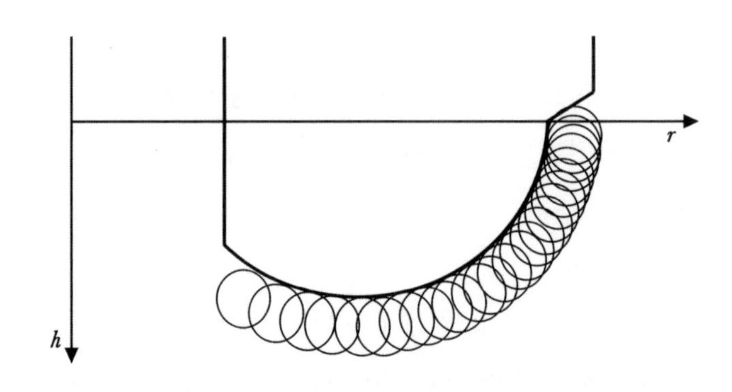

图 8 – 12　PDC 取心钻头布齿密度分布图

在 PDC 取心钻头设计中，一般在钻头内侧首先布置 3 ~ 4 个切削齿。在设计钻速下，切削齿的布置应能满足覆盖井底的要求。当切削齿尺寸和每转吃入深度一定，布齿间距越小，最小井底覆盖系数越大；布齿密度越高，所需切削齿数量越多。设计时，可根据所钻地层的性质，综合考虑钻进速度和钻头寿命，合理设置内侧齿的布齿密度，控制切削齿的数量。

（5）均匀磨损设计。

均匀磨损设计的目的是通过合理地布置切削齿，使钻头各部位切削齿的磨损相对均匀，避免因个别切削齿磨损严重而导致钻头失效，使钻头寿命达到最高。

PDC 取心钻头布齿设计的目的之一是通过合理的布齿设计使各切削齿磨损均匀。如果某个切削齿的磨损速度较快，较大磨损面面积将使该切削齿承受较大的正压力和切削力，引起较大的钻进扭矩和不平衡力。过大的正压力和切削力还可能导致切削齿的热加速磨损和切削齿的折断，对钻头性能造成致命的影响。如果各切削齿都能保持相同的磨损速度，就不会出现因某个切削齿的先期损坏而影响整个钻头性能的情况，昂贵的 PDC 复合片就可以得到充分的利用，就可以获得较高的钻头寿命。

为达到各切削齿均匀磨损的设计目的，引入磨损比的概念。磨损比定义为钻头上任一切削齿的体积磨损速度与参考齿的体积磨损速度之比，记为 WR。即：

$$WR = \frac{\mathrm{d}v_{\mathrm{w}}/\mathrm{d}t}{(\mathrm{d}v_{\mathrm{w}}/\mathrm{d}t)_r} \tag{8-8}$$

$$WR = \frac{F_{\mathrm{n}}R_{\mathrm{c}}}{(F_{\mathrm{n}}R_{\mathrm{c}})_r} \tag{8-9}$$

式中 WR——磨损比；

r——参考齿；

v_{w}——磨损速度；

t——时间；

R_{c}——切削面积。

根据对 PDC 取心钻头切削齿的磨损分布规律研究，钻头内侧切削齿一般磨损较轻，而冠顶和外锥上的切削齿往往磨损较严重。因此，通常选择钻头内侧切削齿作为参考齿。

磨损比反映了各切削齿的相对磨损速度的大小，并且将切削齿受力、径向位置坐标与磨损速度有机地结合在一起。只要使每个切削齿的磨损比相等，就可以实现钻头上各切削齿的均匀磨损。由此可得 PDC 取心钻头的等磨损设计模型：

$$(WR)_i = 1 \qquad (i = 1,2,\cdots,N) \tag{8-10}$$

或，

$$(F_n R_c)_i = (F_n R_c)_r \qquad (i = 1,2,\cdots,N) \tag{8-11}$$

若假设 PDC 切削齿的正压力 A_c 与切削面积 R_c 成正比，则：

$$(A_c R_c)_i = (A_c R_c)_r \qquad (i = 4,\ 5,\ \cdots,\ N) \tag{8-12}$$

（6）周向布齿设计。

周向布齿设计是将一定数量的切削齿按一定方式分布在钻头冠部表面上。PDC 取心钻头的布齿方式有刀翼式布齿和螺旋线布齿两种。因此，周向布齿设计的内容包括确定刀翼或螺旋线数量、各刀翼（或螺旋线）上各切削齿分布设计、刀翼（或螺旋线）分布设计和各切削齿周向角的确定等内容。

周向布齿设计一般应遵循以下原则：

①刀翼或螺旋线数量应能满足布齿要求；

②切削齿以一定的间距均匀地分布在各刀翼或螺旋线上，相邻切削齿在安装时互不干涉；

③刀翼设计和切削齿的分布有利于提高钻头的稳定性；

④切削齿和刀翼的布置有利于提高水力清洗和冷却效果。

（7）切削齿工作角设计。

①后倾角的设计。切削齿的后倾角是 PDC 取心钻头的一个重要设计参数，对钻头性能有着很大影响。

Hibbs 于 1978 年研究提出，PDC 钻头切削齿的合理后倾角为 10°～20°。Hoover & Middleton 在 1981 年报道了他们的台架实验结果，结论是切削齿后倾角为 20°的钻头在砂岩中的钻进性能最好，而在硬的花岗岩中，25°切削齿的碎裂和磨损程度明显小于 20°的切削齿。Hough 在 1986 研究得出的结论是，在页岩中，切削齿后倾角为 15°、20°或 25°的 PDC 取心钻头的钻进速度没有明显的差别，优于后倾角为 7°的钻头。根据这些研究成果，在早期的 PDC 取心钻头设计中形成了这样一种共识，即软地层的 PDC 取心钻头应采用 10°～20°后倾角，而硬地层钻头采用 20°～25°后倾角为宜，并以 20°作为 PDC 切削齿的标准后倾角。

近年来，随着冲击碎裂和热加速磨损理论的发展，人们开始怀疑早期设计经验的合理性。H. Karasawa & X. Li 等用后倾角为10°、15°、20°、25°、30°和40°的切削齿切削花岗岩，发现切削齿的受力随着后倾角的增大而增大，而且切削角较小的切削齿反而不容易碎裂。Sinor 等用后倾角分别为10°、20°、30°和40°的直径216mm 的 PDC 取心钻头在石灰岩和页岩中进行了台架实验，结果表明：在相同的钻压和扭矩下，后倾角越小的钻头，钻进速度越快；在相同的钻速水平（如12m/h），钻压和扭矩随着后倾角的增大而增大。

水泥试样中进行的5°、10°、15°、20°和25°切削齿的受力试验，得到结论：后倾角在10°左右时切削齿的受力最小，旋转扭矩也最小，随着切削角的增大，纵向力、切削力和扭矩都呈增大的趋势。

现场经验表明，钻压和扭矩越大，PDC 切削齿越容易磨损和碎裂。因为在大钻压和大扭矩下，切削齿要承受较大的压力和切削力。较大的压力容易引起热加速磨损和较大的纵向冲击载荷，而较大的切削力容易引发较大的扭转振动，结果导致 PDC 切削齿的热加速磨损和冲击碎裂。

因此，综合考虑钻头钻井效率、稳定性和钻头寿命，PDC 取心钻头应采用较小的切削角（10°左右）设计。

②侧转角设计。切削齿侧转角的主要作用是提高切削齿排屑能力，防止钻头泥包。研究和现场经验表明，随着水力清洗效果的提高，切削齿的侧转角对 PDC 取心钻头的性能没有明显的积极作用。因此，在现代 PDC 取心钻头设计中，对直线刀翼结构的钻头，其切削齿侧转角一般取零；对螺旋形布齿结构的钻头，切削齿侧转角随切削齿在螺旋线的位置而变化，一般由内向外逐渐增大。

8.2.2.3 布齿设计优化

PDC 取心钻头布齿设计的一般步骤为：

（1）根据所钻地层性质，设定最小钻速期望值，确定切削齿尺寸；

（2）预设切削齿的后倾角及侧转角；

（3）径向布齿设计，确定切削齿的数量及各切削齿径向坐标和高度坐标；

（4）周向布齿设计，确定刀翼或螺旋线的数量、各刀翼或螺旋线上的切削齿分布及各切削齿的周向角度；

（5）设计各切削齿实际后倾角和侧转角；

（6）形成初步布齿设计方案。

初步布齿设计方案能够满足覆盖井底和钻速要求，但还不能达到各切削齿均匀磨损的目的。原因是在按照均匀磨损原则确定各切削齿的径向坐标时，各切削齿的周向角、后倾角及侧转角尚没有完全确定，只能根据预设的周向角、后倾角及侧转角计算各切削齿的切削参数（切削面积、体积、弧长）。因为只有先确定各切削齿的径向坐标，才能确定各切削齿的周向角、后倾角及侧转角，而周向角、后倾角及侧转角的设计值不可能与其预设值完全相同。

布齿设计优化就是在初步布齿设计的基础上，按照一定优化方法对切削齿径向位置进行调整，以达到各切削齿的磨损比或切削体积基本相等的目标。

8.2.2.4 侧向力平衡设计

1989 年 Brett 首先提出了 PDC 钻头涡动理论。大量的室内研究和现场试验证明，抗涡动设计是减轻 PDC 切削齿冲击损坏的一种有效的方法。造成 PDC 取心钻头涡动的主要原因是钻头的侧向不平衡力。钻头的侧向力大小和方向取决于钻头的布齿结构。因此，计算分析某种钻头设计的侧向力的大小和方向，通过进一步调整布齿结构，可以有效地控制钻头侧向力的大小和方向，可达到防止或减轻钻头涡动的目的。目前，国外 PDC 取心钻头产品的侧向不平衡力一般控制在钻压的 10% 以内，最好钻头设计的侧向不平衡力达到 1% ~2% 。

侧向力平衡设计的依据是钻头侧向力的大小和方向。因此，侧向力平衡设计的第一步是对给定的钻头设计进行侧向力分析。若某钻头设计的侧向力比较大（如大于 10%），就需要重新调整布齿结构。因此侧向力平衡设计的第二步是根据侧向力的大小和方向对原设计的布齿结构进行调整。通过调整原布齿结构来改变侧向力的途径有两种：一是调整切削齿的周向布置角；二是调整各切削齿的径向位置坐标。调整各切削齿的周向位置角比较简单，容易操作。而调整各切削齿的径向位置则是一件非常复杂的事，因为需要同时兼顾井底的覆盖、各切削齿的均匀磨损及相邻切削齿的间距等，相当于重新进行布齿设计。因此，一般情况下，应优先考虑各切削齿周向位置的调整。切削齿周向位置角的调整有宏观调整和微观调整两种方法。所谓宏观调整是指保持相邻刀翼或螺旋线的夹角不变，调换刀翼或螺旋线的排列次序。所谓微观调整是指保持各刀翼或螺旋线的排列次序不变，在一定范围调整各刀翼或螺旋线的周向位置角。

8.2.3 PDC 取心钻头水力参数设计

钻头水力学的研究内容可分为两个大的方面：一是钻头水力参数研究，二是钻头井底流场研究。钻头水力参数研究主要是寻求一种水力参数优化设计方法，优选排量、喷嘴直径和泵压，以获得最优的井底水力参数，如最大钻头水马力、最大射流冲击力等，从而提高射流辅助破岩和井底清洗的效果。钻头井底流场研究主要是研究井底液流（漫流）的流动规律（速度场和压力场）和产生各种不同井底流场的水力结构条件，如喷嘴尺寸、安放位置、倾斜角度、钻头流道形状和布置等，然后根据水力能量对井底和钻头的清洗和冷却作用机理，找出与某种钻头的机械结构相匹配的，能使岩屑尽快离开井底和切削齿的，同时可有效冷却各个切削齿的良好的井底流场及相对应的水力结构形式。

对取心钻头而言，钻头水力参数优选及井底流场研究除了解决及时清除岩屑和有效冷却切削齿的问题外，还要考虑尽可能减轻液流对岩心的冲蚀问题，以获得较高的取心收获率。但从国内外相关文献资料的调研情况看，对全面钻进钻头的水力参数优选及井底流场研究得比较多，而对取心钻头水力学的研究则很少。

在基本条件一定的情况下，水力参数优化设计的主要任务是确定钻井液的排量和选择喷嘴直径。对全面钻进钻头来讲，水力参数设计的主要目的是提高射流对井底的冲击能力，进而提高钻进速度。常用的水力参数优化设计方法有两种：一是以获得最大钻头水功率为目标的设计方法；二是以获得最大射流冲击力为目标的设计方法。对取心钻头而言，水力参数优化设计应以保护岩心，提高岩心收获率为主要目的，其次才考虑提高取心钻进效率的问题。因此，综合考虑水力作用对钻进速度和岩心冲蚀的影响，取心钻头水力参数优化设计应以保持井底干净的所需要的钻头水马力为标准，无需再继续增大钻头水功率，这样可以将射流对岩心的冲蚀作用将至最低水平，就是所谓的经济水马力工作方式。

8.2.3.1 净化井底所需钻头水马力

净化井底，就是将岩屑冲离井底。净化井底所需要的钻头水马力当然与岩屑量有关。当井眼尺寸一定时，钻进速度越快，岩屑量越大，需要的钻头水马力就越大；当钻进速度一定时，井眼尺寸越大，岩屑量越大，需要的钻头水马力也就越大。如果以比水马力（净化单位直径井眼所需的水马力）作为指标，就可以不考虑井眼尺寸的影响。这样，只需建立净化井底所需比水马力与机械钻速的相关关系，就可以根据钻进速度确定净化井底所需比水马力。

1975 年，AMOCO 研究中心发表了机械钻速与比水功率的关系曲线，一定的钻速，意味着单位时间内钻出的岩屑总量一定，而该数量的岩屑需要一定的水马力才能完全清除，低于这个水功率值，井底净化就不完善。若钻进时的实际水马力落在净化不完善区，则实际钻速就比净化完善时的钻速低。若实际水马力落在净化完善区，则钻进速度就不会受井底净化的影响。井底净化完善时所需的比水马力与机械钻速的经验关系为：

$$P_s = 9.72 \times 10^{-2} v_p^{0.31} \tag{8-13}$$

式中 P_s——净化井底所需比水马力，kW/cm^2；

v_p——机械钻速，m/h。

8.2.4 水力参数优化设计

按经济水马力工作方式优化设计水力参数的方法及步骤为：

（1）据地区经验或邻井数据，预测机械钻速 v_p；

（2）利用式（8－13）计算净化井底所需的比水马力 P_s；

（3）根据井眼尺寸计算井底水马力 N_s；

（4）根据最小环空携岩速度（0.5～0.7m/s）和最大环空尺寸确定钻进最小排量 Q_a；

（5）根据已确定的水马力、排量和实际使用的钻井液密度，按下式计算喷嘴直径：

$$P_j = \frac{0.081\rho_d Q^3}{d_e^4} \tag{8-14}$$

$$d_e = \sqrt{\sum_{i=1}^{n} d_i^2} \tag{8-15}$$

式中 P_j——经济水马力；

ρ_d——钻井液密度；

Q——钻井液排量；

d_e——喷嘴直径。

9 海上天然气水合物取样配套设备

9.1 现场快速测量装置

9.1.1 岩心超声检测仪

采用非接触的方式来测量物质的密度，目前国际上较通用的方法是使用核子密度仪来测量。核子密度仪使用放射性铯元素作为放射源，因此对设备的保管、使用条件等都提出了很高的要求；同时其对操作人员的健康、人身安全存在一定的威胁，因此对天然气水合物的现场密度测试尝试使用超声透射法(图9－1)。

用超声波进行各种非声量的检测时，是通过某些声学特性（主要是声速、声衰减和声阻抗率等）的测量来进行，其中以超声透射法最为常用。一般情况下声波在物质中传播的速度与其弹性参数和物质的密度相关，通过测定声速值，可以反演得到物质的密度。由于测试对象为岩心筒、岩心的双层结构，岩心为沉积物、水合物冰块等的混合物，岩心筒呈圆状，其材料（有机玻璃）的声阻抗远大于样品的声阻抗，加之超声波在这种结构中传播时复杂的反射、折射、散射等现象，使得声速法的试验信号非常不稳定。

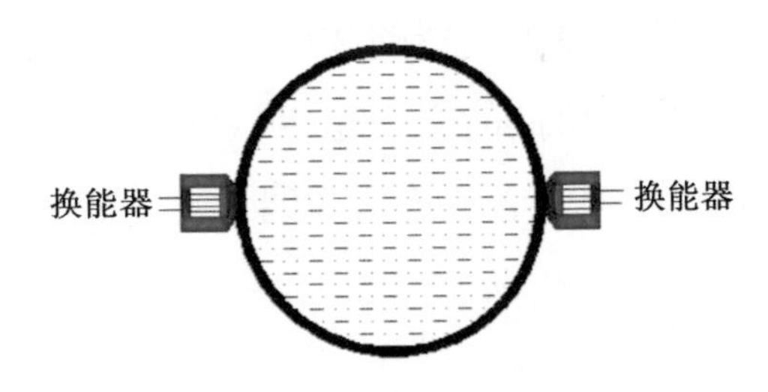

图9－1　超声透射法测量岩心示意图

超声透射法密度测试虽然不成功，但是在试验过程中发现采用声衰减信号可以很好地识别样品中的冰块。

超声波在介质中传播时，其能量将随距离的增大而逐渐减小，这种现象称之为衰减。超声波的衰减一般有扩散衰减、吸收衰减、散射衰减等形式。

超声波在传播过程中，由于波束的扩散，使超声波的能量随距离增加而逐渐减弱的现象称为扩散衰减。扩散衰减仅取决于波面的形状，与介质的性质无关。通常所说的介质衰减是指吸收衰减与散射衰减，不包括扩散衰减。

超声波在介质中传播时，遇到声阻抗不同的界面产生散乱反射引起衰减的现象，称为散射衰减。散射衰减与材质的晶粒密切相关，当材质晶粒粗大时，散射衰减严重，被散射的超声波沿着复杂的路径传播到探头，在示波屏上引起“林状”回波，使信噪比下降。

超声波在介质中传播时，由于介质中质点间内摩擦（即黏滞性）和热传导引起超声波的衰减，称为吸收衰减或黏滞衰减。

除了以上3种衰减外，还有位错引起的衰减、残余应力引起的衰减等。

海底沉积物是一种松散的多相体系，超声波在其中传播时兼有吸收衰减和散射衰减。由于超声波的频率范围非常广，在反复试验的基础上，选定频率为1M的曲面探头及50kHz的锥形聚焦探头来探测岩心在超声波场中的响应。当样品冻结情况较好时，采用1M的曲面探头效果较好。当样品存在部分熔解时，其对超声波的吸收、折射等效应非常强，接收到的透射信号非常微弱，锥形聚焦探头能将超声波能量汇聚成直径较小的声束内，可以穿透成分复杂的岩心。使接收换能器的波形畸变变小，保证了测量精度。

采用研制的岩心超声检测设备对有机玻璃空管、装水的有机玻璃管、装有冰块及冻土样品的有机玻璃管进行了一系列的测试，测试结果见图9－2、图9－3。

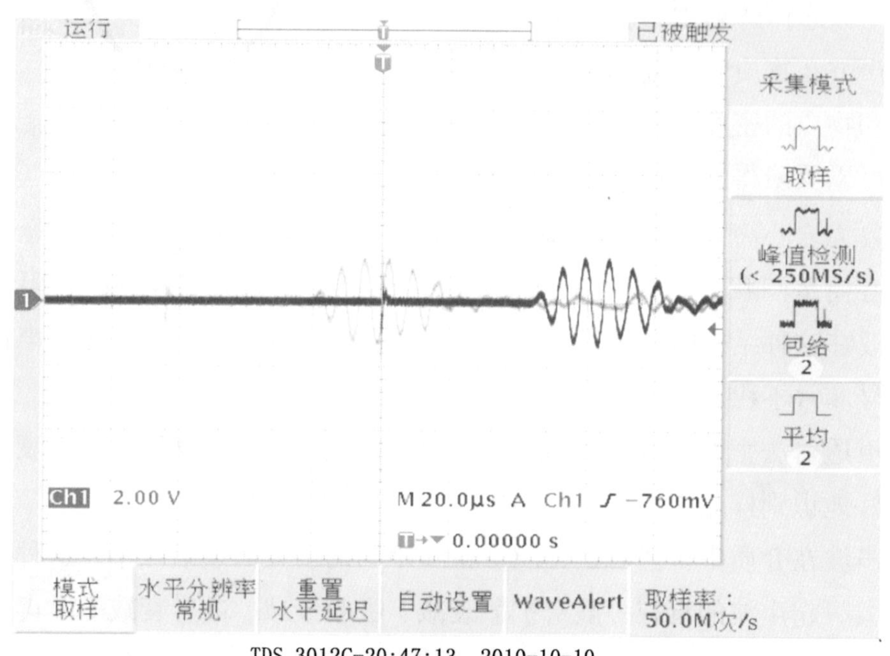

TDS 3012C-20:47:13 2010-10-10

图9－2 超声波从空管壁上绕射传播时的波形

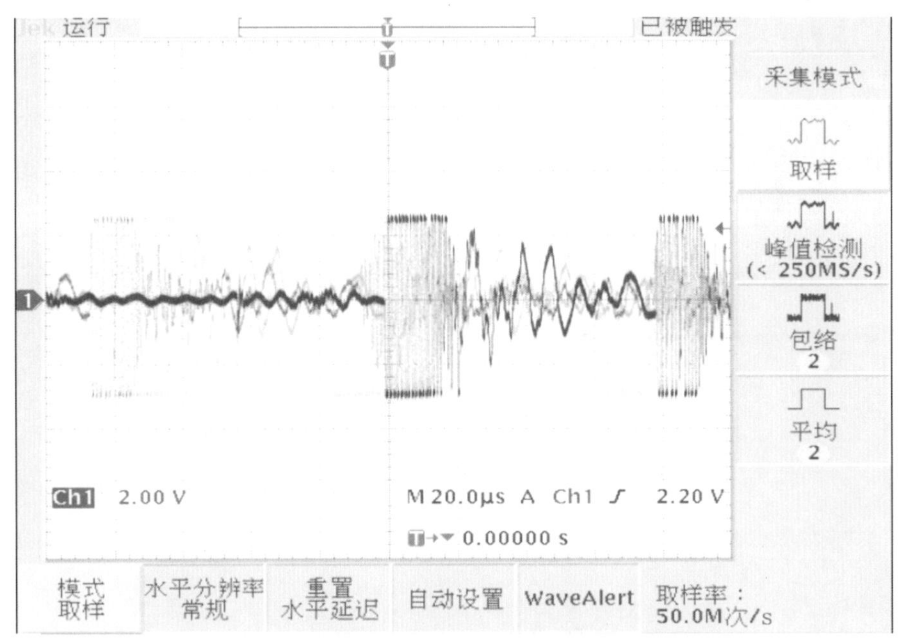

图 9－3　超声波透射过水管的波形

由图 9－2、图 9－3 可知，当超声波绕着空的有机玻璃管壁传播时，波能损失较大，当声波透射过装水的有机玻璃管时，一部分声波透射过管壁及水体，一部分声波绕有机玻璃管壁传播，波能部分损失。

为了进一步确定声波在冻土中透射时的情况，设计并制作了如下样品：即使用频率为 1M 接触面为弧形的探头扫射（图 9－4）。扫射顺序从上至下，依次为完全冰块、含有少部分冻土的冰块、冰块和冻土各 50% 及完全冻土剖面，试验时测得冰块及冻土的温度为 －10℃，测试结果见图 9－5 至图 9－12。

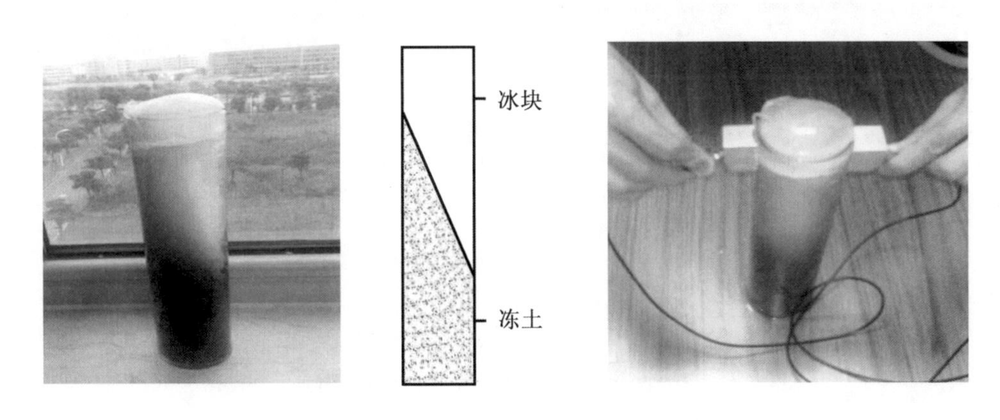

图 9－4　试验样品及超声测试

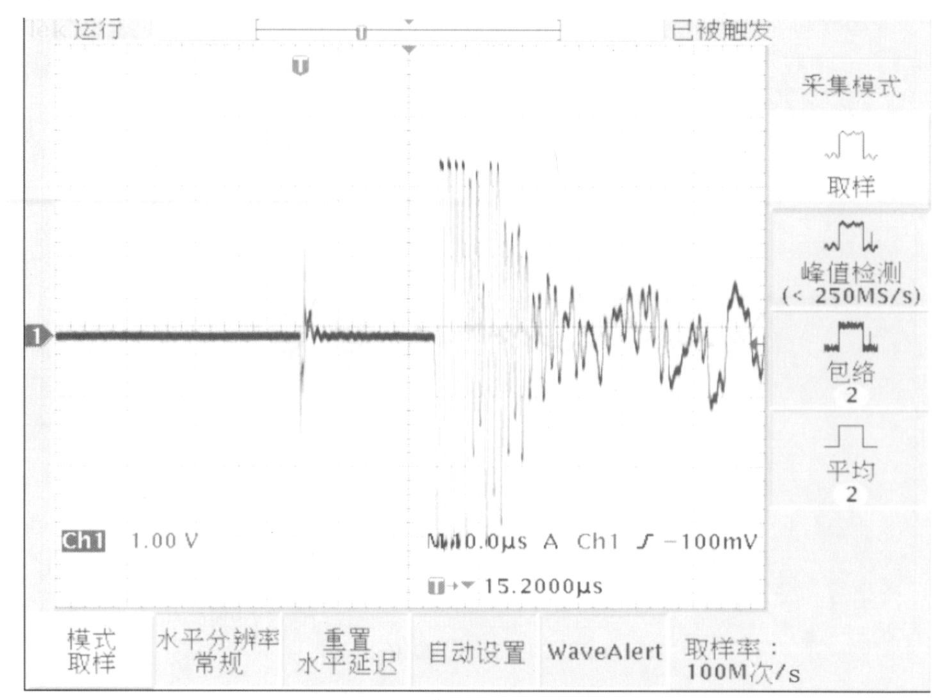

图9－5 超声波透过冰块时的波形

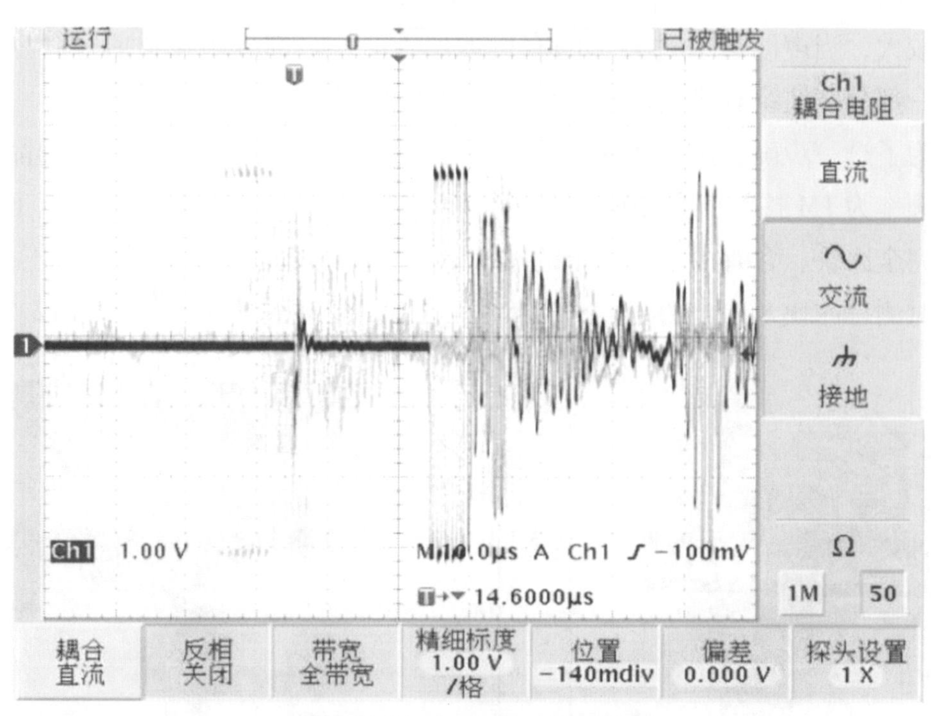

图9－6 超声波透过含有少量冻土的冰块时的波形

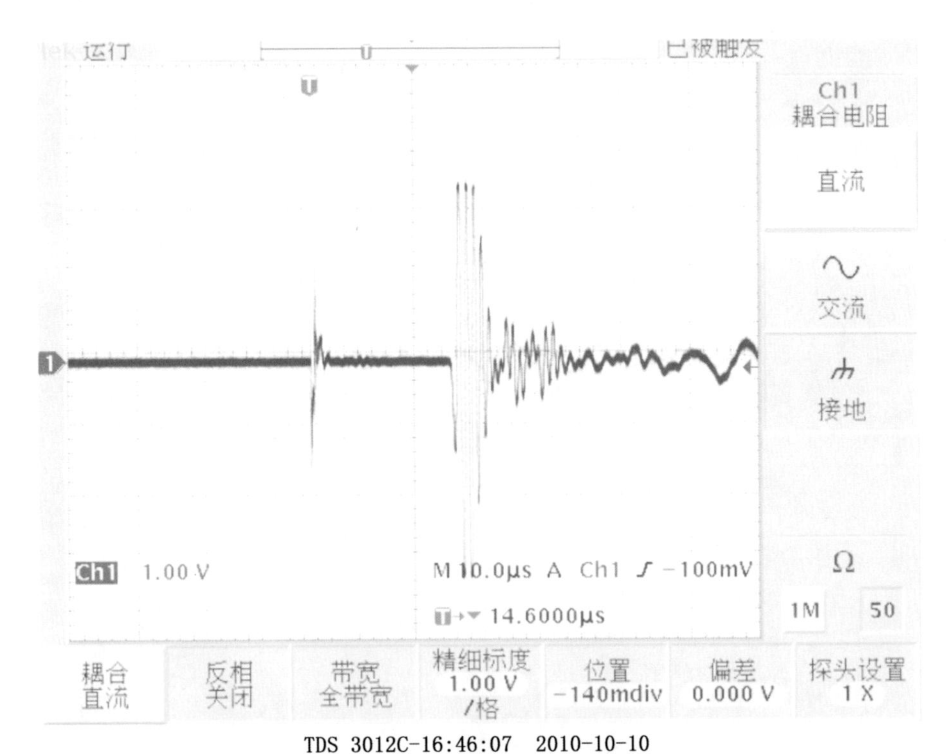

图 9-7 超声波透过含有冻土和冰块各 50% 时的波形

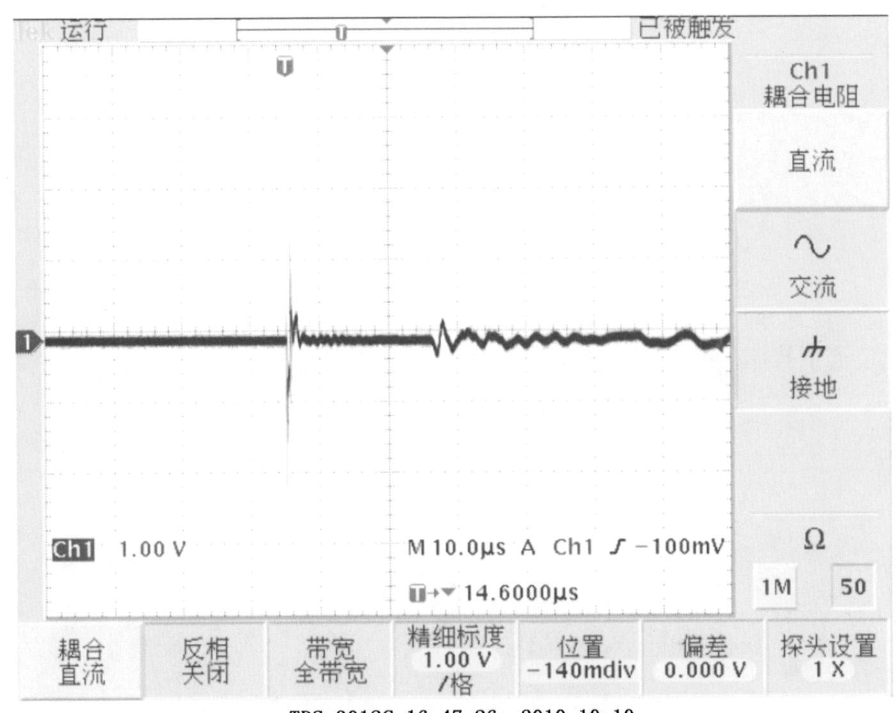

图 9-8 超声波透过含有冻土的波形

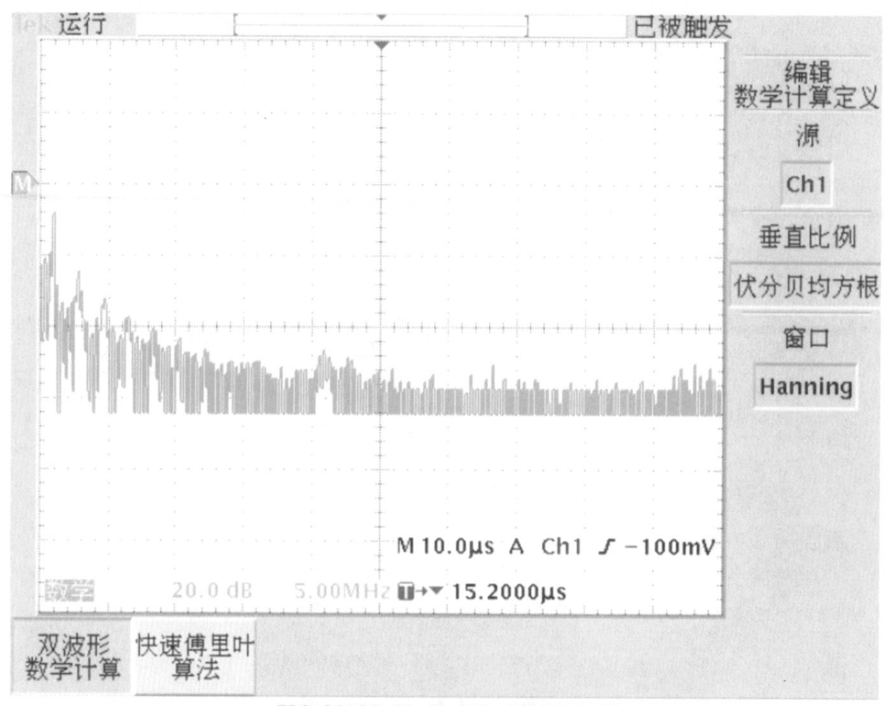

TDS 3012C-16:41:57 2010-10-10

图 9-9 超声波透过冰块时的波形（幅度—频率曲线）

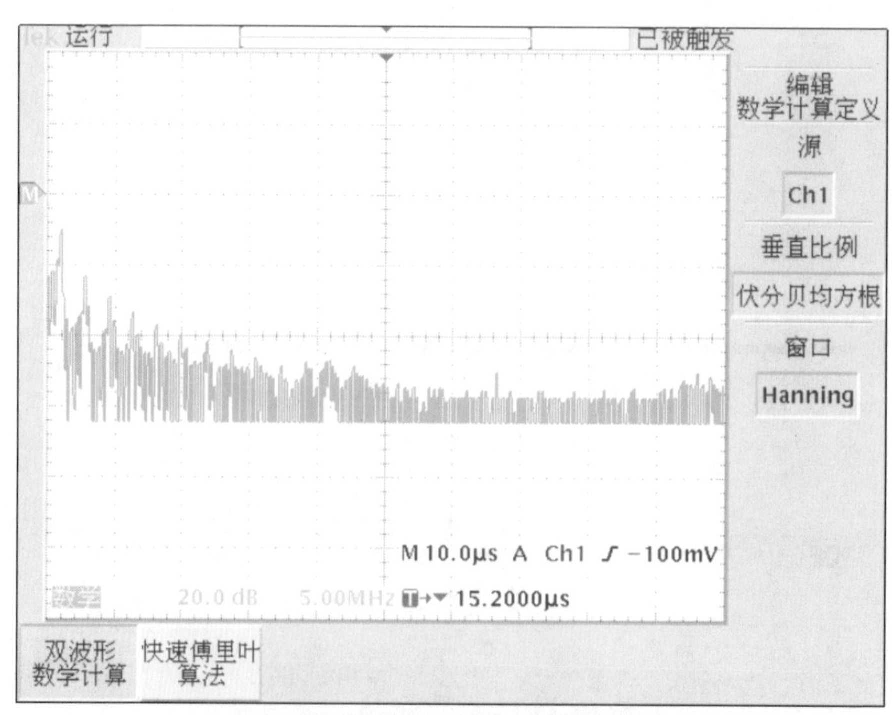

TDS 3012C-16:43:50 2010-10-10

图 9-10 超声波透过含有少量冻土的冰块时的波形（幅度—频率曲线）

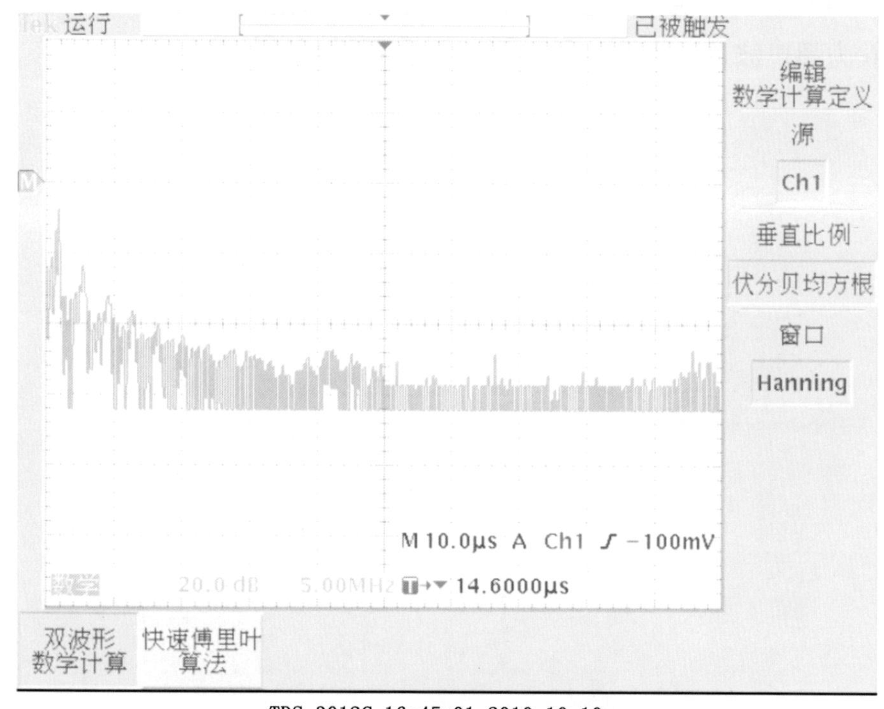

图9-11　超声波透过含有冻土和冰块各50%时的波形（幅度—频率曲线）

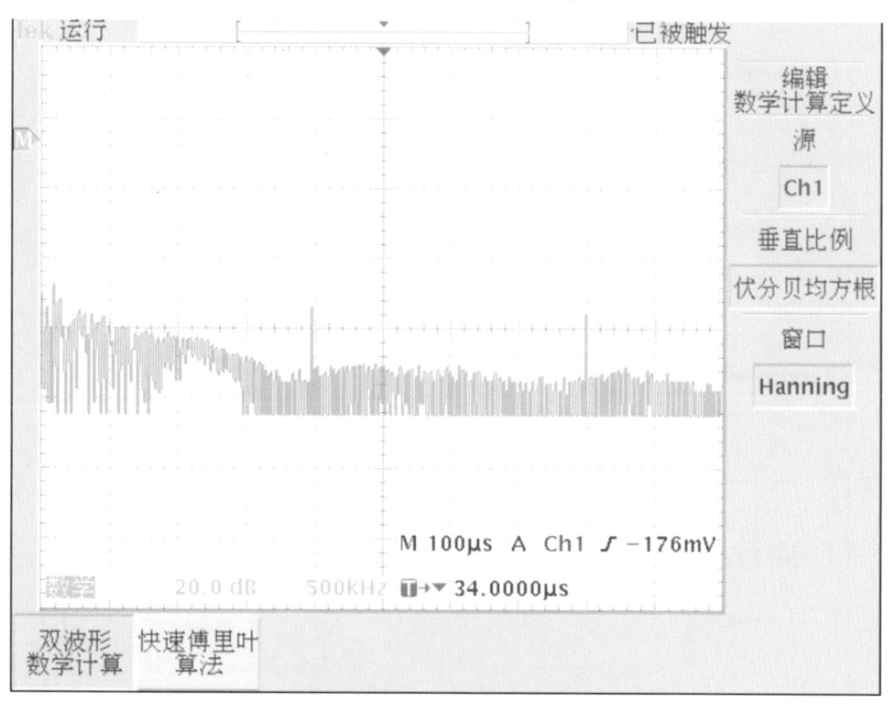

图9-12　超声波透过含有冻土的波形（幅度—频率曲线）

当样品的温度升至 -3℃时，重复以上步骤又做了一次测试，图 9-13 至图 9-16 为超声波透过含冰块及不同冻土含量样品时的波形。

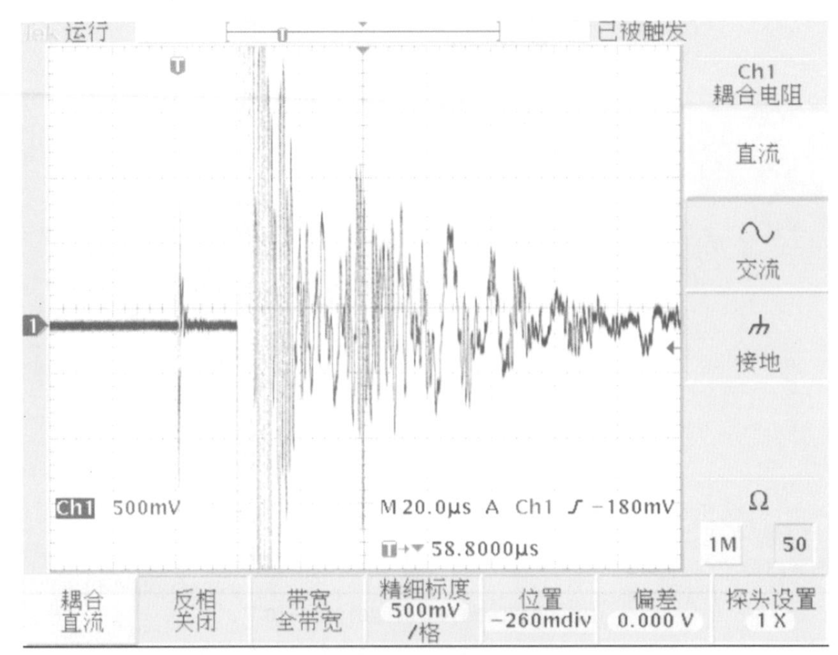

TDS 3012C-16:56:30 2010-10-10

图 9-13　超声波透过冰块时的波形

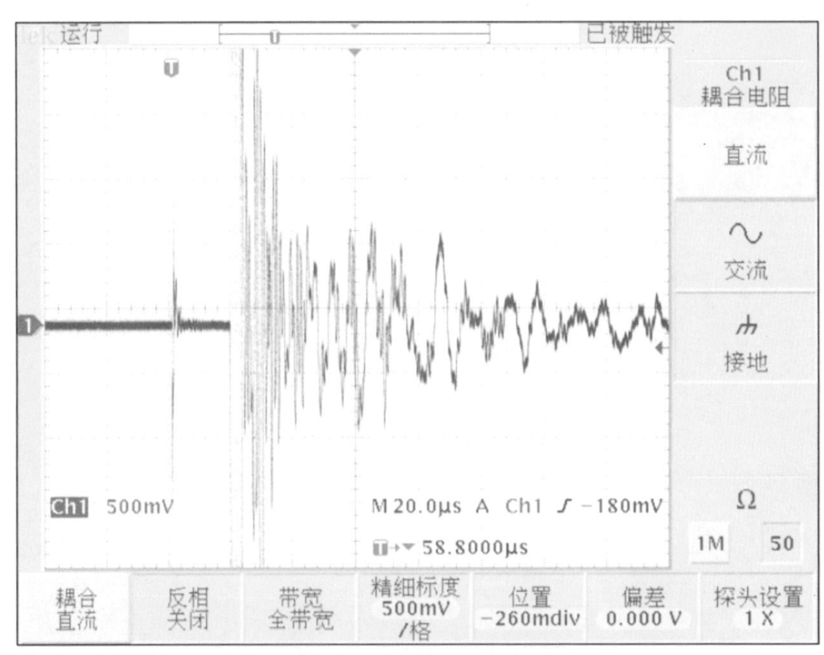

TDS 3012C-16:57:25 2010-10-10

图 9-14　超声波透过含有少量冻土的冰块时的波形

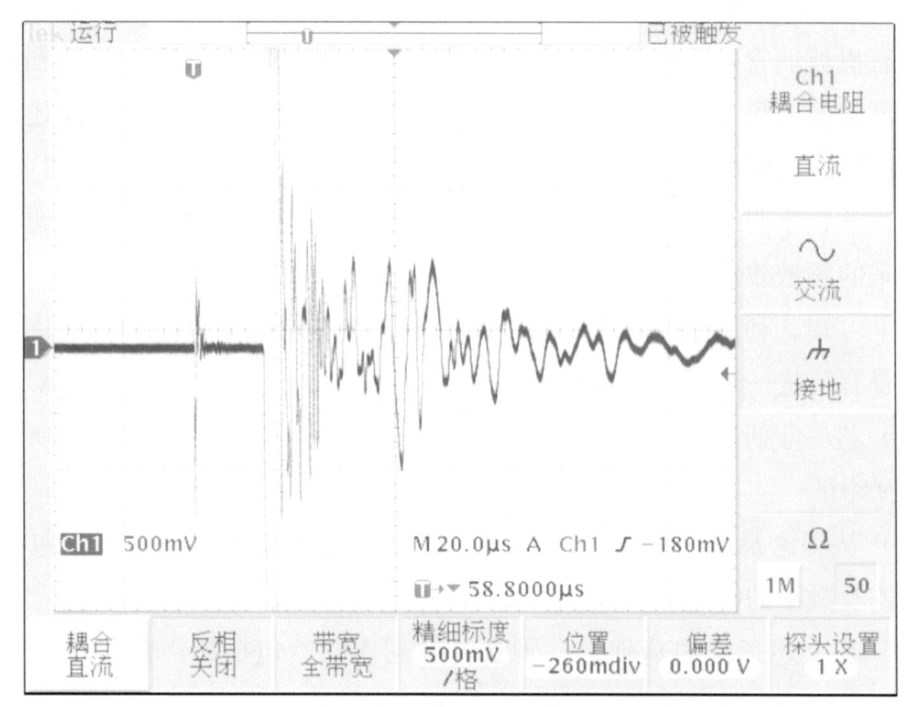

TDS 3012C-16:58:10 2010-10-10

图 9－15　超声波透过含有冻土和冰块各 50% 时的波形

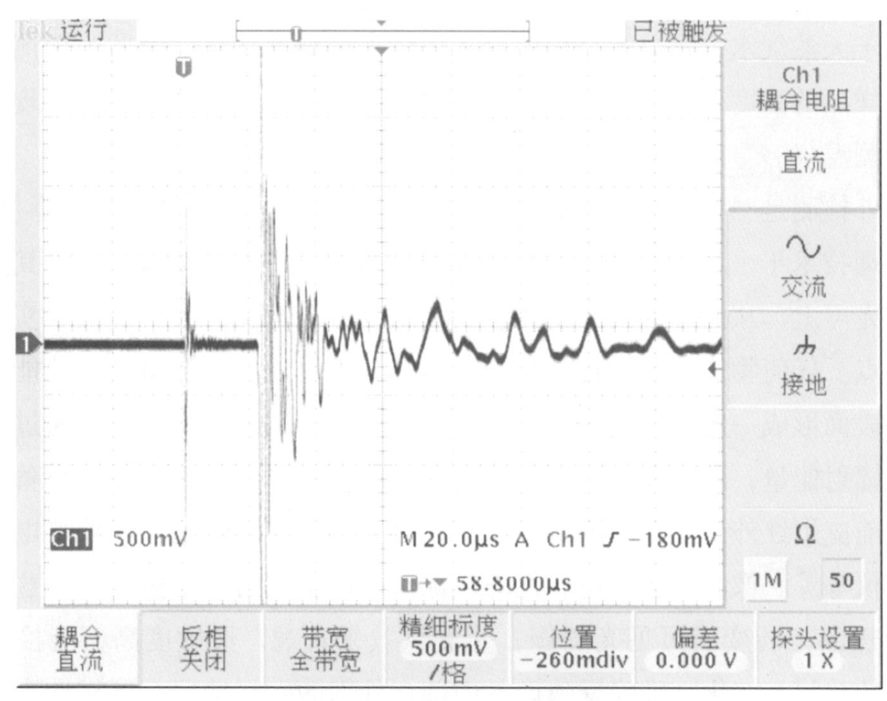

TDS 3012C-16:58:49 2010-10-10

图 9－16　超声波透过含有冻土的波形

从图9－5至图9－16的波形曲线可以明显地看出：使用超声波透射法检测装于有机玻璃管内的样品时，由于土颗粒对声波的散射效应，接收到的声波信号幅度随着土粒含量的增加而减小。从理论上分析可知，透射声波还存在一定的频散效应；但是在试验中，为了保证所截取的幅度—时间曲线的可比性，截取幅度—频率曲线时没有调整示波器垂直偏转灵敏度及扫描频率，使得波形显示出来的频散效应不明显。

综上可知，利用超声波可以较好地揭示有机玻璃管中样品的情况；但是试验及装置有待进一步深入研究：

（1）进一步研究透射过程中的频散效应，以期与幅度—时间曲线所揭示的信息相互印证；

（2）从理论及试验上进一步研究，筛选出效果最佳的换能器，包括对换能器形式及频率的筛选；

（3）在上述工作的基础上，研制目标超声仪，包括超声信号发生器、放大器及信号解释、显示设备。

9.1.2 红外测温仪

由于天然气水合物分解过程中会产生较大的温度变化，因此为探测保温保压筒内样品的温度变化，现场需要进行温度测试，为此，研发了适合现场使用的红外测温仪。

红外检测是一种在线监测式检测技术，它集光电成像技术、计算机技术、图像处理技术于一身，通过接收物体发出的红外线（红外辐射），将其热像显示在荧光屏上，从而准确判断物体表面的温度分布情况，具有准确、实时、快速等优点。任何物体由于其自身分子的运动，不停地向外辐射红外热能，从而在物体表面形成一定的温度场，俗称“热像”。红外诊断技术正是通过吸收这种红外辐射能量，测出设备表面的温度及温度场的分布，从而判断设备发热情况。目前应用红外诊技术的测试设备比较多，如红外测温仪、红外热电视、红外热像仪等等。像红外热电视、红外热像仪等设备利用热成像技术将这种看不见的“热像”转变成可见光图像，使测试效果直观，灵敏度高，能检测出设备细微的热状态变化，准确反映设备内部、外部的发热情况，可靠性高，对发现设备隐患非常有效。采用红外成像检测技术可以对正在运行的设备进行非接触检测，拍摄其温度场的分布、测量任何部位的温度值，据此对各种外部及内部故障进行诊断，具有实时、遥测、直观和定量测温等优点。

红外线辐射是自然界存在的一种最为广泛的电磁波辐射，它是基于任何物体在常规环境下都会产生自身的分子和原子无规则的运动，并不停地辐射出热红外能量，分子和原子的运动愈剧烈，辐射的能量愈大；反之，辐射的能量愈小。红外线的波长在 0.76～100μm 之间，按波长的范围可分为近红外、中红外、远红外、极远红外 4 类，它在电磁波连续频谱中的位置是处于无线电波与可见光之间的区域。

温度在绝对零度以上的物体，都会因自身的分子运动而辐射出红外线。通过红外探测器将物体辐射的功率信号转换成电信号后，成像装置的输出信号就可以完全一一对应地模拟扫描物体表面温度的空间分布，经电子系统处理，传至显示屏上，得到与物体表面热分布相应的热像图。运用这一方法，便能实现对目标进行远距离热状态图像成像和测温并进行分析判断。

红外测温仪由光学系统、光电探测仪、信号放大器及信号处理、显示输出等部分组成。光学系统汇集其视场内的目标红外辐射能量，视场的大小由测温仪的光学零件及位置决定。红外辐射能量聚焦在光电探测仪上并转变为相应的电信号。该信号经过信号放大器和信号处理电路按照仪器内部的算法和目标发射率校正后转变为被测目标的温度值。除此之外，测试目标和红外测温仪所在的环境条件，如温度、气氛、污染和干扰等因素对性能指标的影响也要经过修正。

为了获得精确的温度读数，红外测温仪与测试目标之间的距离必须在合适的范围之内，所谓“光点尺寸”是指红外测温仪测量点的面积。距离目标越远，光点尺寸就越大。图 9－17 为距离与光点尺寸的比值示意图。

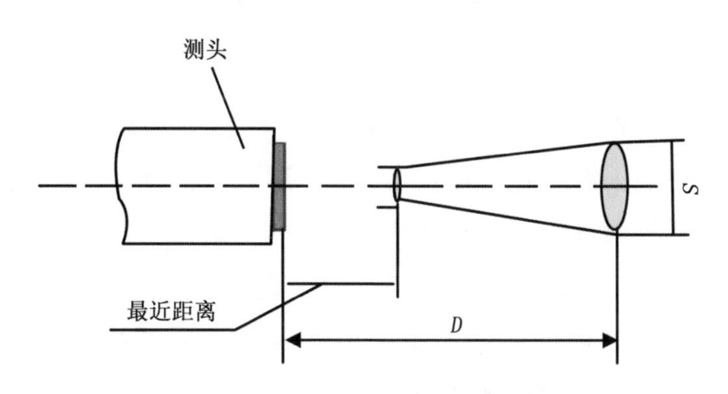

图 9－17　红外测温机构示意图

D—红外测温仪到被测目标距离；*S*—被测目标的测量直径

红外测温仪工作时，被测对象的热辐射能量通过光学系统将其汇聚在红外探测器上，探测器将接收到的信号经信号调理放大、微处理器计算、D/A 转换，实现输出被测物体的表面温度值，无须接触目标，即可达到测量温度的目的。试制的高精度红外测温仪见图 9－18，其规格参数如下。

图 9－18　红外测温仪

（1）外形尺寸：120m×120m×300m；

（2）电缆长度：1500m；

（3）测量距离：0.2 ～ 0.7m；

（4）分辨率：0.1℃；

（5）光学系统：12∶1；

（6）测温范围：－18～400℃；

（7）报警功能：1～10s 声光报警；

（8）使用条件：工作温度为 0～50℃，湿度不大于 80RH%，电源为 220V/50Hz，功耗为 5W，高灰尘场合，应采用防尘保护。

9.1.3　温度传感器

温度传感器是一种将温度变化转换为电量变化的装置，可分为两类：热电偶温度传感器和热电阻温度传感器，分别利用了热电偶将温度变化转换为电势变化，以及热电阻将温度变化转换为电阻值变化的原理。

热电阻利用电阻随温度变化的特性来测量温度。热电偶是根据热电效应原理设计而成的。前者将温度转换为电阻值的大小，后者将温度转换为电势大小，二者的精度及性能都与传感器材料特性有关。

热电偶的测温原理基于物理的“热电效应”。热电效应，就是当不同材料的导体组成一个闭合回路时，若两个结点的温度不同，那么在回路中将会产生电动势的现象。两点间的温差越大，产生的电动势就越大。引入适当的测量电路测量电动势的大小，就可测得温度的大小。

热电阻温度传感器是中低温区最常用的一种温度检测器，它是基于金属导体的电阻值随温度的增加而增加这一特性来进行温度测量的。其主要特点是测量精度高，性能稳定。其中铂热阻的测量精确度是最高的、它不仅广泛应用于工业测温，而且被制成标准的基准仪。

热电阻温度传感器测温系统一般由热电阻温度测量元件传感器、连接导线和显示仪表等组成。根据温度传感材料的不同，热电阻传感器分为铂电阻传感器、铜电阻传感器、铁电阻和镍电阻传感器几种类型。

经过调研选用 Pt100 热电阻温度传感器，其探头如图 9－19 所示。

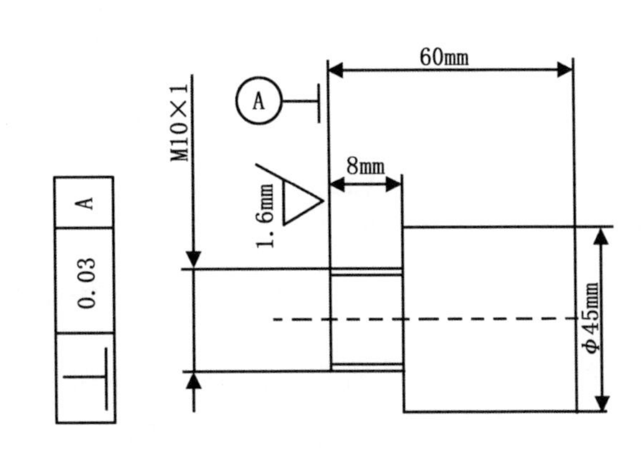

图 9－19　Pt100 热电阻温度传感器

试制的温度传感器为铠装 Pt100 电阻温度传感器（图 9－20），具有较高的灵敏度和稳定性。

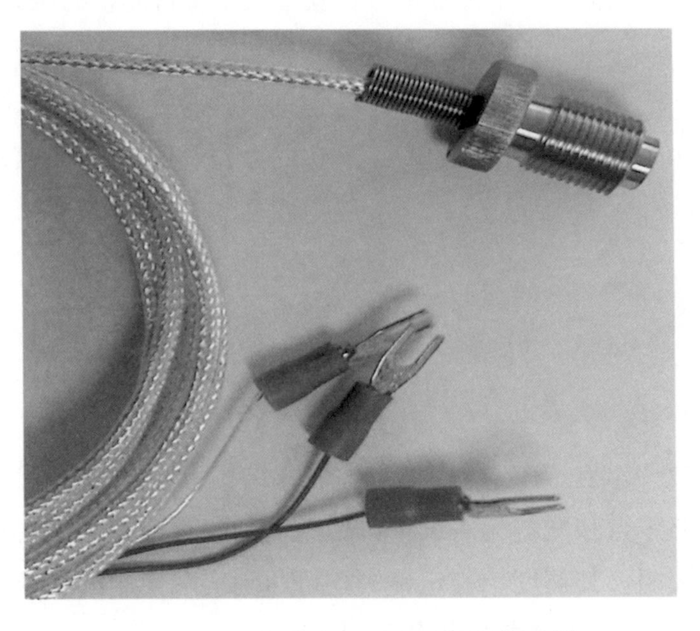

图 9－20　铠装 Pt100 电阻温度传感器

9.1.4 压力变送器

常用的压力传感器按其工作原理可分为应变片压力传感器、陶瓷压力传感器、扩散硅压力传感器、蓝宝石压力传感器、压电压力传感器等。为了现场使用方便，试制了扩散硅压力传感器（图9－21）。

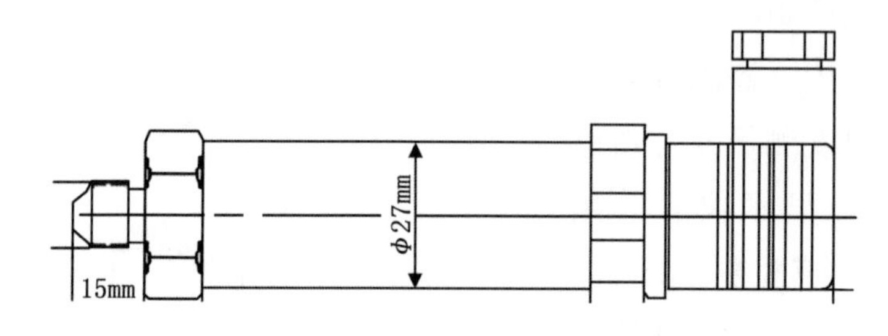

图9－21　压力传感器结构简图

硅单晶材料在受到外力作用而产生极微小应变时，其内部原子结构的电子能级状态会发生变化，从而导致其电阻率剧烈变化。用此材料制成的电阻会出现极大变化，这种物理效应称为压阻效应。利用压阻效应原理，采用集成工艺技术经过掺杂、扩散，沿单晶硅片上的晶向特点，制成应变电阻，构成惠更斯电桥，利用硅材料的弹性力学特性，在硅材料上进行各向异性微加工，可制成了一个集力敏感与力—电转换检测于一体的扩散硅传感器。给传感器匹配一个放大电路及相关部件，使之输出一个标准信号，就组成了一台完整的压力变送器。

图9－22　铠装压力传感器

岩心压力直接作用于传感器的不锈钢膜片上，使膜片产生与压力成正比的微位移，同时传感器的电阻值发生变化，用电子线路检测这一变化，并转换输出一个对应于这一压力的标准测量信号。试制的两款NS系列压力传感器（图9－22）。

NS型压力传感器全由不锈钢封装，结构紧凑，抗干扰能力较强；此外，其内置电路零点和增益无需调整，传感器和放大电路高度集成使用非常方便。试验结果表明：其精度、稳定性等均可达到实际使用的要求。

NS型压力传感器技术指标见表9－1。

表 9-1 NS 型压力传感器技术指标表

输入压力范围（MPa）	0~30	输出信号(mA)	4~20
过载能力	2 倍	综合精度（%）	0.05、0.1、0.3
测量介质	对不锈钢不腐蚀的气、液体	非线性（%）	±0.1（典型值）
工作方式	绝压、表压	重复性（%）	±0.1（典型值）
工作电压	24VDC（±6V）	输出形式	二线制或三线制
工作温度范围（℃）	-40~85~120	长期稳定性	≤±0.2%
温度补偿范围（℃）	25~80	螺纹接口	M20×1.5
温度漂移（℃）	0.03%	电气连接	接插件

9.2 岩心储运装置

9.2.1 高压储运装置

天然气水合物泄压后会分解，因此对它的储运需要特殊设备。为实现天然气水合物的带压储运，研制了高压样品保存仓，主要由耐压仓体、仓盖、高压球阀、高压截止阀、安全（溢流）阀、压力表及其他附件等组成，其结构示意如图 9-23。可实现对天然气水合物样品带压的储存转运。

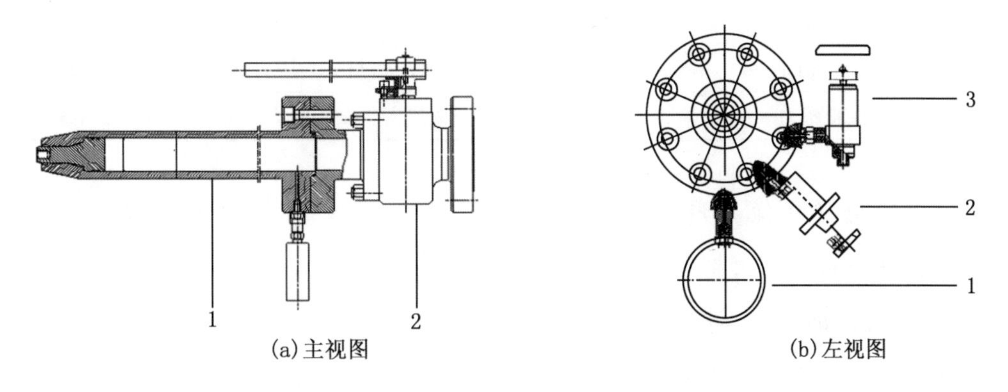

图 9-23 高压样品保存仓设计简图

1—压力表；2—安全（溢流）阀；3—高压截止阀

在天然气水合物样品放入耐压仓内后，手动关闭高压球阀；然后接通高压截止阀与外加压力源，缓慢向耐压仓内加压，压力升到需要数值时关闭高压截止阀，最高压力不超过 21MPa；然后可进行天然气水合物样品在 20MPa 压力下的储存转运。如压力超过 21MPa，安全（溢流）阀溢流，始终保持耐压仓压力不超过 21MPa，以有效地保护设备和操作人员安全。

9.2.2 耐压仓部件

9.2.2.1 高压球阀

高压球阀通径为 80mm，外形尺寸 ϕ290mm × 381mm，其结构示意见图 9 - 24。

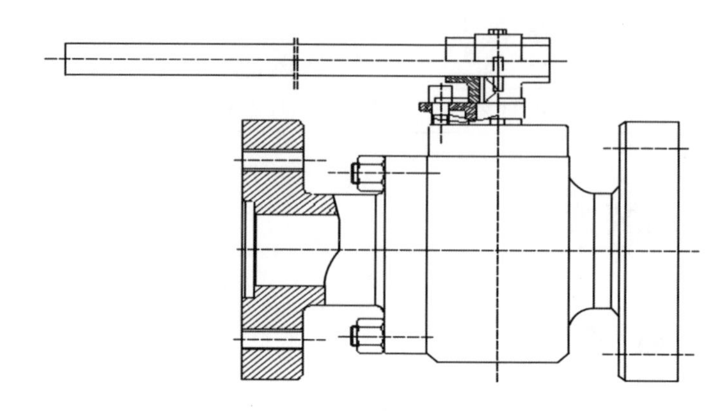

图 9 - 24 高压球阀设计简图

高压球阀性能参数见表 9 - 2。

表 9 - 2 高压球阀性能参数表

性 能 规 范	数据	性 能 规 范	数据
压力等级（MPa）	20.2	阀座水压密封试验压力（MPa）	22.0
壳体水压强度试验压力（MPa）	30.0	阀座气密封试验压力（MPa）	0.6

9.2.2.2 安全（溢流）阀

选用 YF - L8H4，螺纹连接，公称压力为 31.5MPa，压力调节范围为 16 ~ 31.5MPa，公称流量为 2L/min。安全（溢流）阀 P 口为进油口，O 口为溢油口，K 口为外控口，其外形见图 9 - 25。

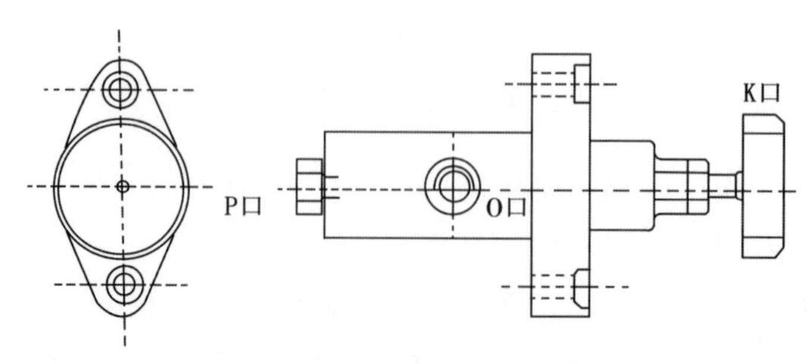

图 9 - 25 安全（溢流）阀

9.2.2.3　高压截止阀

高压截止阀通径 8mm，外形尺寸 ϕ66mm × 182mm，其结构示意见图 9 - 26。整体高压样品保存仓见图 9 - 27。

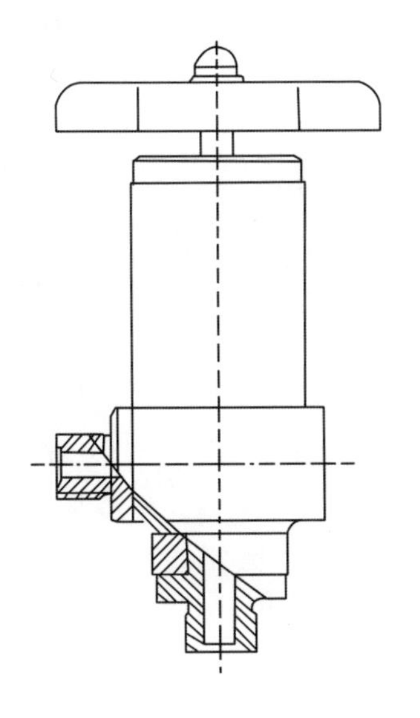
图 9 - 26　高压截止阀示意图

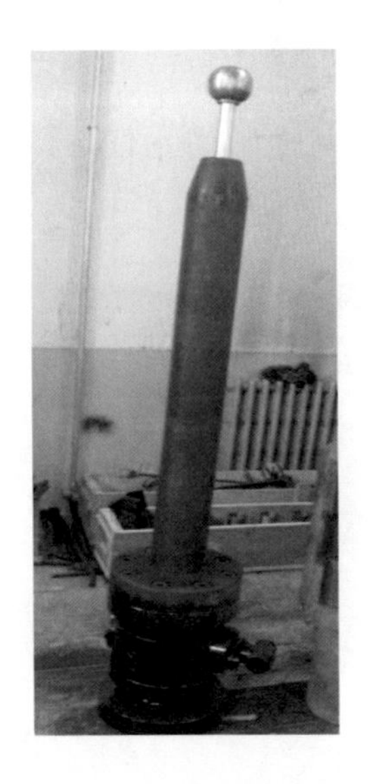
图 9 - 27　高压样品保存仓

9.3　辅助及配套设备

9.3.1　岩心处理工作间

考虑到岩心处理工作需要很多的测试设备，以及样品冷冻保存的需要，参考国外海洋调查船上类似的装备，岩心处理工作间示意图见图 9 - 28、图 9 - 29。

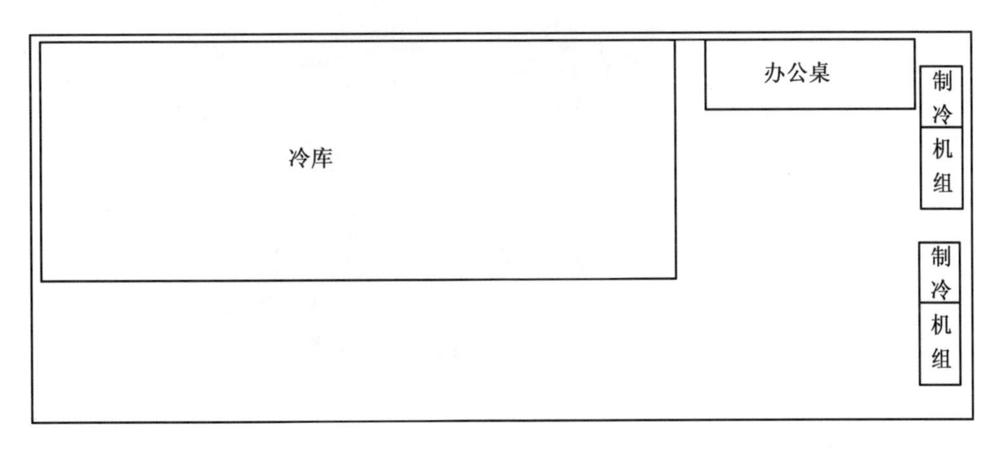

图 9 - 28　样品处理间平面布置

图 9-29　样品处理工作间

9.3.2　样品存放冷库

岩心宜低温保存，根据调研的结果，试制了一个小型冷库，放置于样品处理工作间内，其外部尺寸为 4m × 1.5m × 2.4m。该冷库配置了 2 套制冷机组、2 台冷风机及 2 套独立的控制系统见图 9-30。

图 9-30　岩心保存冷库内部图

10　实验检测及结果分析

在取样技术的研究过程中，室内实验、现场试验及现场模拟试验进行过多次，尤其是室内实验多达百余次，特别是在保温保压筒及球阀的研制中，对每个密封件和球阀的关闭及密封情况都要进行实验。在控制机构的研究中，对释放元件销钉剪切等进行过多次实验，对控制机构的整体结构也进行了现场模拟试验，将三种取心工具进行了现场模拟和海上现场试验，文中仅列举了几次特殊的室内实验和现场试验情况。

10.1　取心工具室内实验

10.1.1　释放元件销钉剪切实验

10.1.1.1　实验内容及目的

（1）确定释放元件与中心杆之间销钉的剪切力大小；释放元件与锁定接头之间销钉的剪切力大小。

（2）验证销钉直径与销钉结构的合理性。

10.1.1.2　实验过程

（1）组装两套试验件；

（2）将第一套试验件放于实验台上，开启压力机缓慢下压释放元件，压力表读数增至2MPa时，释放元件与锁定接头之间的销钉剪断，释放元件下落；

（3）压力机缓慢下压中心杆，压力表读数增至1.5MPa时，释放元件与中心杆之间的销钉剪断，中心杆下落；

（4）将第二套试验件放于实验台上，重复上述过程，压力表读数相同；

（5）第一套销钉剪断后，中心杆、释放原件、锁定短接自由分离，第二套实验件销钉剪断后，中心杆自由脱出，释放原件和锁定短接仍然黏连在一起，不能自由分离。

10.1.1.3　实验结果

（1）释放元件与中心杆销钉剪切力为18.4kN，断面整齐，结构合理；

（2）释放元件与锁定接头之间销钉剪切力为24.5kN，断面中心孔压扁；

（3）压力机油缸直径为125mm，释放元件与锁定接头剪销压力为2MPa，释放元件与中心杆剪销压力为1.5MPa。

10.1.1.4　实验分析

（1）释放元件与锁定接头销钉：截面积ϕ7mm内有3mm×3mm的方孔，剪切力为24.5kN，截面平均剪切应力为415.7MPa。

（2）释放元件与中心杆销钉：截面积ϕ6mm实心销钉，剪切力18.4kN，截面平均剪切应力为325.5MPa。

（3）释放元件与锁定接头销钉材料为35CrMo，释放元件与中心杆销钉材料为Q235。

（4）销钉材料由于加工原因错用材料，重新加工Q235材料销钉，重新实验。

10.1.2　释放元件销钉剪切再实验

10.1.2.1　实验内容及目的

（1）确定释放元件与中心杆之间销钉的剪切力大小；释放元件与锁定接头之间销钉的剪切力大小。

（2）验证销钉直径与销钉结构的合理性。

10.1.2.2　实验过程

（1）组装两套试验件。

（2）将第一套试验件放于实验台上，开启压力机缓慢下压释放元件，压力表读数增至1.5MPa时，释放元件与锁定接头之间的销钉剪断，释放元件下落。

（3）压力机缓慢下压中心杆，压力表读数增至1.1MPa时，释放元件与中心杆之间的销钉剪断，中心杆下落。

（4）将第二套试验件放于实验台上，重复上述过程，压力表读数相同。

（5）第一套销钉剪断后，中心杆、释放原件、锁定短接自由分离，第二套实验件销钉剪断后，中心杆自由脱出，释放原件和锁定短接仍然黏连在一起，不能自由分离。

10.1.2.3　实验结果

（1）释放元件与中心杆销钉的断面整齐，结构合理。

（2）释放元件与锁定接头之间销钉剪切断面中心孔略有变形。

（3）压力机油缸直径为125mm，释放元件与锁定接头剪销应力为1.5MPa，释放元件与中心杆剪销应力为1.1MPa。

10.1.2.4　实验分析

（1）释放元件与锁定接头销钉：截面积ϕ8mm内有3mm×3mm的方孔，剪切力为18.4kN，截面平均剪应力为223.1MPa；

（2）释放元件与中心杆销钉：截面积ϕ6mm实心销钉，剪切力13.5kN，截面平均剪切应力为238.9MPa；

（3）销钉材料力学性能合理。装配中销钉与销套配合间隙太小，不能顺利装配，鉴于销钉剪切力较大，应将销钉变为ϕ7.5mm。

10.2　取心工具功能性试验

10.2.1　保温保压取心系统整机室内试验

（1）试验目的：检验保温保压取心系统整机工作性能。

（2）试验温度：室温。

（3）试验设备。

①超高压加压稳压系统、高精度液压压力表、截止阀、连接接头及液压管路、手摇泵。

②压缩气瓶、高精度液压压力表、溢流阀、截止阀、连接接头及气压管路。

（4）试验方法。

①在保温保压取心系统各部件组装调试合格，按图10-1进行装配。

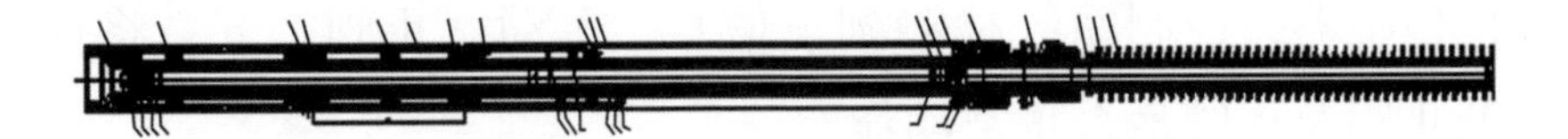

图10-1　保压筒示意图

②将电气控制系统与温度传感器、压力传感器、霍耳到位传感器及电磁阀相连接好，连接好后即为测量、控制系统如图10-2所示；同时也将液压驱动

系统管路连接好，连接好后如图 10－3 所示。

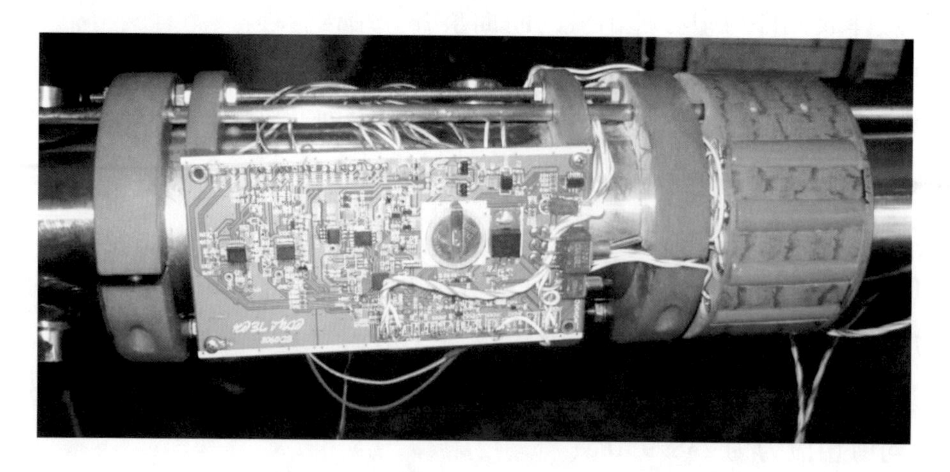

图 10－2 测量、控制系统总装图

图 10－3 完成液压管路安装的测量控制系统

③检查各电气及液压管路连接正确后，液压驱动舱接上手摇泵，充 1.5L 液压油后关闭小型截止阀，充油按图 10－4 进行。

④在压力补偿舱和液压驱动舱分别充 2MPa 和 5MPa 气压后，关闭小型截止阀，充气按图 10－5 进行。

⑤将电池与电气控制系统连接好，打开电气控制系统开关，启动控制系统。

⑥启动电气控制系统后，控制系统自动检测各单元是否连接正确及工作正常。

⑦电气控制系统检测正常后，拖动取心管，将取心管拖动到设定位置，触发霍耳到位传感器，控制系统检测到位信号，电动截止阀打开，将球阀关闭。观测电动截止阀及球阀是否正常动作？

⑧将保温保压取心系统与超高压加压稳压系统连接好，并外接 1 个高精度压力表，向保温保压取心系统的保温保压管内缓慢加压至 20MPa。关闭手动截止阀保压，每隔一定时间记录 1 次；注意观测保温保压取心系统各密封处及连接处变化。

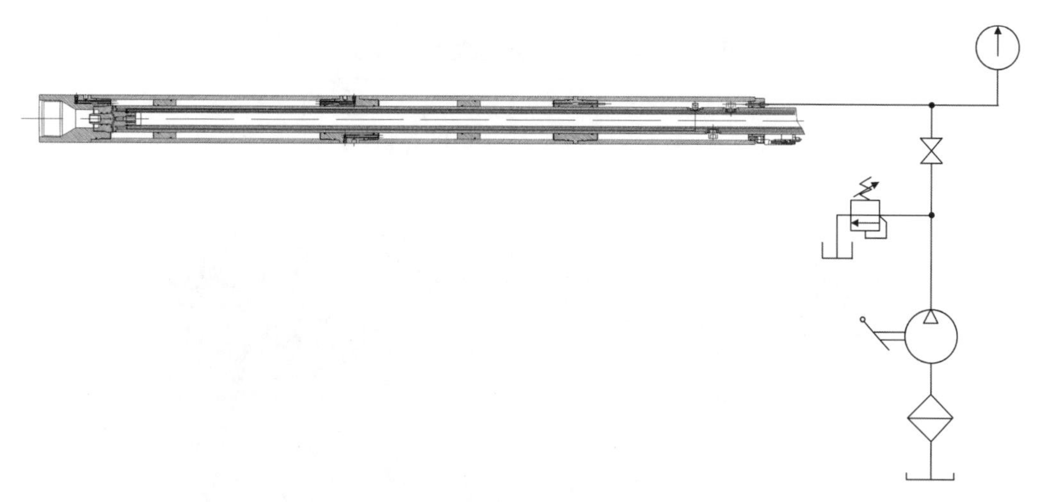

(a) 原理图

(b)充油装置

图 10－4　液压驱动系统充油

⑨整个工作过程，控制系统都在自动记录温度、压力信号、触发霍耳到位信号。

⑩试验完成后，将电气控制系统与安装有专用软件的笔记本电脑相连接，导出数据分析整个控制过程是否正确。

（5）试验记录。

取心管上提到位，球阀正常关闭，保温保压正常，电气控制系统工作正

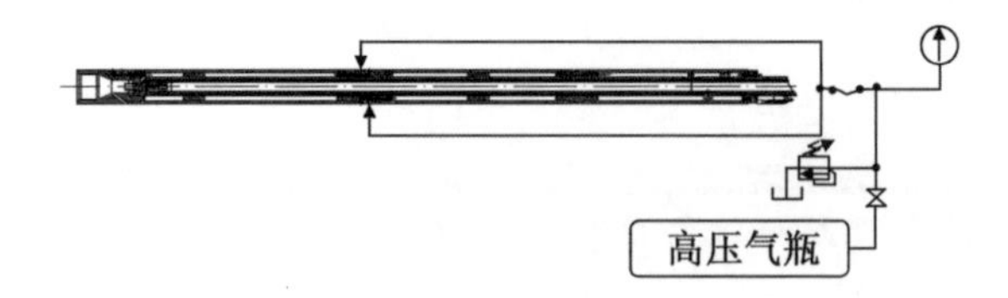

(a)充气原理

(b)充气装置

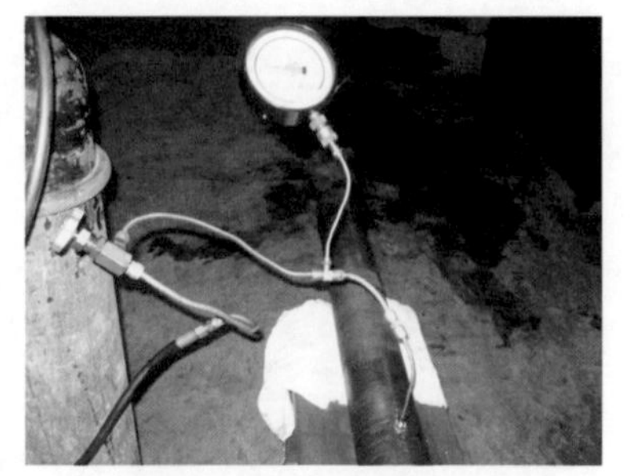

(c)充气过程

(d)充气压力数值

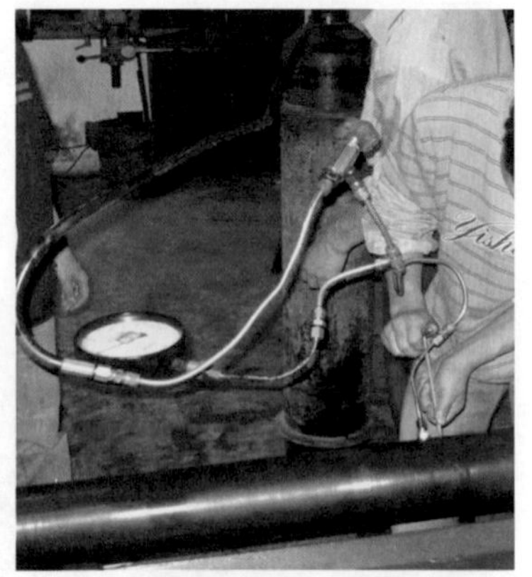

(e)充气完成后锁紧螺钉

图 10－5　液压系统充油充气过程

常，能正常设置参数和导出数据，详见测试报告。

（6）试验结论。

保温保压取心系统及各系统工作正常。

10.2.2　取心工具现场模拟功能性试验

10.2.2.1　试验目的

（1）检验工具的球阀、板阀关闭情况。

（2）验证全面钻进转换机构功能的可靠性。

（3）检验温度压力记录装置工作情况。

（4）验证控制机构的工作可靠性。

10.2.2.2　试验设备准备

（1）设备：32钻机平台，SL－1300泥浆泵，单泵，介质为清水。

（2）材料：钻柱式保温保压取心工具、伸缩绳索式保温保压取心工具、旋转绳索式保温保压取心工具、全面钻进转换机构。

10.2.2.3　试验概况

（1）钻柱式保温保压取心工具试验。

①在地面将钻柱式取心工具吊起放入鼠洞，接方钻杆，提起放入井口，在外筒上坐紧安全卡瓦，以防落井。

②开单泵5min，泵压5MPa，停泵，将工具提起，从钻头处观察球阀不关闭，说明该工具在投球之前循环是安全的。将工具重新放入井口，投入ϕ47mm钢球一只，开单泵5min，泵压从20MPa迅速下降至10MPa，在差动八方杆处有清水泄露，停泵。卸方钻杆与八方套，上提工具观察剪销情况，销未断，球阀没有关闭，反复开泵多次，销钉未断。

③提起检查，卸销钉不动，球座被卡死，将球挂卸掉，上提工具，使取心管进入到球阀以上，球阀关闭，卸下工具甩下钻台。

卸销钉不动的原因主要是在组装工具时，由于其他原因将销钉限位部分撤掉，故而在装销钉时没有了限位，导致销钉的后部分挤住了球坐，所以剪销没起作用。

（2）伸缩绳索式保温保压取心工具试验。

①伸缩绳索式保温保压取心工具外筒连接钻头座于井口，上接大尺寸钻杆，用打捞工具送入伸缩绳索式保温保压取心工具内组合，投释放工具后，打捞工具没有释放，因打捞棘爪限位环挡住了释放套的下行，现场调整打捞工具后再次下入，释放成功，接变径接头和方钻杆、开泵，30L/s，立管压力从5MPa降至3MPa，用打捞工具上提内筒，内筒与中心杆未脱开。

②卸掉销钉，观察到销钉在释放元件外的剪断面已经断开，释放元件与中心杆间的剪断面没断。用打捞工具上提中心杆，带动取心筒上提到球阀以上，球阀关闭，卸下工具甩下钻台。

③用打捞工具送入全面钻进转换机构，释放与回收良好，钻头塞与钻头配合达到设计要求，纵向和径向锁定功能可靠。用打捞工具提出全面钻进转换机构，甩下钻台。

该工具中心杆没有拉开的原因是释放元件两面剪销，释放元件上端面与外筒之间的环面卸流较多，又因为是清水的原因，产生的压降小，故而释放元件未下行，虽然销钉断，但中心杆被卡死，未发生差动。

（3）旋转绳索式保温保压取心工具试验。

①上提外筒连接硬地层取心钻头后座于井口，连接大尺寸钻杆。用打捞机构送入硬地层绳索取心工具内组合，接变径接头和方钻杆，开泵，立管压力从5MPa降到3MPa又升到8MPa，停泵，内筒与中心杆同样没有脱开。

②保温保压外伸出的取心管（PVC管）和岩心爪由于压力被损坏，并且取心管上部的螺纹脱开，从下部抽出后，板阀关闭。

③送入全面钻进转换机构，由于小钻头尺寸限制，没能实现锁定，提出转换机构，试验结束。

④将取心工具和全面钻进转换机构甩下钻台，装车结束试验。

⑤下载回放温度压力记录数据，记录时间与设置相符，工作正常。

10.2.2.4　试验结果

（1）球阀控制系统正常，能够实现球阀关闭。取心筒平动后，板阀关闭。

（2）伸缩绳索式取心工具全面钻进转换机构功能可靠，旋转绳索式取心工具的小钻头尺寸需要修改。

（3）差动八方杆处有泄漏，需要增加密封元件。

（4）打捞工具的棘爪限位需要改进。

（5）两套绳索式工具的剪销只断了一处，没能实现内筒与中心杆脱开，剪销的剪断形式、过程和尺寸有待改进，释放元件的尺寸结构有待改进。

（6）旋转绳索式取心工具的取心管和岩心爪损坏，其材料、连接方式需要改变。

（7）温度、压力、记录时间与设置相符，工作正常，但保温保压情况还有待进一步试验验证。

10.2.2.5　结论

这次试验成功点在于球阀的关闭机构、温度压力记录、打捞与送入和全面转换机构均能正常工作，失败点都集中在销钉的剪切上，使控制机构未能发挥作用。但通过试验对发现的问题进行了重新设计，有的确定了改进方案，准备进入现场试验。

10.2.3 取心工具液力控制机构现场模拟试验

10.2.3.1 目的

（1）检验理论计算方法；

（2）验证打捞机构功能的可靠性。

10.2.3.2 设备准备

（1）设备：32 钻机，SL－1300 钻井泵，双泵，介质为清水。

（2）材料：短取心工具（内装锁定机构）、上接头 NC50 螺纹。

10.2.3.3 试验内容

（1）开泵剪销，确定释放元件的过流面积和销钉的剪切截面尺寸，确定初始排量，验证理论计算结果。

（2）用绳索回收工具提出内部锁定机构，试验释放与回收机构工作情况。

10.2.3.4 试验步骤

（1）在地面将短取心工具吊起，上接提升短节，用大钩提起放入井口，在外筒上坐紧安全卡瓦，以防落井。

（2）接方钻杆，开单泵 0.5min，停泵，卸方钻杆与工具上接头，用回收工具上提内部结构，观察剪销情况，剪断试验结束，若未断，用回收工具放入内部结构，重新上紧工具上接头，接方钻杆，开双泵 0.5min，停泵，卸方钻杆与工具上接头，用回收工具上提内部结构，观察剪销情况，结束试验。

（3）将回收工具与短取心工具甩下钻台，装车结束试验。

10.2.3.5 试验概况

（1）在地面将短取心工具吊起放入鼠洞，接上方钻杆，提起放入井口，在外筒上坐紧安全卡瓦，以防落井。

（2）开单泵 2min，停泵，卸方钻杆与工具上接头，用回收工具打捞内部结构成功。观察剪销情况，销未被剪断，用回收工具将内部结构放入外筒内，重新上紧工具上接头，接方钻杆，开双泵 2min 停泵，卸方钻杆与工具上接头，用回收工具上提内部结构，未提起，因外筒内径小，打捞爪不能涨到最大，用绳套提其内部结构观察剪销情况，未断，试验结束。

（3）将回收工具与短取心工具甩下钻台，装车结束试验。

10.2.3.6 试验结果

（1）按理论计算，排量为 60L/s、介质为清水的情况下销钉不能被剪断，验证了理论计算方法的正确性，为进一步确定释放元件的过流面积和销钉的剪切截面尺寸提供了修改依据。

（2）检验了打捞工具的可靠性，确定了打捞工具的关键件的设计尺寸及制约因素。

10.3 取心工具海上试验

10.3.1 海试准备

10.3.1.1 协调会议

海试是课题研究中的一个大事，因为涉及海洋中的运输、吊装设备及海洋钻井平台及人员的资质，首先要考虑到钻井平台的生产状况与正在施工的井型，因而要召开各相关单位的协调会议。

10.3.1.2 试验人员的培训

课题人员一般不具备上平台工作的资格，为了获得海上作业的“海上求生、急救、消防、艇筏操纵”四小证，试验人员必须参加3~5d的海上求生培训，在专业培训学校进行了海上求生培训，要求学习3d，共学习了4方面的内容——海上求生、消防、救生筏的操作及急救，通过学习，获得上平台工作的资质。

10.3.2 工具调试与组装

在海试前科研人员对取心工具进行试验前的最后调试与组装，主要是对温度压力记录仪的预设定时间进行再试验，把上平台的工具与大尺寸钻杆集中在吊笼内，把吊装设备准备好，做到万无一失（图10-6至图10-9）。

图10-6 科研人员组装工具

图 10－7　科研人员在调试参数

图 10－8　组装的成套工具

图 10－9　组装的成套工具

10.3.3 海试

在2010年10月准备完成后，科研人员乘坐胜利号大船与试验设备一起到达胜利平台，由于受那天的7～8级海风的影响，出海时的浪高仍达数米。致使多数出海试验人员都出现晕船反应。

（1）试验平台。

胜利平台简介（图10－10、图10－11）。

图10－10 胜利平台远景

图10－11 设备吊装

胜利平台是美国贝克海洋公司于1982年制造，由中国购买后在2002年4月进行了大规模改造。平台全长47.5m，总宽33.53m，型深4.57m，拥有4个自升桩腿，桩腿直径2.44m，桩腿长度52.7m。平台空载吃水2.59m，平台最大活动载荷1097.091t，平台自重4089.2t。平台一次就位可以利用井架移动钻出9口丛式井。胜利平台具有16.8m×16.8m的方形直升机起降甲板，支持25人以内小型直升机起降。

（2）试验井号：试1井、试2井。

（3）试验基本概况。

本次现场试验的目的主要是检验取样工具的岩心进入、执行控制机构的实施、割心机构的关闭及保压效果等关键技术的实际作业情况。

整个试验分两个层段，首先在试1井的444.4mm的井眼中进行取心试验，从井深375～379.3m间进行了2个筒次的作业，共取心4.3m，平均岩心收获率95.35%。最多一次取心3.1m，收获率100%；第二个层段取心是在试2井进行的，主要是取海水以下的泥层，该海域的泥线深度为33.6m，在取心作业前为了实现工具的剪销，开泵实施，待工具到泥线的深度为38.6m，下压1m，取得岩心长度0.6m；工具出井口后通过现场快速测试技术对保压情况进行了测试，实行不同时间段间隔测试，第一次测试压力为4.25MPa，在16.5h后测压为4.213MPa，降低0.037MPa，获得较好的效果（图10－12至图10－14）。

图10－12　球阀关闭情况

图 10－13　测压情况

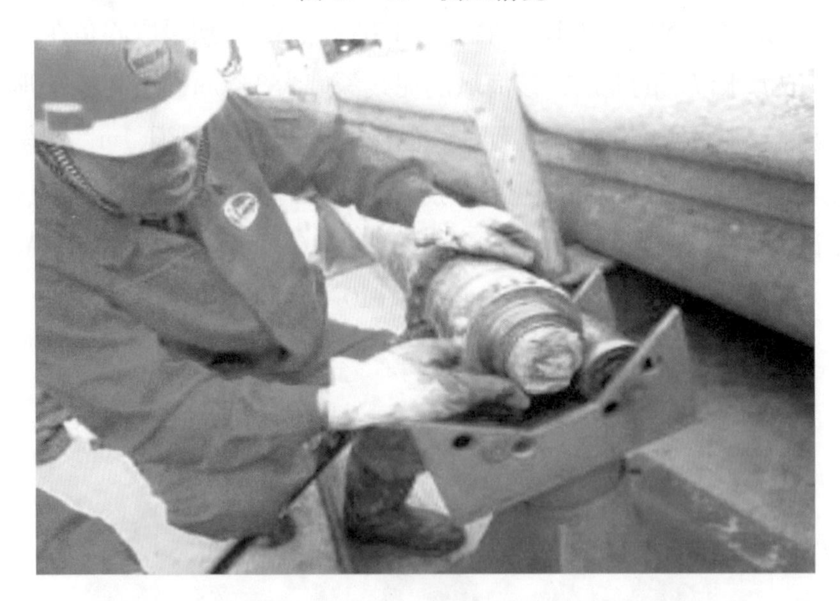

图 10－14　岩心出筒情况

10.3.4　钻柱式取心工具的试验

钻柱式取心工具从保压关闭方式上分为翻板阀和球阀结构两种，操作方式有些差异，在试验时分开进行。

10.3.4.1　钻柱式板阀结构保温保压取心工具

（1）保温保压取心工具基本数据（表 10－1）。

表 10－1　钻柱式板阀结构保温保压取心工具基本数据

名称	取心方式	密封方式	取心直径（mm）	最大取心长度（mm）	钻头外直径（mm）
钻柱式取心工具	钻具上提	板阀	80	3400	240

（2）试验前期准备：井眼稳定，无垮塌，无“狗腿”，井眼干净、通畅；钻井液性能稳定，井底压力基本平衡，无井涌，无井漏现象；所有钻具用大于等于 50mm 通径规通径，保证直径 47mm 钢球顺利通过。

（3）试验具体步骤。

①将装配好的工具利用吊车吊上钻台，防止磕碰、损坏钻头，在井口自下而上将逐个螺纹用液压大钳上紧，坐入井口打好安全卡瓦；

②下钻速度不能太快，防止泥饼灌入；

③工具下钻到距井底 3～5m 处，先开泵顶通水眼，小排量循环，然后转动转盘 50～70r/min，排量 20～30L/s，钻压 10～30kN 慢慢钻进；

④钻进完成停止钻进，停泵停转，慢慢上提钻具 0.3～1m，在井口坐上卡瓦；

⑤卸开距离钻台面最近的钻杆接头，投入一直径为 47mm 的钢球，憋压剪销，密切注意泵压变化，应为先升高后降低；

⑥然后迅速起钻，在井口卸松工具外筒所有螺纹，整体提出井口，利用吊车放在甲板专用支架上；

⑦在甲板上卸开内外筒，利用吊车分离内外筒，利用仪器迅速测量温度和压力；

⑧利用放压装置进行放压，打开板阀取出岩样；

⑨对岩心及时处理，收集保存；

⑩清洗配件，更换密封，重新装配好取样筒。

10.3.4.2　钻柱式球阀结构保温保压取心工具试验

（1）保温保压取心工具基本数据（表 10－2）。

表 10－2　钻柱式球阀结构保温保压取心工具基本数据

名称	取心方式	密封方式	取心直径（mm）	最大取心长度（mm）	钻头外直径（mm）
钻柱式取心工具	钻具上提	球阀	58	3000	240

（2）试验前期准备：井眼稳定直井，无垮塌，无“狗腿”，井眼干净、通畅；钻井液性能稳定，井底压力基本平衡，无井涌，无井漏现象；所有钻具用不小于50mm通径规通径，保证直径47mm钢球顺利通过。

（3）试验具体步骤。

①在甲板专用支架上利用吊车分离内外筒，设置相应参数，然后利用吊车装配内外筒，将装配好的工具利用吊车吊上钻台，防止磕碰、损坏钻头，在井口自下而上将逐个螺纹用液压大钳上紧，坐入井口打好安全卡瓦；

②下钻速度不能太快，防止泥饼灌入；

③工具下钻到距井底3～5m，先开泵顶通水眼，小排量循环，然后转动转盘50～70r/min，排量20～30L/s，钻压10～30kN慢慢钻进；

④钻进完成，停泵停转，慢慢上提钻具0.3～1m，在井口坐上卡瓦；

⑤卸开距离钻台面最近的钻杆接头，投入一直径为47mm的钢球，憋压剪销，密切注意泵压变化，应为先升高后降低；

⑥然后迅速起钻，在井口卸松工具外筒所有螺纹，整体提出井口，利用吊车放在甲板专用支架上；

⑦在甲板上卸开内外筒，利用吊车分离内外筒，并用仪器迅速测量温度和压力；

⑧利用放压装置进行放压，打开球阀取出岩样，利用电脑软件读取工具井底记录的温度、压力数据；

⑨对岩心及时处理，收集保存；

⑩清洗配件，更换密封，重新装配好取样筒。

（4）试验结果。

钻柱式取心工具的试验是在CB25GA－6井的444.4mm的井眼中进行的，该井眼设计深度为401m，为了实现工具的现场试验，平台将井眼钻深到375m停钻，开始进行钻探取心工具的试验作业。第一次采用球阀结构的取心工具，岩心直径56mm，取心进尺1.2m，岩心长1.0m，岩心收获率83.3%。第二次采用板阀结构的取心工具进行取样，岩心直径80mm，取心进尺3.1m，岩心长3.1m，岩心收获率为100%；保压情况采用现场快速检测技术，一次是在工具出离井口后用快速测量仪测得的压力为4.25MPa，16.5h后测得压力为4.213MPa，比第一次测定压减少0.037 MPa，保压效果良好，达到了预想的效果。

在取心工具下井前先设置工具的记录与割心机够关闭时间，可以连续记录16h，井深375m，钻井液密度为1.09g/cm^3，钻井参数是泵压为3.5MPa，钻压为2～40kN，转数为40r/min，取心钻进结束，卸开钻杆投球，开始剪销，上提钻具30cm，开泵，立管压力为11MPa，销钉未断，再上提钻具20cm，开泵，立管压力为13MPa（ϕ180mm缸套，80次/min，约35L/min）泵压突然降低，销钉断，15:20开始起钻，17:20工具起出井口，检查工具球阀是关闭的。

18:45用计算机读预设置在工具内的记录仪。

20:00用快速检测压力计检测压力为4.25 MPa；

6日早7:50用快速检测压力计检测压力为4.213MPa，这时距5日下午15:20开始起钻时间已经过去16.5h，达到了保压的要求。

6日早7:55开始放气，开始喷出有半米多高，直到8:30仍有气泡喷出。

卸开工具，抽出岩心管，球阀结构岩心管未满，上边有钻井液，说明上密封接头内的单流阀孔被堵，钻井液不能流出，影响了岩心的进入；板阀结构的岩心管两端都是岩心，泥岩已经膨胀，岩心未出，卸掉缩径套（含岩心），割成3段（每段1m长），保持了岩心的形状。

10.3.5 非干扰绳索式取心工具试验

（1）非干扰绳索式取心工具基本数据（表10－3）。

表10－3 非干扰绳索取心工具基本数据

名称	取心方式	密封方式	取心直径（mm）	最大取心长度（mm）	钻头直径（mm）
非干扰取样工具	绳索	球阀	32	3000	215

（2）试验前期准备。

①钻井平台就位后，开钻前，在隔水管内直接下入工具进行试验；

②将工具从吊篮吊到场地，利用吊车分离内筒与转运保护筒；

③设置相应参数后，利用吊车将转运保护筒装好；

④绳索提升装置准备就位，根据钻台面到海底泥面的距离33m确定需要提升钢丝绳长度至少40m；

⑤大尺寸钻杆利用吊车吊到场地，装好专用提升短节。

（3）试验具体步骤。

①将外筒利用吊车放在井口，打安全卡瓦，紧扣；

②将内筒及转运保护筒利用吊车吊起放入鼠洞用 7in（ϕ177.8mm）吊卡坐住；

③利用送入工具和气动绞车抽出内筒总成，放入外筒并确定入位；

④然后依次接入 3 根大尺寸钻杆，转换接头，一柱钻杆；

⑤工具下钻到井底，先开泵小排量循环，然后大排量剪断销钉，慢慢加压吃入（不转动）；

⑥钻进完成慢慢上提钻具 1.8m，刹住刹把坐上卡瓦；

⑦卸掉常规钻杆及转换接头，利用气动绞车下入绳索打捞工具，记录绳索下入深度，确认打捞成功并将内筒解锁后迅速上提；

⑧内筒总成提出井口后，转入转运保护筒，利用吊车连同保护筒一起吊下钻台；

⑨依次卸掉大钻杆，外筒，松扣后甩下钻台；

⑩在场地上利用吊车分离内筒与转运保护筒，迅速进行相应岩心处理，清洗配件，更换密封，重新装配好取样筒，准备回收工具。

（4）试验结果。

非干扰绳索式取心工具在使用时需要大尺寸钻杆，这次试验预先了解到该井组处的水深为 13m，到泥面的高度为 33.6m，用 4 根大尺寸钻杆。上午 8:00 开始设置割心机构关闭时间，设定为上午 8:30 开始工作。根据泥线位置，决定下 3 根大尺寸钻杆，加上外筒长度、取心钻头长度、螺旋管、上转换接头及大尺寸钻杆长度，合计为 35.9m。作业的先后顺序为：①先下入工具外筒，坐入井口；②下入内部组合（提前预设置好球阀关闭指令），坐入外筒内；③连接大尺寸钻杆 3 根，上接转换接头，再连接顶驱；④开泵剪销，观看泵压表的变化，突然降低说明销钉断；⑤下放钻具；⑥上提，卸掉顶驱，用绞车下放打捞工具进行打捞，捞起后上提，出离井口，甩下钻台。上午 10:00 开泵剪销，采用 φ180mm 缸套，80 冲次/min，泵压从 4MPa 降低到 2.5MPa，在接触到泥线后下压 1m，上提钻具提出工具内部组合。由于工具内部组合要通过钻具，岩心尺寸仅有 32mm，对软泥进入很少，预先就考虑到了（下压 1m，进心 0.6m），本次试验的主要目的就是检验工具的进心情况，试验达到了目的。

10.3.6 试验结论

（1）设计的取心工艺通过现场验证完全可行，技术路线正确，作业方法准确，符合现场作业要求，能够顺利实施。

（2）工具结构设计合理，原理可行，所有机构都得到实现，研究的几项关键技术获得成功实施，试验达到了预想的目标。

（3）岩心直径越大取样结果越理想，增大保温保压筒的径向尺寸有利于提高岩心收获率。

10.3.7 存在问题

（1）通过试验分析认为钻柱式取心工具仍存在如下缺点：

①岩心管上的磁环容易脱落，取心管容易卡在保压筒内；

②读取记录仪预设置的数据与设置不方便，接口藏在内里且不固定，操作困难；

③霍尔软件要下移，应放在球阀附近，磁环可以考虑放到缩径套上；

④密封接头的中心单流孔直径太小，直接影响岩心的进入；

⑤记录仪的设置时间太短，预设置与实际作业之间的时间很难估计，应延长到3d（72h或者更长）；

⑥翻板阀的弹簧力不够，在整体板阀倒置时板阀应紧闭；

⑦岩心管的上行高度要增加，要考虑岩心断的地方不一定在岩心抓附近，有可能在钻头底部，在以前的取心作业中也经常遇到岩心从钻头底部断的实例；

⑧压力补偿装置的内管和外管要求与密封活塞配合，因而在加工时一定严格要求，达到压力补偿的作用。

（2）伸缩式绳索取心工具存在如下缺点：

①执行控制机构仍需要完善，尤其是锁块两端的扶正问题，加强两端的刚度，提高锁块的解锁能力；

②取心管采用铝合金制造，提高其强度，减少其内表面的摩擦系数，增加光滑度，减少岩心的进筒阻力，增加岩心进入的高度；

③霍尔软件和磁环的配合要默契，整体下移，便于设置和操作；

④岩心直径太小，岩心进入困难，尤其是软泥岩不可能进入太多，因为自身的承载能力太弱，尽管取心进尺1m，也就只能进入0.6 m长的岩心。

总之，经过现场试验后认为，虽然都能取到岩心，但仍需要继续改进与完善，增加其实用性。

10.4 天然气水合物钻探取心工具陆试

海试结束后对绳索取心工具在陆地试3井进行了陆地井硬岩地层现场试验。本次现场试验的目的主要是检验绳索转动式取样工具的岩心进入、执行控制机构的实施、割心机构的关闭等关键技术的实际作业情况。

本次试验是在9⅝in（ϕ244.475mm）套管内进行，是在专为试验预留的水泥塞段，井深为195m，取心进尺为3m，取水泥塞长为2.94m，收获率为98%。

取心工具为绳索旋转式取心工具，保温保压密封结构为板阀，试验需要大尺寸钻杆，在工具入井前先下入20根大尺寸钻杆，上接方钻杆，开泵循环，开始剪销，泵压1.5MPa，钻压10～20kN，转数40r/min，下午3:00取心钻进结束，15:20开始起钻，17:20工具起出井口，检查工具板阀关闭。

作业的先后顺序为：（1）先下入工具外筒，坐入井口；（2）下入内部组合，坐入外筒内；（3）连接大尺寸钻杆20根，上接转换接头，再连接方钻杆；（4）开泵剪销，观看泵压表的变化，突然降低说明销钉断；（5）下放钻具，钻进；（6）上提，卸掉方钻杆，用绞车下放打捞工具进行打捞，捞起后上提，出离井口，甩下钻台。

下午2:50开泵剪销，采用ϕ170mm缸套，80次/min，泵压从3MPa降至1.5MPa，上提钻具提出工具内部组合。由于工具内部组合要通过钻具，岩心尺寸仅有46mm，本次试验的主要目的就是检验工具的进心情况，试验达到了目的。

试验结论：

（1）设计的取心工艺措施通过现场验证完全可行，技术路线正确，作业方法准确，符合现场作业要求，能够顺利实施；

（2）工具结构设计合理、原理可行，所有机构都得到实现，研究的几项关键技术获得成功实施，试验达到了预想的目标；

（3）岩心直径越大取样结果越理想，增大保温保压筒的径向尺寸有利于提高岩心收获率。

参考文献

白玉湖，李清平. 2010. 天然气水合物取样技术及装置进展［J］. 石油钻探技术，（6）：116～123.

陈史坚，陈特固，徐锡祯，等. 1985. 浩瀚的南海［M］. 北京：科学出版社.

陈史坚. 1983. 南海表层海温分布特点的初步研究［J］. 海洋通报，2（4）：9～7.

程毅. 2007. 天然气水合物保真取样技术的研究［D］. 杭州：浙江大学.

戴金岭，许俊良，宋淑玲，等. 2011. 天然气水合物钻探取样技术现状与实施研究［J］. 西部探矿工程，（1）：89～92.

樊栓狮，陈勇. 2001. 天然气水合物的研究现状与发展趋势［J］. 中国科学院院刊，（2）：106～110.

樊栓狮. 2005. 天然气水合物存储与运输技术［M］. 北京：化学工业出版社.

高红芳，陈玲. 2006. 南海西部中建南盆地构造格架及形成机制分析［J］. 石油与天然气地质，27（4）：512～516.

葛云峰，杨军. 2008. 天然气水合物取样器球阀结构的设计和气囊的应用［J］. 钻井液与完井液，25（5）：11～13＋83～84.

龚建明，陈建文，等. 2004. 天然气水合物稳定带顶底界线及厚度预测［J］. 海洋地质动态，20（6）：18～21.

龚再升，李思田，等. 1997. 南海北部大陆边缘盆地分析与油气聚集［M］. 北京：科学出版社.

郭威，孙友宏，陈晨，张祖培. 2011. 陆地天然气水合物孔底冷冻取样方法［J］. 吉林大学学报（地球科学版），（4）：1116～1120.

贺涛. 2011. 天然气水合物保温保压绳索取心钻具设计［D］. 北京：中国地质大学.

黄犊子，樊全狮. 2004. 水的形态与甲烷水合物的生成［J］. 天然气工业，24（7）：29～31.

黄维，汪品先. 2006. 渐新世以来的南海沉积量及其分布［J］. 中国科学 D 辑，36（9）：822～829.

蒋国盛，宁伏龙，等. 2001. 钻进过程中天然气水合物的分解抑制和诱发分解［J］. 地质与勘探，37（6）：86～87.

金庆焕，陈邦彦，姚伯初，等. 1989. 南海地质与油气［M］. 北京：地质出版社.

金庆焕，等. 1989. 南海地质与油气资源［M］. 北京：地质出版社.

金庆焕，张光学，杨木壮，等. 2006. 天然气水合物资源概论［M］. 北京：科学出版社.

黎明碧，金翔龙，等. 2002. 神狐——统暗沙隆起中部新生代地层层序划分及沉积演化［J］. 沉积学报，20（4）：545～551.

李国圣. 2011. 天然气水合物钻探泥浆冷却系统数值模拟及应用研究［D］. 长春：吉林大学.

林进峰，陈雪 . 1992. 南海的岩石圈结构与均衡模型［J］. 热带海洋，11（3）：9 ~ 10.
刘乐军，李培英，等 . 2003. 海底土性原位测试影响因素分析［J］. 海洋学报，22（1）：39 ~ 43.
刘昭蜀，陈雪，潘宇 . 1992. 南海海盆的形成演化机制探讨［J］. 海洋科学，（4）：18 ~ 22.
刘昭蜀，陈雪 . 1987. 南海中央海盆热流值的分布特征及年代分析［J］. 地质科学，（2）：112 ~ 121.
刘昭蜀 . 2000. 南海地质构造与油气资源［J］. 第四纪研究，20（1）：69 ~ 77.
柳保军，袁立忠，等 . 2006. 南海北部陆坡古地貌特征与 13. 8Ma 以来珠江深水扇［J］. 沉积学报，24（4）：476 ~ 482.
卢博，李赶先，等 . 2004. 南海北部大陆架海底沉积物物理性质研究［J］. 海洋工程，22（3）：48 ~ 55.
卢博，李赶先，黄韶健，等 . 2005. 中国黄海、东海和南海北部海底浅层沉积物声学物理性质之比较［J］. 海洋技术，23（2）：28 ~ 33.
吕炳全，孙志国 . 1996. 海洋环境与地质［M］. 上海：同济大学出版社 .
罗佳，李建成，姜卫平 . 2002. 利用卫星资料研究中国南海海底地形［J］. 武汉大学学报（信息科学版），27（3）：256 ~ 260.
孟祥光. 2006. 天然气水合物钻探岩矿样冷冻装置的建立及其热传导数学模型的实验研究［D］. 长春：吉林大学.
牛作民 . 1992. 南海海底细粒土的工程地质性质基本特征［J］. 海洋地质与第四纪地质，12（1）：15 ~ 25.
任红，许俊良，朱杰然. 2012. 天然气水合物非干扰绳索式保温保压取样钻具的研究［J］. 探矿工程（岩土钻掘工程），（6）：1 ~ 4.
尚继宏，李家彪 . 2006. 南海东北部陆坡与恒春海脊天然气水合物分布的地震反射特征对比［J］. 海洋学研究，24（4）：12 ~ 20.
邵磊，李献华，等 . 2001. 南海陆坡高速堆积体的物质来源［J］. 中国科学 D 辑，31（10）：828 ~ 833.
师生宝. 2006. 天然气水合物的形成与识别［J］. 海洋地质动态，（10）：14 ~ 19 + 37 ~ 38.
施小斌，丘学林，等 . 2003. 南海热流特征及其构造意义［J］. 热带海洋学报，22（2）：63 ~ 73.
史斗，郑军卫 . 1999. 世界天然气水合物研究开发现状和前景［J］. 地球科学进展，14（4）：330 ~ 339.
宋磊，钱旭，等 . 2005. 天然气水合物的储存和运输可行性研究［J］. 油气储运，24（3）：9 ~ 12.

万世明，李安春，等．2007. 南海北部 ODP1146 站粒度揭示的近 20Ma 以来东亚季风演化［J］. 中国科学 D 辑，37（6）：761～770.
汪品先，赵泉鸿，等．2003. 南海三千万年来的深海记录［J］. 科学通报，48（21）：2206～2215.
王海亮．FCS－108 型天然气水合物孔底冷冻取样器的研制及试验研究［D］. 长春：吉林大学，2009.
王文立．2010. 深水和超深水区油气勘探难点技术及发展趋势［J］. 中国石油勘探，15（4）：71～75＋10.
王秀林，黄强，等．2006. 天然气水合物生成条件的测定和计算［J］. 化工学报，57（10）：2416～2419.
王媛．天然气水合物钻探取心保真技术研究［D］. 东营：中国石油大学，2010.
魏喜，祝永军．2004. 南中国海构造框架和储层地质特征概述［J］. 特种油气藏，11（4）：1～6.
吴华，邹德永，于守平．2007. 海域天然气水合物的形成及其对钻井工程的影响［J］. 石油钻探技术，35（3）：91～93.
夏斯高，夏戡原，陈忠荣．1993. 南海热流分布特征［J］. 热带海洋，12（1）：24～31.
夏真，郑涛，庞高存．1999. 南海北部海底地质灾害因素［J］. 热带海洋，18（4）：91～95.
肖尚斌，陈木宏，等．2006. 南海北部陆架柱状沉积物记录的残留沉积［J］. 海洋地质与第四纪地质，26（3）：1～5.
谢以萱．1983. 南海东北部的海底地貌［J］. 热带海洋，2（3）：182～190.
徐行，陆敬安，等．2005. 南海北部海底热流测量及分析［J］. 地球物理学进展，20（2）：562～565.
徐行，施小斌，等．2006. 南海西沙海槽地区的海底热流测量［J］. 海洋地质与第四纪地质，26（4）：51～58.
许俊良，薄万顺，朱杰然．2008. 天然气水合物钻探取心关键技术研究进展［J］. 石油钻探技术，36（5）：32～36.
许俊良，刘键，任红．2010. 天然气水合物取样高度探讨［J］. 石油矿场机械，（10）：12～15.
许俊良，任红．2012. 天然气水合物钻探取样技术现状与研究［J］. 探矿工程（岩土钻掘工程），（11）：4～9.
杨木壮，梁金强，高依群．2001. 天然气水合物调查研究方法与技术．海洋地质动态，7（7）：14～19.
杨涛，葛璐，杨红，等．2009. 南海北部神狐海域浅表层沉积物中孔隙水的地球化学特征及其对天然气水合物的指示意义［J］. 科学通报，54（20）：3231～3240.

姚伯初，等．2000. 南海地质研究［M］．北京．地质出版社．
姚伯初，曾维军，等．1994. 南海北部陆缘东部的地壳结构［J］．地球物理学报，（1）：27 ~ 35.
姚伯初．1998. 南海北部陆缘天然气水合物初探［J］．海洋地质与第四纪地质，18（4）：11 ~ 18．
姚伯初．2005. 南海天然气水合物的形成和分布［J］．海洋地质与第四纪地质，25（2）：81 ~ 90.
姚彤宝，周兢，李生红. 2011. 陆域天然气水合物取样关键因素探讨［J］. 探矿工程（岩土钻掘工程），（1）：18 ~ 21.
姚彤宝. 2010. 天然气水合物钻探的关键技术［J］. 地质装备，（5）：30 ~ 33.
叶建良，殷琨，蒋国盛，等. 2003. 天然气水合物钻井的关键技术与对策［J］. 探矿工程（岩土钻掘工程）（5）：45 ~ 48.
俞慕耕．1984. 南海潮汐特征的初步探讨［J］．海洋学报，6（3）：293 ~ 300.
张富元，章伟艳，等．2004. 南海东部海域表层沉积物类型的研究［J］．海洋学报，26（5）：94 ~ 105.
张光学，黄永样，等．2002. 南海天然气水合物的成矿远景［J］．海洋地质与第四纪地质，22（1）：75 ~ 81.
张凌，蒋国盛，宁伏龙，等. 2009. 天然气水合物保真取心装置内部密封技术分析［J］. 现代地质，（6）：1147 ~ 1152.
张凌. 2004. 天然气水合物钻进时井内温度分布模型研究［D］. 北京：中国地质大学.
张永勤，孙建华，赵海涛，等. 2007. 天然气水合物保真取样钻具的试验研究［J］. 探矿工程（岩土钻掘工程），（9）：62 ~ 65.
张永勤，孙建华，赵海涛，等. 2007. 天然气水合物保真取样钻具的试验研究及施工方案研究［C］. 第十四届全国探矿工程（岩土钻掘工程）学术研讨会论文集.
张永勤. 2010. 国外天然气水合物勘探现状及我国水合物勘探进展［J］. 探矿工程（岩土钻掘工程），（10）：1 ~ 8.
赵宗彬，仇性启，许俊良. 2011. 深海天然气水合物钻探取心钻柱振动模态分析［J］. 天然气工业，31（1）：73 ~ 76 + 115.
赵宗彬. 2011. 天然气水合物钻探取样保真系统力学行为数值研究［D］. 东营：中国石油大学.
朱海燕，刘清友，王国荣，等. 2009. 天然气水合物取样装置的研究现状及进展［J］. 天然气工业，29（6）：63 ~ 66 + 141.
Bernard B, Brooks J, Sackett W. 1976. Natural gas seepage in the Gulf of Mexico. Earth and Planetary Science Latters, 31: 48 ~ 54.

Egeberg P K, Dickens G R. 1998. Thermodynamic and pore water halogen constrains on gas hydrate distribution at ODP Site 997 (Black Ridge) . Chemical Geology, 153 (14): 53 ~ 79.

Haile N S. 1981. Paleomagnetism of Southeast and East Asia, in paleoreconstruction of the continents. Geodyn. Ser. , 2: 129 ~ 135.

Ru Ke and Pigott J D. 1986. Episodic rifting and subsidence in the South China Sea. AAPG Bulletin, 70: 1136 ~ 1155.

Ru Ke, Pigott J D. 1985. South China Sea tectonic evolution and hydrocarbon potential: New geological and geophysical constraints. AAPG Bulletin, 69: 303.

Valencia J Mark. 1981. The South Sea: Hydrocarbon Potential and Possibilities of Joint Development. Pergamon Press.

Wang Chunxiu, *et al.* 1994. Development of paleogene deposition of lacustine source rocks in the Pearl River Mouth Basin, northern margin of the South China Sea. AAPG Bulletin, 78: 1700 ~ 1728.

Wood D A. 1988. Relationship between thermal maturity indices calculated using Arrhenius equation and Lopatin method: Implications for petroleum exploration. AAPG Bulletin, 72: 115 ~ 134.

Zatsepina O, Buffett B A. 1997. Phase equilibrium of gas hydrate: implications for the formation of hydrate in the deep sea - floor. Geophysical Research Letters, 24: 1567 ~ 1570.